国外科技经典与前沿著作译丛

复杂材料的电子结构方法：
原子轨道正交化线性组合

Electronic Structure Method for Complex Materials:
The Orthogonalized Linear Combination of Atomic Orbitals

Wai-Yim Ching & Paul Rulis　著　　武晓君 李震宇 译

中国科学技术大学出版社

安徽省版权局著作权合同登记号：第 121414045 号

ⓒWai-Yim Ching and Paul Rulis 2012

"Electronic Structure Methods for Complex Materials：The Orthogonalized Linear Combination of Atomic Orbitals，FIRST EDITION" was originally published in English in 2012. This translation is published by arrangement with Oxford University Press and is for sale in the Mainland（part）of the People's Republic of China only.

复杂材料的电子结构方法：原子轨道正交化线性组合（第 1 版）原书英文版于 2012 年出版。本翻译版获得牛津大学出版社授权，仅限于在中华人民共和国大陆地区销售，版权所有，翻印必究。

图书在版编目（CIP）数据

复杂材料的电子结构方法：原子轨道正交化线性组合/（美）程（Ching，W. ），（美）拉伊斯（Rulis，P. ）著；武晓君，李震宇译. —合肥：中国科学技术大学出版社，2015.1

书 名 原 文：Electronic structure method for complex materials：the orthogonalized linear combination of atomic orbitals

（国外科技经典与前沿著作译丛）

ISBN 978-7-312-03623-1

Ⅰ. 复… Ⅱ. ①程… ②拉… ③武… ④李… Ⅲ. ①电子结构—研究 ②原子轨道—研究 Ⅳ. ① O552.5 ②O641

中国版本图书馆 CIP 数据核字（2014）第 275764 号

出版	中国科学技术大学出版社
	安徽省合肥市金寨路 96 号，邮编：230026
	网址：http://press. ustc. edu. cn
印刷	合肥市宏基印刷有限公司
发行	中国科学技术大学出版社
经销	全国新华书店
开本	710 mm×1000 mm　1/16
印张	20.75
字数	405 千
版次	2015 年 1 月第 1 版
印次	2015 年 1 月第 1 次印刷
定价	60.00 元

内 容 简 介

    本书介绍了一种电子结构的计算方法,即"原子轨道正交化线性组合"(Orthogonalized Linear Combination of Atomic Orbitals, OLCAO),它是一种全电子的密度泛函理论方法,其基函数组采用局域的原子轨道。本书叙述了该方法的原理及其在多种复杂体系和不同材料中的应用,并讨论了其应用前景。所采用的例子均来自于作者及其研究组过去 35 年乃至当下的工作,内容翔实,论述精练。全书分为三个部分:第一部分包括第 1~4 章,其中第 1~2 章介绍 OLCAO 的历史背景,第 3~4 章介绍 OLCAO 的原理并着重分析其优越性;第二部分包括第 5~12 章,介绍 OLCAO 的具体应用。第 5~10 章介绍 OLCAO 在从简单的半导体到复杂的生物大分子体系中的应用,第 11 章介绍 OLCAO 在计算不同材料的芯能级谱中的应用,第 12 章讨论 OLCAO 的应用前景;第三部分为 4 个附录,介绍 OLCAO 的技术细节,尤其是附录 C 可作为该程序的用户手册。

    本书可作为物理、化学、材料科学及其他相关领域研究生的教材,也可供凝聚态物理、材料理论、纳米技术与工程、计算生物学等领域的研究人员参考。

前　言

　　本书将系统地介绍一种特别适用于大尺度复杂体系的强劲的电子结构计算方法。这种方法基于局域原子轨道基函数的全电子密度泛函理论，被称为原子轨道正交化线性组合（OLCAO：Orthogonalized Linear Combination of Atomic Orbitals）方法。我们将通过大量的计算实例来展现 OLCAO 方法可以有效地处理各种复杂体系及不同类型材料的计算与模拟。计算实例主要选自于我们过去 35 年的研究成果以及现在的研究项目。鉴于目前已经有许多密度泛函理论书籍，本书尽量避免讨论诸如密度泛函理论本身的基本问题、各种基于密度泛函理论的计算方法的优点，以及与各种交换泛函有关的一些微妙问题等内容。此外，除了与 OLCAO 方法相关的内容外，本书也极少涉及其他基于密度泛函理论的电子结构计算方法。我们撰写本书的主要目的是正式并且细致地介绍 OLCAO 方法，让大家了解它的功能、目前可以处理的体系，以及这种方法在未来的发展与应用。我们期望凝聚态物理、材料理论、纳米技术与工程学以及计算生物学等领域的专家可以在他们的研究领域中应用这种方法。本书适用于物理学、化学、材料科学与工程学以及其他应用密度泛函理论方法进行计算与模拟的相关专业的研究生使用。同时，本书中所提供的大量材料体系及其在各个领域中的应用也可以为那些对基础材料性质感兴趣的研究者提供参考。

　　本书共分为三个部分。第 1～4 章是第一部分。第 1 章和第 2 章将简单介绍 OLCAO 方法的发展历史和背景。第 3 章和第 4 章将详细描述 OLCAO 的原理与方法，重点介绍它在处理复杂体系电子结构计算上的优势。第 5～12 章是第二部分，主要介绍具体的材料体系研究。第 5～10 章的内容主要介绍 OLCAO 方法在从简单的半导体材料到复杂的生物大分子体系中的应用。这些材料的分类并不严格，一些内容在不同章节中可能相互交叉。本书尽量谨慎地对材料进行分类，以保持前后一致。第 11 章侧重于应用 OLCAO 方法计算各种材料体系的芯能级谱。第 12 章将介绍 OLCAO 方法目前正在开发的功能以及将来可能实现的应用。4 个附录构成本书的第三部分内容。这些内容包括 OLCAO 的具体使用方法以及一些编程方面的信息，特别是附录 C 可以看作是 OLCAO 方法的使用手册。在本书出版后，作者将在开源程序许可（Open Source License）下公开 OLCAO 源代码。

本书所引用的许多参考文献主要来自于作者自己的工作,其中有些结果尚未发表。我们可能无意中遗漏了一些研究者的工作:他们直接或者间接地涉及这一方法的发展,或者在类似方法中做出了许多贡献。我们对这些遗漏表示诚挚的歉意。

这本书的成稿离不开许多合作者的贡献,他们基于 OLCAO 方法发表了许多重要的研究成果。本书作者 Wai-Yim Ching 特别感谢他的博士生导师,已故的 Joseph Callaway 教授(路易斯安那州立大学),和指导老师 Chun C. Lin 和 David L. Huber 教授(威斯康星-麦迪逊大学),在作者研究生涯的早期将他带入这个激动人心、迅速发展的领域。此外,感谢作者过去和现在的一些合作者,尤其是 Yong-Nian Xu 徐永年,Zong-Quan Gu(顾宗权),Ming-Zhu Huang(黄明竹),Y. P. Li(李永平),GuangLin Zhao(赵光林),Xue-Fu Zhong(钟学富),D. J. Lam,Kai W. Wong,Y. C. Jean(简扬清),Jun Chen(陈军),A. N. Caruso,R. F. Rajter 诸位博士以及其他没有列出的合作者。感谢他过去和现在的学生,包括 Lee Wei Song,A. R. Murray,F. Zandiehnadem,Dong Li(李东),F. Gan,Hongyu Yao(姚宏宇),Lei Liang,Altaf Hussain,Yuxiang Mo,Sitaram Aryal,Liaoyuan Wang,Jay Eifler 和 C. Dharmawardhana。本书作者 Paul Rulis 衷心感谢他的博士生导师、指导老师、朋友以及本书的作者,Wai-Yim Ching 教授,带给他的研究激情。

本书作者特别感谢曾经一起愉快工作过的同事,包括 Brucé N. Harmon,S. S. Jaswal,Isao Tanaka,Y. Ikuhara,T. Mizoguchi,T. Sekine,M. Kohyama,M. Matsunaga,M. Yoshiya,F. Oba,K. Ogasawara,L. Randaccio,W. Wong-Ng,E. Z. Kurmaev,A. Moewes,Yet-Ming Chiang,Ralf Riedel,C. Barry Carter,S. J. Pennycook,Sashi Satpathy,Anil Misra,Roger H. French,Adrian Parsegian 和 Rudolf Podgornik 等教授。Wai-Yim Ching 衷心感谢 Manfred Rühle 教授(Max Planck Institute for Metal Research),在后者实验室一年的工作中鼓励作者从事陶瓷材料微结构方面的研究。我们从他们的建议、学识、激励以及友谊中获益匪浅。

作者感谢 Lei Liang 和 Jay Eifler 在撰写本书过程中提供的技术帮助,感谢 Lizhi Ouyang 教授在生物分子体系中发展与应用 OLCAO 方面的贡献。最后,感谢国家能源研究科学计算中心(National Energy Research Scientific Computing Center)的支持。

Wai-Yim Ching 和 Paul Rulis

Kansas City, Missouri, 2012

目　　录

第1章 理论材料科学的电子结构方法

1.1 引 言

过去二十年中,材料科学的基础研究得到深入、广泛的发展。其中,许多重要的进展直接或间接地受益于材料电子结构计算的研究成果。计算研究之所以可以发挥如此重要的作用,主要得益于一些基于精确理论模型的先进计算方法的出现。随着计算能力的日益增强,电子结构计算方法在材料科学研究的许多领域开始逐步占据主导地位。这些计算方法起源于凝聚态物理和量子化学,而目前的核心方法基于密度泛函理论(DFT：Density Functional Theory)(Hohenberg and Kohn,1964;Kohn and Sham,1965)。现在,密度泛函理论已经成功地应用于固体物理、化学、地球科学和生物学等众多领域,而这些领域都与材料科学与工程密切相关。此外,更多先进的理论与算法的发展使得人们可以处理更加复杂的体系,从高分子聚合物材料、纳米颗粒到生物陶瓷和 DNA 链,探索其中新奇的现象和功能。例如,计算研究可以探索材料在极端热力学条件下的行为。在多数情况下,这些研究可以帮助研究者发现新的功能材料(Oganov,2010)。

伴随着材料理论与计算方法的发展,计算机科学、硬件、软件以及网络技术的发展也起到重要的推动作用。例如,CPU 和内存工作主频的提高,硬盘数据存储能力的增加,计算机各个模块(如 CPU、缓存、内存、网络节点等)之间通信能力的提升减少了时间延迟并提高了数据吞吐能力等。此外,计算机对数据的后期处理以及图像化能力也达到了以前不可想象的地步。所以,二十年前计算机需要几年的时间才可以完成的计算任务,笔记本电脑现在往往只需要几个小时,甚至几分钟就可以完成。目前,世界各地的高性能计算中心都安装了可以进行大规模并行计算的千兆级(Petscale)高性能服务器,完成诸如材料科学、天气预测、气候变化、地球科学、宇宙和大气环境、流体力学、能源科学、生命科学、医学研究等方面的计算模拟。面对着即将到来的百万兆级计算服务器(Geist,2010),这真是一个令人激动的"计算研究时代"。

1.2 单电子方法

材料由原子核和电子组成,其电子结构信息可以通过量子力学计算获得。本质上,这需要求解多原子相互作用体系的薛定谔方程(Schödinger Equation)。除了一些小的分子体系和简单的晶体,大部分材料的电子结构计算都必须引入一些近似。这些近似包括最早提出的 Thomas-Fermi 模型,以及后来提出的 Hatree-Fock 和 Born-Oppenheimer 近似。基于局域密度近似(LDA: Local Density Approximation)的密度泛函理论(Kohn and Sham,1965)将关注重点从波函数转移到电荷密度,并且将单电子近似作为一个坚实的理论基础。虽然这种近似非常有效,密度泛函理论方法还是将电子-电子相互作用保留在交换关联泛函中。因此,发展一个相对精确(或至少在计算误差允许范围内足够精确)的交换关联泛函形式一直是理论研究者关注的重点。近年来,密度泛函理论方法如同"爬阶梯"一样快速发展,并逐步引入不同级别的交换关联泛函:从最早的 LDA 近似、广义梯度近似(GGA: Generalized Gradient Approximation)到包含动能密度的广义梯度近似(meta-GGA),以及杂化密度泛函等(Perdew and Schmidt,2001)。

基于密度泛函理论的计算方法可以根据一些简单情况进行分类。对于晶体和无限大的固体等体系,需要引入周期性边界条件;对于分子或者团簇体系,则不需要。对于描述周期体系 Bloch 函数的基组展开可以使用局域原子轨道函数、数值基函数或者平面波基函数。当然,也有一些非常成功的计算方法使用混合的基函数。当构造哈密顿量中的势函数时,可以采用包含原子芯能级的全电子方法或者不包含原子芯能级的赝势方法。此外,材料体系的不同,如金属还是半导体、磁性材料还是非磁材料、稀疏结构还是紧密结构、高对称结构还是完全无序结构等等,也会影响计算方法的选择、如何求解以及如何展示计算结果(实空间还是倒易空间)。例如,大的分子体系计算往往需要在实空间求解能量本征值,而描述半导体或金属材料的电子结构则需要在倒易空间中给出材料在布里渊区高对称轴上的能带分布。目前,每种计算方法中往往都包含几种交换关联泛函。可以通过进一步细化,为所研究体系寻找最适宜的计算方法。毫无疑问,目前没有任何一种计算方法可以适用于所有的体系,并且在功能、计算精度、计算效率以及方便性上都做到最好。某一个计算方法可能与其他方法在处理一些方面比较一致,而在处理另一些方面可能有很大差异。因此,如何界定不同方法的使用界限非常困难。必须依赖所研究的材料及问题选择特定的计算方法和软件。

1.3　量子化学途径和固体物理方法

区分一个计算方法是源于"量子化学途径"还是"固体物理方法"相对容易。这两种近似方法有不同的历史，它们关注的对象也并不相同。基于"量子化学途径"的计算方法采用局域轨道的概念，适合于处理分子和团簇体系。一些流行的量子化学计算软件包括：Gaussian-09（Frisch et al.，2009），GAMESS（Schmidt et al.，1993），ADF（Fonseca Guerra et al.，1998；Te Velde et al.，2001），DMol^3（Delley et al.，1995），DV-Xα（Adachi et al.，2006；Ellis and Painter，1970），NW-Chem（Valiev et al.，2010），Multiple Scattering（Rehr et al.，2009）等等。尽管如此，使用量子化学计算方法研究固体的性质并不稀奇。

固体物理计算方法则更多地得到凝聚态物理学家欢迎。这种方法主要用于解决具有周期性边界条件的晶体和材料体系，利用倒易空间的语言描述计算结果，并主要使用平面波方法展开基函数。流行的固体物理计算软件包括：LAPW（Blaha et al.，1990，Schwarz and Blaha，2003）（Wien2K，等），平面波赝势方法［VASP（Kresse and Furthmüller，1996b；Kresse and Furthmüller，1996a；Kresse and Hafner，1993；Kresse and Hafner，1994），CASTEP（Clark et al.，2005；Segall et al.，2002），PWSCF（Paolo et al.，2009），等］，LMTO（Methfessel，1998；Methfessel et al.，1989；Methfessel et al.，2000；Skriver，1984；Wills et al.，2000），Crystal（Dovesi et al.，2005），LCAO（Eschrig，1989），Layer-KKR（Maclaren et al.，1990），tight-binding（Horsfield and Bratkovsky，2000），Siesta（Artacho et al.，2008；Soler et al.，2002），LCPAO（Han et al.，2006；Ozaki and Terakura，2001），Quantum Simulator（Ishibashi et al.，2007），等等。需要指出，量子化学计算方法和固体物理计算方法之间并没有明显的界限，一些方法和计算软件可以同时适用于这两方面的计算。

1.4　OLCAO 方法

本书将要描述的原子轨道正交化线性组合方法（OLCAO）是原子轨道线性组合方法（LCAO）的扩展。尽管被归类到固体物理计算方法，它实际上介于量子化学计算方法和固体物理计算方法之间,同时具有两类方法的优点和局限性。原子轨道正交化线性组合方法是一个全电子计算方法,使用局域轨道(原子轨道)函数展开 Bloch 波函数,适用于周期性固体材料和原子团簇(大分子)。相互作用积分在实空间计算,而电子结构计算结果主要在倒易空间表述。因此,这个方法尤其适合处理包含不同元素、许多原子、低对称性或无对称性的复杂体系。在处理包含许多原子的大尺度体系时,OLCAO 方法是一个 N 或者 $O(N)$ 标度的方法。本书以后的章节将详细地介绍这些内容。

参 考 文 献

Adachi, H., Mukoyama, T., & Kawai, J. (2006), *Hatree-Fock-Slater Method for Materials Science: The Dv-Xa Method for Design and Characterization of Materials*(Berlin: Springer-Verlag).

Artacho. E., Anglada, E., Dieguez, O., et al. (2008), *Journal of Physics: Condensed Matter*, 20, 064208.

Blaha, P., Schwarz, K., Sorantin, P., & Trickey, S. B. (1990), *Computer Physics Communications*, 59, 399-415.

Clark, S. J., Segall, M. D., Pickard, C. J., et al. (2005), *Zeitschrift fur Kristallographie*, 220. 567-70.

Delley. B., Seminario, J. M., & Politzer, P. (1995), *Theoretical and Computational Chemistry*, Volume 2, 221-54.

Dovesi, R., Orlando, R., Civalleri, B., et al., *Zeitschrift fur Kristallographie*, 220, 571-73.

Ellis, D. E. & Painter, G. S. (1970), *Physical Review B*, 2, 2887.

Eschrig, H. (1 989), *Optimized Lcao Method and the Electronic Structure of Extended Systems*(Berlin: Springer-Verlag).

Fonseca Guerra, C., Snijders, J. G., Te Yelde, G., & Baerends, E. J. (1998), *Theoretical Chemistry Accounts: Theory, Computation, and Modeling(Theoretica Chimica Acta)*, 99, 391-403.

Frisch, M. J., Trucks, G. W., Schlegel, H. B., et al. (2009), Gaussian 09. Wallingford, CT: Gaussian, Inc.

Geist, A. (2010), *SciDAC Review*, 16, 52-9.

Han, M. J., Ozaki, T. & Yu, J. (2006), *Physical Review B*, 73, 045110.

Hohenberg, P. & Kohn, W. (1964), *Physical Review*, 136, B864.

Horsfield, A. P. & Bratkovsky, A. M. (2000), *Journal of Physics: Condensed Matter*, 12. R1.

Ishibashi, S., Tamura, T., Tanaka, S., Kohyama, M., & Terakura, K. (2007), *Physical Review B*, 76, 153310.

Kohn, W. & Sham, L. J. (1965), *Physical Review*, 140, A1133.

Kresse, G. & Hafner, J. (1993), *Physical Review B*, 47, 558.

Kresse, G. & Hafner, J. (1994), *Physical Review B*, 49, 14251.

Kresse, G. & Furthmüller, J. (1996a), *Physical Review B*, 54, 11169.

Kresse, G. & Furthmüller, J. (1996b), *Computational Materials Science*, 6, 15-50.

Maclaren, J. M., Crampin, S., Vvedensky, D. D., Albers, R. C., & Pendry, J. B. (1990), *Computer Physics Communications*, 60, 365-89.

Methfessel, M. (1988), *Physical Review B*, 38, 1537.

Methfessel. M., Rodriguez. C. O., & Andersen, O. K. (1989), *Physical Review B*, 40, 2009.

Methfessel, M., Van Schilfgaarde. M. & Casali, R. A. (2000), *Electroinc Structure and Physical Properties of Solids: The Uses of the Lmto Method* (Berlin: Springer-Verlag).

Oganov, A. R. (2010), *Modern Methods of Crystal Structure Prediction* (Weinheim: Wiley-VCH Veflag GmbH & Co. KGaA).

Ozaki, T. & Terakura, K. (2001), *Physical Review B*, 64. 195126.

Paolo, G. Et al. (2009), *Journal of Physics: Condensed Matter*, 21, 395502.

Perdew, J. P. & Schmidt, K. (2001), Jacob's ladder of density functional approximations for the exchange-correlation energy. *In*: Van Doren. V. E., Van Alsenoy, K. & Geerlings, P. (eds) *Density Functional Theory and Its Applications to Materials* (Melville, NY: American Institute of Physics).

Rehr, J. J., Kas, J. J., Prange, M. P., Sorini, A. P., Takimoto, Y. & Vila, F. (2009), *Comptes Rendus Physique*, 10, 548-59.

Schmidt, M. W., Baldridge, K. K., Boatz, J. A., et al. (1993), *Journal of Computational Chemistry*, 14, 1347-63.

Schwarz, K. & Blaha, P. (2003), *Computational Materials Science*, 28, 259-73.

Segall, M. D. & Et Al. (2002), *Journal of physics: Condensed Matter*, 14, 2717.

Skriver, H. L. (1984), *The Lmto Method: Muffin-Tin Orbitals and Electronic Structure* (Berlin, New York: Springer-Verlag).

Soler, J. M., Artacho, E., Gale, J. D., Garcia, A. J., Junquera, J., Ordejon, P. & Portal, D. S. (2002), *J. Phys.: Condens. Matter.*, 14, 2745.

Te Velde, G., Bickelhaupt, F. M., Baerends, E. J., Fonseca Guerra, C., Van Gisbergen, S. J. A., Snijders, J. G. & Ziegler, T. (2001), *J. Comput. Chem.*, 22, 931-67.

Valiev, M., Bylaska, E. J., Govind, N., Kowalski, K., Straatsma, T. P, Van Dam, H. J. J., Wang, D., Nieplocha, J., Apra, E., Windus, T. L. & De Jong, W. A. (2010), *Computer Physics Communications*, 181, 1477-89.

Wills, J. M., Eriksson, O., Alouani, M. & Price, D. L. (2000), *Electronic Structure and Physical Properties of Solids: The Uses of the Lmto Method* (Berlin: Springer-Verlag).

第 2 章　原子轨道线性组合方法 (LCAO)的历史

2.1　早期固体能带理论

我们可以回顾一下简单分子和晶体电子结构计算方法从最早期阶段到目前的发展历史。最重大的进展是 1926 年 Schrödinger 发表了基于量子力学的波动方程(Schrödinger，1926)。不久之后，Pauling 与他的合作者就给出了原子、分子以及固体势场下波动方程的解(Pauling，1927a；Pauling，1927b)。Hund 和 Mulliken 提出了分子轨道理论(Hund，1926；Hund，1927a；Hund，1927b；Hund，1930；Mulliken，1928)。针对周期体系，Felix Bloch 理论(Bloch，1929)和布里渊区的概念(Bouckaert et al.，1936)被提出，并得到应用。在 20 世纪 30 年代，Slater(Slater，1934)，Fröhlich (Fröhlich，1932)，Seitz (Ewing and Seitz，1936)，Mott 和 Jones(Mott and Jones，1936)，Herring (Herring，1937)等人研究了金属体系中自由电子的问题，固体能带理论随之建立起来。

电子结构理论下一个发展阶段导致了针对不同类型晶体材料的计算研究。在发展不同方法求解多体 Schrödinger 方程的过程中，线性组合原子轨道的想法是自然而然产生的，这是因为这种方法试图直接基于材料的组分求解其电子结构(Callaway，1964，Fletcher，1971)。所以，在那个时期，许多方法在本质上与 LCAO 方法一致。比如，紧束缚方法(Tight Binding)，原胞法(Cellular Method)，格林函数法(又称 KKR 方法)，半经验赝势方法，以及正交化平面波法(OPW)。现在，许多流行的电子结构计算方法还都基于这些早期想法，比如第一性原理赝势方法和缀加平面波方法(APW)。有趣的是，这些方法发展的先驱者在学术上都具有或多或少的关联，然而他们在计算方法和所处理的晶体类型方面表现出不同的兴趣。

2.2　LCAO 方法的起源

在固体量子力学理论发展初期，LCAO 思想是随着金属中自由电子模型公式的建立逐步形成的。在此之后，其他相关方法的发展主要是为了解决或者绕过使用 LCAO 方法所遇到的具体技术问题。一个典型的例子是 Hückel 理论方法。它在 20 世纪 30 年代被提出，是一种重要的适用于分子体系的量子化学方法(Hückel,1931)。特别值得一提的是 Conyers Herring 发展的 OPW 方法，它是公认的第一个可以计算晶体材料能带结构的方法(Coulson，1947；Herring，1940；Jones，1934；Morita，1949；Shockley，1937；Wallace，1947)。可以公平地说，LCAO 思想导致了 OPW 方法的发展，而 OPW 方法则真正地实现了固体物理能带结构的计算。随后，各种基于 LCAO 思想的方法得到快速发展，最终形成了今天的 OLCAO 方法。

早期能带结构计算方法都是彼此相关的，且都基于原子轨道线性组合(LCAO)的概念。这种情况并不奇怪。因为所有的晶体材料都是由原子或者分子组成，在量子力学框架下，这些原子和分子都可以由原子轨道来描述。各种方法之间的区别主要在于如何平衡技术上的困难、获得更高的计算精度，以及是否可以处理除了单原子晶体之外的更多体系等。这种矛盾与需求至今依然存在。在早期的方法发展过程中，能带理论和量子化学领域的先驱们很少只使用某种单一的计算方法。他们使用不同的方法，研究不同的晶体和分子，比较这些方法的优点和局限性，并且针对性地修改方法或者发展一种新的方法来克服所遇到的困难。

在使用 LCAO 方法处理不同类型的计算过程中，有几种近似被广泛应用。在化学领域内最常使用的是休克尔方法(Hückel,1931)和后来的扩展休克尔方法(EHM)。其中，因为在运用 EHM 方法理解化学反应机理上的突出贡献，Roald Hoffman 获得了 1981 年诺贝尔化学奖。在休克尔方法中，由于使用了基于 π 电子相互作用的正交基，成键和反键变得很简单，轨道相互作用则可以通过实验数据进行拟合。与化学中的休克尔方法类似，在固体物理中，一个基于 LCAO 方法的简单例子就是紧束缚方法(Fletcher and Wohlfarth,1951)和后来的扩展紧束缚方法(ETB)。实际上，紧束缚方法等同于 LCAO 方法，因此，这两个名称的使用在固体物理中并没有明显的差别。在紧束缚方法发展中，Slater 和 Koster(Slater and Koster,1954)提出了一个开创性的近似方法。他们将不同晶体材料所对应的能量矩阵元制成表格，使得人们可以容易地获得相应晶体在布里渊区内的完整的能带结构。随后，基于更精确的方法

（Papacinstanropulus，1986）得到一些晶体的能带结果，通过对这些能带结构进行拟合得到 Slater-Koster 参数。通过这种方式，由于不需要明确地计算相互作用积分，紧束缚方法直接应用于更加复杂的晶体，也可以获得除了能带结构以外的其他性质。可以看到，即使现在有许多更为精确的和复杂的计算软件包，紧束缚方法依然有着一定的吸引力并被广泛应用于各种材料体系，如碳纳米管（Dresselhaus et al.，2005）。

在 DFT 与其他类似的单电子方法流行之前，人们普遍认为 Hartree-Fock 方法是相当严谨的一种标准计算方法，这一观点尤其被量子化学家所认同。尽管忽略电子关联效应（Cramer，2002；Hartree，1936），Hartree-Fock 方法的前提是准确地处理体系的交换能，而相关能则可以通过考虑组态相互作用或者其他方式来弥补。目前，Hartree-Fock 方法依然是一种强劲的计算方法并被广泛使用。但是，由于计算过程牵涉到 Hartree-Fock 方程的求解，这种方法所处理的体系还局限于小的分子和简单晶体体系。另外一个基于 LCAO 思想的重要方法是包含了交换关联参数 α 的离散变分方法（DV-Xα）。这种方法采用数值基组（Adachi et al.，2006；Ellis and Painter，1970）。因为概念简单、计算过程不需要大量的经验参数，DV-Xα 方法得到了广泛的关注，尤其得到希望通过简单快速的计算获得有意义的结果来解释实验数据的研究者的青睐。

另外一个相同类别的计算方法是 Johnson 和 Slater 发展的多重散射方法（Johnson，1966），它起源于格林函数方法，并在 20 世纪 50 年代和 60 年代得到快速发展（Johnson et al.，1973；Kohn and Rostoker，1954；Korringa，1947；Morse，1956）。基于这种方法，后来发展了更加流行和准确的 Linear Muffin Tin Orbital（LMTO）方法，这种方法对紧凑型晶体尤其有效（Skriver，1984）。目前，LMTO 已经成为一个流行的电子结构计算方法（Tank and Arcangeli，2005）。

很显然，上面的介绍并不全面，也无意面面俱到。这里没有明确地介绍其他一些基于 LCAO 或者与 LCAO 相关的方法。关键的观点是现代许多可以进行类似计算的流行方法都来源于相同的思想，并且彼此之间密切相关。把这些计算方法严格分类是非常困难的。可以说，每个方法在处理不同材料以及理解不同性质方面都具有各自的优点。有一些优秀的书籍已经讨论了 LCAO 方法的起源和应用，以及它与其他量子化学或固体物理方法之间的关系（Harrison，1980；Levin，1977；Phillips，1973；Trinddle，2008）。有兴趣的读者可以参考这些文献。

2.3　在 LCAO 计算中使用高斯轨道

在计算分子与固体性质时，一个最重要的数学处理方式是使用高斯型轨道

(GTOs)来描述分子或固体中的波函数。这种方法源于在原子物理中基于Hartree-Fock 方法计算原子波函数(Clementi and Roetti,1974)。GTOs 具有一些数学处理上的优势。例如:两个 GTOs 的乘积是一个新的 GTO;GTO 的积分和微分有解析表达式。这些优势使得轨道相互作用积分的计算相当简单直接(Boys,1950;Huzinaga,1965;Shavit,1963)。这与使用 Slater 轨道(STO)描述原子波函数截然相反。尽管在描述原子波函数方面,Slater 轨道的形式更加自然与精确,但是,Slater 轨道之间的积分无法用解析式表达,必须采用一些数值积分技术(Fonseca Guerra et al.,1998;Te Velde et al.,2001)。基于Hartree-Fock 计算得到的原子波函数 GTO 表达形式列表与扩展表已经作为参考资料的形式出版(Huzinaga,1965),并被用于计算简单晶体的能带结构。目前,这些 GTO 形式的波函数主要用于占据原子态的描述,仅有少量的列表包含可以描述激发态的 GTO 形式的波函数。

　　事实上,随着原子序数 Z 的增加,主量子数 n 和轨道量子数 l(s,p,d,f⋯)随之增加。因此,在使用 GTOs 进行相关 Gaussian 变换时,相互作用积分的解析表达式变得极为复杂,难以推导和处理。为了解决这一问题,一个重要的贡献是 Obara 和 Saika 等人发展了递归算法得到所需要的解析公式。这种方法非常有价值,它使得处理较重元素以及获得其他物理算符的矩阵元变得更加容易。

　　值得提出的是,GTOs 主要是由原子物理学家和量子化学家发展的,其后才被固体物理学家接受。这可以从 J.A.Pople 在高斯软件一系列版本的成功上得到印证(Frisch et al.,2009)。事实上,他和 DFT 方法的提出者 Walter Kohn,共同获得了 2008 年诺贝尔化学奖,在之后的 20 年里,高斯软件包中DFT 方法几乎在化学、药理学和生物化学的领域中重塑了量子化学计算的进程。

　　20 世纪 60 年代末和 70 年代,C.C.Lin 和他的合作者开始在 LCAO 方法中使用 GTOs 计算能带结构(Chaney et al.,1971a;Chaney et al.,1971b;Lafon and Lin,1966)。J.Fry 和 J.Callway 随后效仿了这种做法(Ching and Callaway,1973;Laurent et al.,1981.;Rath et al.,1973;Wang and Callaway,1974;Wang and Callaway,1977)。在此期间,一些精确的 LCAO 方法被广泛应用于处理大量的晶体,包括过渡金属体系,这为 OLCAO 方法的发展奠定了基础。很多计算侧重于金属单质和简单晶体。对包含 3d 电子的自旋极化过渡金属的精确处理为解决磁性和磁材料可能遇到的问题铺平了道路。这是 LCAO 方法发展过程中的繁荣时期。研究者很快意识到,Bloch 函数并不一定需要用原子轨道展开,使用单 GTOs 展开 Bloch 函数同样有效,并且使得变分更加灵活。同样,需要提到的是使用 LCAO 进行精确计算并不局限于使用GTOs。一些研究小组使用 STOs 或者其他并不是非常常见的原子基函数轨道定义。本书将不涉及这些内容。

2.4 OLCAO 方法的起源

OLCAO 方法是 LCAO 方法的直接延伸。受 OPW 方法的启发，Ching 和 Lin(Ching and Lin,1975a；Ching et al.,1977)创造了这个名称。众所周知，对于没有对称性的复杂体系的计算，所需求解的久期方程计算量必然很大。但是，由于内壳层电子在成键过程并不起主要作用，因此可以借鉴 OPW 方法中的处理，通过正交化将内壳层电子之间的相互作用消除。这种方法对于拥有很多内壳层电子的重原子体系非常有效。早期，OLCAO 方法在晶体 Si-Ⅲ(Ching and Lin,1975a；Ching et al.,1977)，无定形 Si(a-Si)和氢化的 a-Si(H-a-Si)模型(Ching et al.,1979)体系上得到了仔细的测试。随后，被用来研究无定形 SiO_2(a-SiO_2)玻璃(Ching,1981)和金属玻璃(Jaswal and Ching,1982；Zhao and Ching,1989)，由此正式地对无序或非晶体系引入了一个严格的计算方法。这些早期的计算都是非自洽的，处理体系的尺寸相对较小，计算精度有限。经过这么多年的发展，OLCAO 方法已经克服了这些限制。

20 世纪 80 年代，Sambe 和 Felton(Sambe and Felton,1975)和 Harmon(Harmon et al.,1982)将全自场(SCF)计算引入 OLCAO 方法，显著提高了 OLCAO 方法的计算精度，这是 OLCAO 方法发展过程中非常重要的进展。在之后的 20 年里，OLCAO 方法被广泛地应用于凝聚态物质体系的计算，这些工作主要是由 University of Missouri-Kansas City(UMKC)的电子结构研究组所完成的。这些应用研究涵盖各种结构组建的复杂的晶体和非晶材料。早期的工作包括金属玻璃和绝缘体玻璃的相关计算，如第一个关于 $Nd_2Fe_{17}B$ 永磁体的真实计算(Gu and Ching,1987)，早期 $YBa_2Cu_3O_7$ 超导体的电子结构和光学性质计算与后期的有机超导体(Laurent et al.,1978)的电荷转移计算。其他一些典型的工作包括 C_{60} 和碱金属掺杂的 C_{60} 的计算，非线性光学晶体的计算(Ching and Huang,1993；Huang and Ching,1993)，激光基质光学晶体 YAG 和 Y-Al-O 晶体计算(Xu and Ching,1999；Xu et al.,1995)，尖晶石氮化物的系统研究(Mo et al.,1999)，复杂的生物分子如带有侧链的维生素 B_{12}(Ouyang et al.,2003)研究，晶界结构(Ching et al.,1995)研究，和芯能级谱(Mo et al.,1996)计算。这些内容将在第 5 章开始介绍。

2.5　OLCAO 方法的现状和发展趋势

　　近年来,OLCAO 方法已经被应用于处理更多不同类型的复杂晶体,它更加高效,功能更加丰富。这些进展包括使用新的数据压缩技术,建立了一个系统的基组函数数据库,以及发展了更加有效的处理计算结果的分析方法。在这些研究过程中所积累的经验已经使得 OLCAO 方法完全可以处理大尺度复杂体系,如非晶材料体系与包含缺陷和微结构的材料体系,实现全自洽电子结构计算。

　　OLCAO 方法的强项在于它能够保证在相当高的精度下处理非常大尺度体系的电子结构。这个方法可以与基于平面波的从头算方法一起使用,如 VASP 软件,相得益彰。平面波方法主要用于获得准确的结构模型,而 OLCAO 方法则基于结构信息计算特定的性质,如芯能级光谱等,这些内容将在第 11 章介绍。

　　遗憾的是,在这本书出版的同时,OLCAO 方法还仅仅是被少数研究组中的部分研究工作者应用于材料科学研究,而且大部分使用者都是本书作者的合作者。现在,最紧要的工作是完成可以发行的软件包,使这种方法得到广泛的传播与使用。这个工作正在进行当中,将在本书出版后不久完成。这个软件包首先包括一些技术上的发展,如用户友好的安装方案、可充分利用计算集群或超级计算机的并行代码、用户手册和使用教程等方案。我们相信随着未来理论方法的发展和实现,并与其他一些优秀的计算软件相互结合时,OLCAO 方法一定会成为基于量子力学计算、研究原子尺度上相互作用的一种流行的计算方法,尤其适用于具有纳米尺度特征的大尺度体系、复杂生物分子体系以及液相体系的研究。

参 考 文 献

Adachi，H.，Mukoyama，T.，& Kawai，J.（2006），*Hatree-Fock-Slater Method for Materials Science：The Dv-Xα Method for Design and Characterization of Materials*（Berlin：Springer-Verlag）.

Bloch，F.（1929），*Zeitschrift für Physik A Hadrons and Nuclei*，52，555-600.

Bouckaert，L. P.，Smoluchowski，R.，& Wigner，E.（1936），*Physical Review*，50，58.

Boys，S. F.（1950），*Proceedings of the Royal Society of London . Series A . Mathematical and*

Physical Sciences, 200, 542-54.

Callaway, J. (1964), Energy Band Theory (New York: Academic Press).

Chaney, R. C., Lafon, E. E., & Lin, C. C. (1971a), Physical Review B, 4, 2734.

Chaney, R. C., Lin, C. C., & Lafon, E. E. (1971b), Physical Review B, 3, 459.

Ching, W. Y. & Callaway, J. (1973), Phys. Rev. Lett., 30, 441-3.

Ching, W. Y. & Lin, C. C. (1975a), Physical Review B, 12, 5536.

Ching, W. Y. & Lin, C. C. (1975b), Phys. Rev. Lett., 34, 1223-6.

Ching, W. Y. & Lin, C. C. (1977), Phys. Rev. B, 16, 2989.

Ching, W. Y., Lam, D. J., & Lin, C. C. (1979), Phys. Rev. Lett., 42, 805-8.

Ching, W. Y. (1981), Phys. Rev. Lett., 46, 607-10.

Ching, W. Y. & Huang, M. Z. (1993), Phys. Rev. B, 47, 9479-91.

Ching, W. Y., Gan, F., & Huang, M. -Z. (1995), Phys. Rev. B, 52, 1596-611.

Clementi, E. & Roetti, C. (1974), Atomic Data and Nuclear Data Tables, 14, 177-478.

Coulson, C. A. (1947), Nature, 159, 265-6.

Cramer, C. J. (2002), Essentials of Computational Chemistry (Chichester: John Wiley & Sons Ltd.).

Dresselhaus, M. S., Dresselhaus, G., Saito, R., & Jorio, A. (2005), Physics Reports, 409, 47-99.

Ellis, D. E. & Painter, G. S. (1970), Physical Review B, 2, 2887.

Ewing, D. H. & Seitz, E (1936), Physical Review, 50, 760.

Fletcher, G. C. & Wohlfarth, E. P. (1951), Philosophical Magazine Series 7, 42, 106-9.

Fletcher, G. C. (1971), The Electron Band Theory of Solids (Amsterdam: Noord-Hollandsche U. M.).

Fonseca Guerra, C., Snijders, J. G., Te Velde, G., & Baerends, E. J. (1998), Theoretical Chemistry Accounts: Theory, Computation, and Modeling (Theoretica Chimica Acta), 99, 391-403.

Frisch, M. J., Trucks, G. W., Schlegel, H. B., et al. (2009), Gaussian 09. Wallingford, CT: Gaussian, Inc.

Fröhlich, H. (1932), Annalen der Physik, 405, 229-48.

Gu, Z. & Ching, W. Y. (1987), Phys. Rev. B, 36, 8530-46.

Harmon, B. N., Weber, W. & Hamann, D. R. (1982), Physical Review B, 25, 1109.

Harrison, W. A. (1980), Electronic Structure and Properties of Solids (San Francisco: W. H. Freeman & Co.).

Hartree, D. R. & Hartree, W. (1936), Proceedings of the Royal Society of London. Series A— Mathematical and Physical Sciences, 154, 588-607.

Herring, C. (1937), Physical Review, 52, 361.

Herring, C. (1940), Physical Review, 57, 1169.

Huang, M. Z. & Ching, W. Y (1993), Phys. Rev. B, 47, 9464-78.

Hückel, E. (1931), Zeitschrift für Physik A Hadrons and Nuclei, 70, 204-86.

Hund, F. (1926), Z. Phys., 36, 657-74.

Hund, F. (1927a), *Z. Phys.*, 40, 742-64.

Hund, F. (1927b), *Z. Phys.*, 43, 788-804.

Hund, F. (1930), *Z. Phys.*, 63, 719-51.

Huzinaga, S. (1965), *The Journal of Chemical Physics*, 42, 1293-302.

Jaswal, S. S. & Ching, W. Y. (1982), *Phys. Rev. B*, 26, 1064-6.

Johnson, K. H. (1966), *The Journal of Chemical Physics*, 45, 3085-95.

Johnson, K. H. , Norman, J. G. J. , & Connolly, J. W. D. (1973), *Computational Methods for Large Molecules and Localized States in Solids* (New York: Plenum Press).

Jones, H. (1934), *Proceedings of the Royal Society of London. Series A*, 144, 225-34.

Kohn, W. & Rostoker, N. (1954), *Physical Review*, 94, 1111.

Korringa, J. (1947), *Physica*, 13, 392-400.

Lafon, E. E. & Lin, C. C. (1966), *Physical Review*, 152, 579.

Laurent, D. G. , Wang, C. S. , & Callaway, J. (1978), *Physical Review B*, 17, 455.

Laurent, D. G. , Callaway, J. , Fry, J. L. , & Brener, N. E. (1981), *Physical Review B*, 23, 4977.

Levin, A. A. (1977), *Solid State Quantum Chemistry* (New York: McGraw-Hill).

Mo, S. -D. , Ching, W. Y. , & French, R. H. (1996), *J. Am. Ceram. Soc.*, 79, 627-33.

Mo, S. -D. , Ouyang, L. , Ching, W. Y. , et al. (1999), *Phys. Rev. Lett.*, 83, 5046-9.

Morita, A. (1949). *Science Repts. Tohoku Univ.*, 33, 92-8.

Morse, P. M. (1956), *Proceedings of the National Academy of Sciences*, 42, 276-86.

Mott, N. F. & Jones, H. (1936), *The Theory of the Properties of Metals and Alloys* (Oxford, UK: Oxford Press).

Mulliken, R. S. (1928), *Physical Review*, 32, 186.

Obara, S. & Saika, A. (1986), *The Journal of Chemical Physics*, 84, 3963-74.

Ouyang, L. , Randaccio, L. , Rulis, P. , et al. (2003), *Journal of Molecular Structure: THEOCHEM*, 622, 221-7.

Papaconstantopoulos, D. A. (1986), *Handbook of the Band Structure of Elemental Solids* (New York: Plenum Press).

Pauling, L. (1927a), *J. Am. Chem. Soc.*, 49, 765-92.

Pauling, L. (1927b), *Proc. R. Soc. London, Ser. A*, 114, 181-211.

Phillips, J. C. (1973), *Bonds and Bands in Semiconductors* (New York: Academic Press).

Rath, J. & Callaway, J. (1973), *Physical Review B*, 8, 5398.

Sambe, H. & Felton, R. H. (1975), *The Journal of Chemical Physics*, 62, 1122-26.

Schrodinger, E. (1926), *Physical Review*, 28, 1049.

Shavitt, I. (1963), *Methods in Computational Physics* (New York: Academic Press).

Shockley, W. (1937), *Physical Review*, 51, 129.

Skriver, H. L. (1984), *The Lmto Method: Muffin-Tin Orbitals and Electronic Structure* (Berlin, New York: Springer-Verlag).

Slater, J. C. (1934), *Reviews of Modern Physics*, 6, 209.

Slater, J. C. & Koster, G. F. (1954), *Physical Review*, 94, 1498.

Tank,R. W.& Arcangeli,C. (2005), *An Introduction to the Third-Generation Lmto Method* (Berlin:Wiley-VCH Verlag GmbH & Co. KGaA).

Te Velde,G. ,Bickelhaupt,F. M. ,Baerends,E. J. ,et al. (2001), *Journal of Computational Chemistry*,22,931-67.

Trinddle, C. (2008), *Electronic Structure Modeling: Connections between Theory and Software* (Boca Raton:CRC Press).

Wallace,P. R. (1947), *Physical Review*,71,622.

Wang,C. S.& Callaway,J. (1974), *Physical Review B*,9,4897.

Wang,C. S.& Callaway,J. (1977), *Physical Review B*,15,298.

Xu,Y. N. ,Ching,W. Y. ,Jean,Y. C. ,& Lou,Y. (1995), *Phys. Rev. B*,52,12946-50.

Xu,Y. N.& Ching,W. Y. (1999), *Phys. Rev. B*,59,10530-5.

Zhao,G. L.& Ching,W. Y. (1989), *Phys. Rev. Lett.*,62,2511-14.

第 3 章　OLCAO 方法的基本原理与方法

OLCAO 方法起源于传统的 LCAO，这种方法在 LCAO 的基础之上进行了许多修改和扩展。基函数用原子轨道函数展开，其中径向部分展开成高斯型轨道（GTOs）。OLCAO 方法最初的目的是为了研究基于大周期原子模型（Ching and Lin，1975a）描述的非晶态固体。只要周期模型足够大，远远大于固体中电子的平均自由程，这种方法就是一种研究无序固体和非晶材料电子结构的非常有效的方法。后来发现当应用到复杂晶体、微结构模型和各种各样的生物体系当中时，这种方法也是相当有效的。在之后的很多年中，这种方法在很多方面得以系统地升级和细化，这些方面包括计算的效率、精确性、方便性，运用于不同元素和各种类型系统的广度，以及纳入更加严格的理论。现在的 OLCAO 方法几乎能够计算所有的可以用周期性边界条件模型化的固体材料的电子结构。最近的 OLCAO 版本相对于老的版本在同样的硬件下需要更少的中间存储空间和 CPU 运行时间。已设计了许多方法用来获得具有高度可移植性的原子轨道基函数，也发展了各种各样的辅助程序来更直接更深层次地分析复杂结果。OLCAO 理论包含了动量矩阵元的详细计算，可考虑芯-空穴屏蔽及自旋极化效应。OLCAO 程序包的结构概括地列举在附录 C 当中。

3.1　原子基函数

我们将严格介绍能带结构计算的 OLCAO 方法，并且将保留电子态的波矢量 $\vec{k}$ 描述。布洛赫定理适用于将多原子体系作为无限扩张的固体，但在有限团簇中因有表面问题而失效。在有必要考虑体系作为一群孤立原子（例如一个分子）的情况下，通过把该体系放在一个使邻近晶胞相互作用可以忽略的充分大的模拟单胞中，可以使布洛赫定理的周期性边界条件依然满足。

在 OLCAO 描述中，将固态波函数 $\psi_{n\vec{k}}(\vec{r})$ 用布洛赫波展开。其中 n 为能带指数，$\vec{k}$ 为波矢。

$$\psi_{n\vec{k}}(\vec{r}) = \sum_{i,\gamma} C_{i\gamma}^{n}(\vec{k}) b_{i\gamma}(\vec{k},\vec{r}) \tag{3.1}$$

布洛赫求和 $b_{i\gamma}(\vec{k},\vec{r})$ 通过以每个原子位置为中心的原子轨道波函数 u_i 的线性组合来构造

$$b_{i\gamma}(\vec{k},\vec{r}) = \left(\frac{1}{\sqrt{N}}\right) \sum_{\nu} e^{i(\vec{k}\cdot\vec{R}_{\nu})} u_i(\vec{r} - \vec{R}_{\nu} - \vec{t}_{\gamma}) \tag{3.2}$$

γ 标志晶胞中的原子，i 代表原子的所有量子数。γ 代表不同种类的原子，也可以代表在同一单胞或同一模拟单胞中同种类型的非等价位原子，$\vec{R}_{\nu}$ 代表晶格矢量，$\vec{t}_{\gamma}$ 是晶胞中第 γ 个原子的位置。

原子轨道波函数 u_i 由径向波函数和角动量波函数组成

$$u_i(\vec{r}) = \left[\sum_{j=1}^{N} A_j r^l e^{(-\alpha_j r^2)}\right] \cdot y_l^m(\theta, \phi) \tag{3.3}$$

径向波函数由合适数量的笛卡儿 GTOs 的线性组合来表示，角动量波函数由实球谐函数组成，轨道量子数 i 完全代表主量子数 n 和轨道角量子数 (l, m)。作为一个简单的扩展，自旋量子数 s 也可以包含在内，但是现在为了简要说明将其忽略。

式(3.3)中每一个 GTOs 都有一个衰减指数 α_j，对于原子轨道波函数 u_i 如何选择 $\{\alpha_j\}$ 值得评论一下。一个简单且有效的方式是选择一组 N 个预先决定的指数 $\{\alpha_j\}$，它们按等比级数分布在最小值 α_{min} 和最大值 α_{max} 之间。对于不同的元素，N、α_{min}、α_{max} 相对应的数值是不同的，但是可以根据过去的许多计算测试经验指导性地进行选择。N 的平均数值在 $16\sim30$，α_{min} 在 $0.1\sim0.5$，α_{max} 在 $10^6\sim10^9$，这些数值的选取依赖于原子的大小和原子序数 Z。原子越小需要的展开项越少，则 α_{max} 也越小。在 OLCAO 目前版本的代码中，对于所有的原子 α_{min} 设置为 0.12，但是为了满足特殊需求 α_{min} 也可以灵活选择。当 $\alpha_{min} < 0.05$ 时可能导致原子函数的过度扩展，而由于基矢的过度完备这又导致了数值的不稳定。而同时由于原子之间长程相互作用它又将会产生过量的多中心积分计算。当 $\alpha_{min} > 0.15$ 的时候，波函数的过度局域化将影响计算的精度。

一旦确定了指数组 $\{\alpha_j\}$，有几种方式可以得到展开系数 A_j。可以通过在单原子本征值问题中归一化本征矢系数得到，单原子的本征值问题可以在密度泛函理论内使用高斯基函数通过自洽的方式求解。它们也可以通过线性拟合原子波函数得到，此时的原子波函数可以通过自洽场 Hatree-Fock 方法或者其他的从头算(ab initio)原子计算方法得到(Clementi and Roetti, 1974; Huzinaga, 1984)。几乎对于所有的计算，对于相同元素的所有原子和不同量子数 i 的所有轨道使用相同的 $\{\alpha_i\}$ 是合适的。换句话说，在 OLCAO 方法中基函数是针对特定元素并且预先决定的。这极大地减少了需要解析计算的积分总数，否则对于包含几千个原子的模型结构积分总数是巨大的。虽然对于同种类型的原子在更精细的体系当中可以使用略微不同的基矢，例如在生物分子当中，但是由于在自洽场迭代中固态波函数可以通过系数 $C_{i\gamma}^n$ 自适应调节，大体上固定的

$\{\alpha_i\}$ 基组还是令人满意的。

式(3.3)当中一系列的原子轨道 u_i 包含芯轨道、占据的价轨道和数目可变的额外空轨道。对于大的非晶体系的计算,一个最小基组(MB)就足够了。这个最小基组包含芯轨道和占据或未占据的原子价壳层轨道。这保留了 Mulliken 的电荷分析(之后将有讨论)方法(Mulliken,1955)的全部优点。例如,Fe 的最小基组 MB 包含芯轨道 $1s,2s,2p_x,2p_y,2p_z,3s,3p_x,3p_y,3p_z$ 和价壳层轨道 $4s,4p_x,4p_y,4p_z,3d_{xy},3d_{yz},3d_{xz},3d_{x^2-y^2},3d_{3z^2-r^2}$。如果额外加入下一组未占据壳层空轨道,基组就是完全基组(FB),Fe 的完全基组由 MB 和 $5s,5p$ 和 $5d$ 轨道组成,对于大部分计算全基组在给出精确的结果方面绰绰有余。在一些特殊情况如光谱计算中,高能级的未占据态是重要的,此时可将额外壳层的激发态原子基组加到全部基组中形成扩展基组(EB)。或者可以加入额外的单个 GTOs 到全基组中形成扩展基组,以产生额外的变分自由度。对于一些特殊目的的高精度计算,u_i 可以通过一些方式进一步优化,正如量子化学家在分子计算当中所做的那样。总之,对于一个给定的问题,可以在所需精度和合理的时间范围内执行程序所需时间两者之间进行权衡,灵活地选择原子基组。

周期表中除了一些重元素和稀有元素,几乎所有的元素,我们都有原子基函数 u_i 的数据库,这些数据主要基于我们过去的计算和其他额外测试。数据库的详细情况在附录 A 当中给出。附录中列举出的有每一种元素的 N,α_{min},α_{max},同样列举的还有每一种元素的基函数以及对应元素 MB,FB,EB 的适当规范。这些在现在的软件包里都是默认值,而且也很容易更改使其满足特殊情况。需要重复说明的是,在目前运行的 OLCAO 方法及数据库中,对于相同元素的不同的轨道角动量态,N、α_{min} 和 α_{max} 保持不变。对于一个给定体系,这种方法减少了需要计算的多中心积分总数,而实际上并不会损失精度。

在图 3.1、图 3.2 和图 3.3 当中我们分别给出了在目前的数据库中 O、Si 和 Fe 的原子基函数。表 3.1 列举了从 $l=0$ 轨道到 $l=3$ 轨道(或者 f 轨道)的实球谐函数,也就是目前版本中的角动量函数。原则上,扩展到 $l=4$ 轨道(或者 g 轨道)是可行的,但目前在 OLCAO 方法中并非必要。

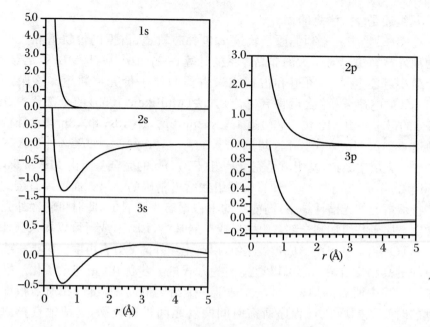

图 3.1　O 的全基组原子径向波函数图

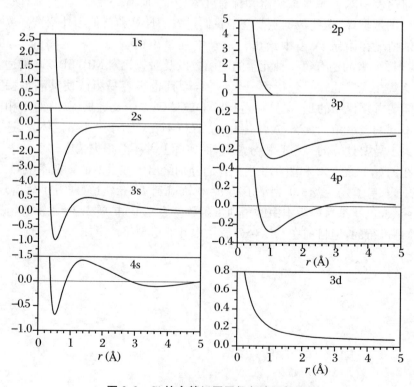

图 3.2　Si 的全基组原子径向波函数图

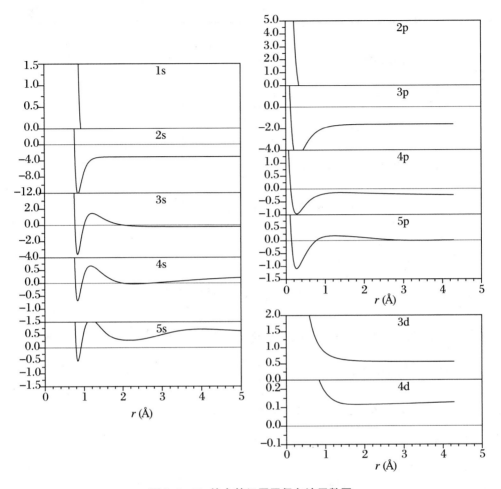

图 3.3　Fe 的全基组原子径向波函数图

表 3.1　笛卡儿坐标和角坐标下的实球谐函数

s 型 $\left\{ Y_0^0 = \sqrt{\dfrac{1}{4\pi}} = \sqrt{\dfrac{1}{4\pi}} \right\}$

p 型 $\left\{ \begin{array}{l} Y_1^{-1} = \sqrt{\dfrac{3}{4\pi}} \sin(\theta)\sin(\phi) = \sqrt{\dfrac{3}{4\pi}} \dfrac{y}{r} \\[2mm] Y_1^0 = \sqrt{\dfrac{3}{4\pi}} \cos(\theta) = \sqrt{\dfrac{3}{4\pi}} \dfrac{z}{r} \\[2mm] Y_1^1 = \sqrt{\dfrac{3}{4\pi}} \sin(\theta)\sin(\phi) = \sqrt{\dfrac{3}{4\pi}} \dfrac{x}{r} \end{array} \right\}$

$$d \text{ 型} \begin{cases} Y_2^{-2} = \sqrt{\dfrac{15}{4\pi}} \sin(\theta)^2 \sin(\phi)\cos(\phi) = \sqrt{\dfrac{15}{4\pi}} \dfrac{xy}{r^2} \\[2mm] Y_2^{-1} = \sqrt{\dfrac{15}{4\pi}} \sin(\theta)\cos(\theta)\sin(\phi) = \sqrt{\dfrac{15}{4\pi}} \dfrac{yz}{r^2} \\[2mm] Y_2^{0} = \sqrt{\dfrac{5}{16\pi}} \left[3\cos(\theta)^2 - 1\right] = \sqrt{\dfrac{5}{16\pi}} \dfrac{2z^2 - x^2 - y^2}{r^2} \\[2mm] Y_2^{1} = \sqrt{\dfrac{15}{4\pi}} \sin(\theta)\cos(\theta)\cos(\phi) = \sqrt{\dfrac{15}{4\pi}} \dfrac{xz}{r^2} \\[2mm] Y_2^{2} = \sqrt{\dfrac{15}{16\pi}} \sin(\theta)^2 \left[2\cos(\phi)^2 - 1\right] = \sqrt{\dfrac{15}{16\pi}} \dfrac{x^2 - y^2}{r^2} \end{cases}$$

$$f \text{ 型} \begin{cases} Y_3^{-3} = \sqrt{\dfrac{35}{32\pi}} \sin[\theta]^3 \sin(\phi)(4\cos(\phi)^2 - 1) = \sqrt{\dfrac{35}{32\pi}} y\,\dfrac{y^2 - 3x^2}{r^3} \\[2mm] Y_3^{-2} = \sqrt{\dfrac{105}{4\pi}} \sin(\theta)^2 \cos(\theta)\sin(\phi)\cos(\phi) = \sqrt{\dfrac{105}{4\pi}} \dfrac{xyz}{r^3} \\[2mm] Y_3^{-1} = \sqrt{\dfrac{21}{32\pi}} \sin(\theta)\left[5\cos(\theta)^2 - 1\right]\sin(\phi) = \sqrt{\dfrac{21}{32\pi}} y\,\dfrac{4z^2 - x^2 - y^2}{r^3} \\[2mm] Y_3^{0} = \sqrt{\dfrac{7}{16\pi}} \cos(\theta)\left[5\cos(\theta)^2 - 3\right] = \sqrt{\dfrac{7}{16\pi}} z\,\dfrac{2z^2 - 3x^2 - 3y^2}{r^3} \\[2mm] Y_3^{1} = \sqrt{\dfrac{21}{32\pi}} \sin(\theta)\left[5\cos(\theta)^2 - 1\right]\cos(\phi) = \sqrt{\dfrac{21}{32\pi}} x\,\dfrac{4z^2 - x^2 - y^2}{r^3} \\[2mm] Y_3^{2} = \sqrt{\dfrac{105}{16\pi}} \sin(\theta)^2 \cos(\theta)\left[2\cos(\phi)^2 - 1\right] = \sqrt{\dfrac{105}{16\pi}} z\,\dfrac{x^2 - y^2}{r^3} \\[2mm] Y_3^{3} = \sqrt{\dfrac{35}{32\pi}} \sin(\theta)^3 \cos(\phi)\left[4\cos(\phi)^2 - 3\right] = \sqrt{\dfrac{35}{32\pi}} x\,\dfrac{x^2 - 3y^2}{r^3} \end{cases}$$

3.2 布洛赫函数和 Kohn-Sham 方程

根据标准的密度泛函理论,在 OLCAO 方法当中下一步是迭代地求解单电子 Kohn-Sham 方程。采用原子单位,KS 方程通过下式给出:

$$\left[-\nabla^2 + V_{e\text{-}n}(\vec{r}) + V_{e\text{-}e}(\vec{r}) + V_{xc}[\rho(\vec{r})]\right]\Psi_{n\vec{k}}(\vec{r}) = E_n(\vec{k})\Psi_{n\vec{k}}(\vec{r})$$

$$(3.4)$$

式(3.4)当中第一项是动能项,而 $V_{e\text{-}n}(\vec{r})$,$V_{e\text{-}e}(\vec{r})$ 和 $V_{xc}[\rho(\vec{r})]$ 分别是电子和核、电子和电子库仑相互作用,以及势能的交换关联部分。交换关联势 $V_{xc}[\rho(\vec{r})]$ 依赖于电子密度 $\rho(\vec{r})$,固体的电子密度通过占据态的求和得到:

$$\rho(\vec{r}) = \sum_{occ} | \Psi_{n\vec{k}}(\vec{r}) |^2 \tag{3.5}$$

因此式(3.4)可以通过自洽求解。

在密度泛函理论的局域密度近似(LDA)中,势 $V_{xc}(\vec{r})$ 的交换和关联部分可以简化多电子相互作用。交换关联能 $E_{xc}(\vec{r})$ 可以从交换关联能泛函 ε_{xc} 得到。

$$E_{xc}(\vec{r}) = \int \rho(\vec{r}) \varepsilon_{xc}[\rho(\vec{r})] d\vec{r} \tag{3.6}$$

$V_{xc}(\vec{r})$ 采用下面的形式:

$$V_{xc}(\vec{r}) = \frac{d(\rho \varepsilon_{xc}[\rho])}{d\rho} = \frac{3}{2}\alpha \left[\frac{3}{\pi}\rho(\vec{r})\right]^{\frac{1}{3}} \tag{3.7}$$

$V_{xc}(\vec{r})$ 最简单的形式是式(3.7)中 $\alpha = 2/3$ 的 KS 近似。前不久,α 被用作可调参数,其取值在 2/3(KS 极限)和 1 之间(全 Slater 极限)(Schwarz,1972;Slater,1951)。在 LDA 方法中有几种其他流行形式的 $V_{xc}(\vec{r})$,它们通过不同的处理方法得到,目的是对于均匀电子气体系通过使用高精度结果提高交换和关联能量。在目前使用的 OLCAO 代码中,默认用 Wigner 插值公式来表示除交换效应以外的关联效应:

$$V_{xc}(\vec{r}) = \rho(\vec{r})^{\frac{1}{3}}\left[-0.984 - \frac{0.944 + 8.90\rho(\vec{r})}{(1 + 12.57\rho(\vec{r})^{1/3})^2}\right]^{\frac{1}{3}} \tag{3.8}$$

近些年,交换关联势不局限于均匀电子体系的局域近似,已经取得了快速的发展。这些势包含广义梯度近似(GGA)(Perdew et al.,1996;Perdew and Wang,1992)和以特定类体系为目标的其他的杂化方法(Becke,1986)。这些势已经被置于许多其他电子结构方法当中,这里将不再详细讨论。

在 LDA 下的 OLCAO 方法中,体系的总能量可以通过下面表达式进行计算:

$$E_T = \sum_{n,\vec{k}}^{occ} E_n(\vec{k}) + \int \rho(\vec{r})\left(\varepsilon_{xc} - V_{xc} - \frac{V_{e-e}}{2}\right)d\vec{r} + \frac{1}{2}\sum_{\gamma,\delta}\frac{Z_\gamma Z_\delta}{\vec{R}_\gamma - \vec{R}_\delta} \tag{3.9}$$

第一项是针对单电子能带能量的求和,最后一项是针对晶格位点的求和。1/2 因子是因为在计算核的库仑排斥时算了两次,来自于 DFT 的总能量表达式 E_T 在电子结构理论当中是一个非常重要的物理量,它广泛应用于原子内力计算和稳定性研究,也用于不同材料的结构优化。在 OLCAO 方法中,总能量是一个标准,用来衡量自洽势的收敛性和具有相同元素组成、相同原子数目的系统间的相对稳定性。因为与原子位置有关的基函数带来的复杂性,它还没有被完全用于力的计算。然而,在 OLCAO 方法中发展了另外一种计算力的简便方法,这种方法是基于 E_T 和有限差分方法(Ouyang and Ching,2001)的。

3.3 格位分解势函数

OLCAO 方法的一个重要特征就是晶体电荷密度的实空间描述 $\rho_{cry}(\vec{r})$ 和由高斯函数组成的以原子中心势函数求和表示的单电子晶体势 $V_{cry}(\vec{r})$。如若仔细建立势函数,这些特殊位置的原子中心势函数是可转移的。因此,从一个较简单的体系(例如石英,α-SiO$_2$)的计算获得自洽势然后把获得的势用于更大和更复杂的体系(非晶型SiO$_2$玻璃)是可行的,并且在更复杂的体系当中不用再进行自洽计算。然而,最近几年计算能力的显著提高已经使得非常复杂体系的自洽处理变得可能。这大部分要归功于选择高斯函数以组成原子中心势函数。写出来就是

$$\rho_{cry}(\vec{r}) = \sum_A \rho_A(\vec{r} - \vec{t}_A), \quad \rho_A(\vec{r}) = \sum_{j=1}^N B_j e^{-\beta_j r^2} \tag{3.10}$$

类似地,势函数的各部分也可以用原子中心函数表示:

$$V_{Coul}(\vec{r}) = \sum_A V_c(\vec{r} - \vec{t}_A), \quad V_c(\vec{r}) = -\frac{Z_A}{r} e^{-\zeta r^2} - \sum_{j=1}^N D_j e^{-\beta_j r^2} \tag{3.11}$$

$$V_{xc}(\vec{r}) = \sum_A V_x(\vec{r} - \vec{t}_A), \quad V_x(\vec{r}) = \sum_{j=1}^N F_j e^{-\beta_j r^2} \tag{3.12}$$

$V_c(\vec{r})$ 表达式中的第一项是靠近核的势,Z_A 是位点处原子的原子质量数。式(3.11)中快速衰减指数因子的运用使误差函数的数值积分计算更方便,而且式(3.11)当中指数因子 ζ 的使用具有灵活性(在当前的运行中通常取作常数20)。

晶体势可以写成以原子为中心的势函数求和:

$$V_{cry}(\vec{r}) = \sum_A V_A(\vec{r} - \vec{t}_A), \quad V_A(\vec{r}) = V_c(\vec{r}) + V_x(\vec{r}) \tag{3.13}$$

这里我们采取了一个对 OLCAO 方法的效率非常关键的近似。相同的指数集 $\{\beta_j\}$ 用在了式(3.10)~(3.12)中的高斯展开。这种方法使得需要在 GTOs 之间计算的多中心积分数目减少了几个数量级从而使 OLCAO 方法能够运用于大的复杂系统并且依旧保持从头算(*ab initio*)的特性。对于每个原子,指数集 $\{\beta_j\}$ 是提前决定好的,而 B_j, D_j, F_j 等系数在每一次对于 $\rho(\vec{r})$ 进行线性组合的自洽迭代循环中得以更新。由于计算的精度主要取决于式(3.10)表示真实电荷密度的精度,最优指数集 $\{\beta_j\}$ 的选择是极其重要的。这主要通过将 OLCAO 应用于诸如平衡晶格常数、体模量、光学性质等物理性质的计算并将其与实验确定的数值进行对比而得到。也可以通过用高斯函数拟合更精确计算的原子电荷密度而得到。正如在基函数情况下,$\{\beta_j\}$ 集合通过 β_{min}, β_{max} 以及作为等比级数的项数 N 来表征。拟合的精度通过将拟合函数的积分电荷数目与模拟晶

胞当中电子的数目进行对比来显示。β_{min}，β_{max} 和 N 的值的选择依赖于 Z（有时候也依赖于所研究的晶体），并且根据总的拟合误差最小化的要求来进行选择。根据经验，原子越重，N 和 β_{max} 的数值越大，β_{min} 的选择更加敏感，但是它的变化通常在 0.08 到 0.15 之间，这取决于元素和所研究的体系。此外，β_{min} 越小，势的范围越大，反之亦然。在电子结构计算中，对于大部分常见的元素我们已经有了完备的 $\{\beta_j\}$ 集合数据库，这些集合在附录 B 中列出了，并且这些元素的 β_{min}，β_{max} 和 N 的默认值也在表中列出。

应该注意到在式（3.10）和（3.13）中，虽然以原子为中心的可转移的函数 $V_A(\vec{r})$ 和 $\rho_A(\vec{r})$ 由围绕原子的球谐高斯函数组成，但是它们的叠加结果是非球谐的，并且不用形状近似就能精确地表示不同种类的结构构型中不同种类的成键，如图 3.4 所示。

图 3.4 假想二维两原子晶体的原子中心势函数叠加示意图

在图 3.4 中围绕每个原子中心的同轴圆具有与指数为 β_j 的归一化高斯波包的半高全宽相同的直径，虽然每一个高斯函数是球对称函数，但是它们的叠加明显不是，并且能准确地表示三维空间中的电荷密度和势。这种分析方法完全不同于通常的笛卡儿数值网格方法，笛卡儿数值网格方法使用在许多其他的计算程序包里面，在这些程序包中在每一个格点都必须计算电荷密度和势，精确的计算需要大量精细的格点。在这种情况下数据存储是一个实际的问题，这使得运用这种方法计算大的复杂材料变得困难。相反，在 OLCAO 方法当中运用的高斯轨道方法没有这个问题,通过高斯变换(见下一节)和数据管理技巧,对实空间中的电荷分布和势场进行数值计算,对于大的体系也是可行的。

在迭代求解 KS 方程(3.4)时,新的$\rho(\vec{r})$通过占据态波函数$\psi_{n\vec{k}}(\vec{r})$求解,对于下一次迭代,为了提高数值稳定性把已经得到的$\rho(\vec{r})$和最新得到的$\rho(\vec{r})$混合,这是很常见的。式(3.10)~(3.12)中的系数B_j,D_j,F_j被不断地更新直到总的能量变化比预设的值要小的时候达到收敛,典型的预设值是 0.00001、0.0001或者其他的类似标准。为了快速收敛,可以使用各种各样的加速方案。一般的情况下,由于绝缘体的带隙非常明确地把占据态和非占据态分开,所以绝缘体系收敛得很快。在金属体系当中,费米能级的存在可能使问题略微复杂化,为了精确确定费米能级,足够数量的$\vec{k}$空间的取样点是必需的。同样,对于非晶体系或者同样元素具有许多非等价位点的晶体,在基于不同位点的势函数叠加形成的晶体势场表示中,每一个位点能被单独处理来增加精度。另一方面,对于高对称的晶体,通过对称操作晶体当中每个等价位点的$V_A(\vec{r})$和$\rho_A(\vec{r})$保持不变。在中间情况下,有许多类似但不是晶体学等价的位点,就需要对位点按照其相似程度进行归类,从而在精度和计算效率之间达成最好的折中。

在实空间当中,OLCAO 方法的格位分解电荷密度$\rho_A(\vec{r})$和势场$V_A(\vec{r})$对于计算许多物理观测量是非常有用的输出,它们也可以使用在创造性的模拟研究当中。更重要的是,利用高斯函数展开$\rho_A(\vec{r})$和$V_A(\vec{r})$使得哈密顿矩阵元的多中心积分计算可以通过高斯变换技巧获得解析值,下面就来讨论这种方法。

3.4　高斯变换技巧

高斯变换技巧是 OLCAO 方法的核心,并且该技巧有很长一段的历史,至少可以追溯到 1950 年(Boys, 1950; Boys and Shavitt, 1960; Huzinaga, 1965; Shavitt and Karplus, 1965)。在量子化学领域,它的有效性在计算分子轨道的积分时实现了。流行的高斯程序包(Frisch et al., 2009)是一个主要的例子,高斯变换应用于凝聚态物理中的问题相对来说要少一些,在凝聚态物理中对于满足布洛赫定理的周期性晶格平面波基矢展开要更好一些。这里我们概述OLCAO方法中高斯变换技巧运用的主要步骤。

晶体的能带结构通过求解在布里渊区(BZ)各个$\vec{k}$点的 KS 方程(3.4)得到,或者等价地通过求解久期方程得到:

$$| H_{i\gamma,j\delta}(\vec{k}) - S_{i\gamma,j\delta}(\vec{k})E(\vec{k}) | = 0 \tag{3.14}$$

$S_{i\gamma,j\delta}(\vec{k})$和$H_{i\gamma,j\delta}(\vec{k})$分别代表重叠积分和哈密顿矩阵元:

$$S_{i\gamma,j\delta}(\vec{k}) = \langle b_{i\gamma}(\vec{k},\vec{r}) | b_{j\delta}(\vec{k},\vec{r}) \rangle$$

$$= \sum_{\mu} e^{-i\vec{k} \cdot \vec{R}_{\mu}} \int u_i(\vec{r} - \vec{t}_{\gamma}) u_j(\vec{r} - \vec{R}_{\mu} - \vec{t}_{\delta}) d\vec{r} \qquad (3.15)$$

$$H_{i\gamma, j\delta}(\vec{k}) = \langle b_{i\gamma}(\vec{k}, \vec{r}) \mid H \mid b_{j\delta}(\vec{k}, \vec{r}) \rangle$$

$$= \sum_{\mu} e^{-i\vec{k} \cdot \vec{R}_{\mu}} \int u_i(\vec{r} - \vec{t}_{\gamma}) [-\nabla^2 + V_{\text{Coul}}(\vec{r}) + V_{\text{ex}}(\vec{r})] u_j$$

$$(\vec{r} - \vec{R}_{\mu} - \vec{t}_{\delta}) d\vec{r} \qquad (3.16)$$

对于大周期晶胞或者大元胞计算,式(3.15)和(3.16)中的晶格求和会非常快速收敛并且包含了近邻晶胞的求和,此外,对于大的晶胞相应的布里渊区通常很小,布里渊区中心 Γ 单个 $\vec{k}$ 点是足够的。结果,尽管大元胞当中有许多数量的原子,式(3.15)和(3.16)当中需要被计算的相互作用积分的总数依旧保持在易控制的水平。

正如式(3.11)~(3.13)所示,单电子 LDA 势和电荷密度用格位分解的原子中心高斯函数来表达,这让我们认为 u_i 是一个由以原子位置 A 为中心的指数为 α_1 的简单高斯轨道组成的 s 态($l=0$)函数:

$$\mid s_A \rangle = e^{-\alpha_1 \vec{r}_A^2}; \quad \vec{r}_A = \vec{r} - \vec{A} \qquad (3.17)$$

在基组展开和势函数表示中,使用 GTOs 的优点是式(3.15)和(3.16)中所有的相互作用积分能以解析的形式表达出来,涉及的积分有以下五种类型:

重叠积分

$$I1 = \langle s_A \mid s_B \rangle = \int e^{-\alpha_1 \vec{r}_A^2} e^{-\alpha_2 \vec{r}_B^2} d\vec{r} \qquad (3.18)$$

动能积分

$$I2 = \langle s_A \mid -\nabla^2 \mid s_B \rangle = \int e^{-\alpha_1 \vec{r}_A^2} (-\nabla^2) e^{-\alpha_2 \vec{r}_B^2} d\vec{r} \qquad (3.19)$$

三中心积分

$$I3 = \langle s_A \mid e^{-\alpha \vec{r}_C^2} \mid s_B \rangle = \int e^{-\alpha_1 \vec{r}_A^2} e^{-\alpha_3 \vec{r}_C^2} e^{-\alpha_2 \vec{r}_B^2} d\vec{r} \qquad (3.20)$$

针对 $\vec{r}$ 的三中心积分

$$I4 = \left\langle s_A \left| \frac{1}{r_C} e^{-\alpha \vec{r}_C^2} \right| s_B \right\rangle = \int e^{-\alpha_1 \vec{r}_A^2} \frac{1}{r_C} e^{-\alpha_3 \vec{r}_C^2} e^{-\alpha_2 \vec{r}_B^2} d\vec{r} \qquad (3.21)$$

动量算符的矩阵元可以用相似的形式表达出来:

动量积分

$$I5 = \langle s_A \mid \vec{P} \mid s_B \rangle = -i\hbar \int e^{-\alpha_1 \vec{r}_A^2} \left(\frac{\partial}{\partial x_B}, \frac{\partial}{\partial y_B}, \frac{\partial}{\partial z_B} \right) e^{-\alpha_2 \vec{r}_B^2} d\vec{r} \qquad (3.22)$$

$I1, I2$ 和 $I5$ 是包含位置 A 高斯函数和另一个位置 B 高斯函数的双中心积分。$I3$ 和 $I4$ 是包含另外一个高斯函数的三中心积分,这个高斯函数是以位置 C 为中心的势函数。三中心积分比两中心积分计算起来更耗时,并且由于三中心积分的数目更多,所以它们的积分计算占据了大部分的计算时间。两中心积分 $I1$ 可以看作 $\alpha_3 = 0$ 的三中心积分 $I3$ 的特殊情况。

正如图 3.5 所示,通过运用高斯变换技巧,$I3$ 被简化为一种紧凑的形式:

$$I3 = \langle s_A \mid e^{-\alpha_3 \vec{r}_A^2} \mid s_B \rangle$$

$$= \left[\frac{\pi}{\alpha_T} \right]^{\frac{3}{2}} e^{[\alpha_T E^2 - \alpha_1^2 - \alpha_2^2 - \alpha_3^2]} \quad (3.23)$$

这里 $\alpha_T = \alpha_1 + \alpha_2 + \alpha_3$,而 $\vec{E} = (\alpha_1 \vec{A} + \alpha_2 \vec{B} + \alpha_3 \vec{C})/(\alpha_1 + \alpha_2 + \alpha_3)$。

动能积分项 $I2$ 和动量积分项 $I5$ 可通过直接对重叠积分 $I1$ 微分得到:

$$\langle s_A \mid -\nabla^2 \mid s_B \rangle = \left[6\alpha_2 + 4\alpha_2^2 \frac{\partial}{\partial \alpha_2} \right] \langle s_A \mid s_B \rangle$$

$$(3.24)$$

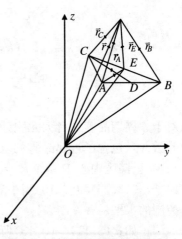

图 3.5 在高斯变换方法当中各种点之间的矢量关系

$$\langle s_A \mid p_x \mid s_B \rangle = \left\langle s_A \mid -i\hbar \frac{\partial}{\partial x_B} \mid s_B \right\rangle$$

$$= -i\hbar \frac{\partial}{\partial x_B} \langle s_A \mid s_B \rangle \quad (3.25)$$

$I4$ 不能通过紧凑的方式表达出来,但是能按照标准误差函数的形式表达出来:

$$I4 = \left\langle s_A \left| \frac{1}{\vec{r}_C} e^{-\alpha \vec{r}_C^2} \right| s_B \right\rangle = \left[\frac{2\pi}{\alpha_T t} \right] e^{\left(-\alpha_1 |\vec{A} - \vec{C}|^2 - \alpha_2 |\vec{B} - \vec{C}|^2 + \frac{(\alpha_1 + \alpha_2)^2 |\vec{D} - \vec{C}|^2}{\alpha_T} \right)}$$

$$\int_0^t e^{-\frac{z^2}{2}} dz \quad (3.26)$$

这里 $\vec{D} = \dfrac{\alpha_1 \vec{A} + \alpha_2 \vec{B}}{\alpha_1 + \alpha_2}$,而 $t = \sqrt{2} (\alpha_1 + \alpha_2) |\vec{D} - \vec{C}|^2 \cdot \dfrac{1}{\sqrt{\alpha_T}}$。

我们现在考虑围绕三个位点 A, B, C 的两种三中心积分:

$$\langle s_A \mid e^{-\alpha_3 r_C^2} \mid s_B \rangle \equiv \langle e^{-\alpha_1 r_A^2} \mid e^{-\alpha_3 r_C^2} \mid e^{-\alpha_2 r_B^2} \rangle \quad (3.27)$$

$$\left\langle s_A \left| \frac{1}{r_C} e^{-\alpha_3 r_C^2} \right| s_B \right\rangle \equiv \left\langle e^{-\alpha_1 r_A^2} \left| \frac{1}{r_C} e^{-\alpha_3 r_C^2} \right| e^{-\alpha_2 r_B^2} \right\rangle \quad (3.28)$$

这里 r_A 是电子与位点 A 之间的距离,我们定义

$$\alpha_T = \alpha_1 + \alpha_2 + \alpha_3 \quad (3.29)$$

$$\vec{E} = \frac{(\alpha_1 \vec{A} + \alpha_2 \vec{B} + \alpha_3 \vec{C})}{\alpha_T} \quad (3.30)$$

$$\overrightarrow{AE} = |\overrightarrow{AE}| = |\vec{A} - \vec{E}|,\text{等} \quad (3.31)$$

$\vec{A}$ 是起点到位置 A 的矢量。各点和矢量之间的关系如图 3.5 所示,它们满足下面的关系:

$$\vec{r}_A = \vec{r}_E + \overrightarrow{AE},\text{等} \quad (3.32)$$

$$\alpha_1 \overrightarrow{AE} + \alpha_2 \overrightarrow{BE} + \alpha_3 \overrightarrow{CE} = 0 \quad (3.33)$$

与式(3.27)结合时,可以得到

$$\langle s_A \mid e^{-\alpha_3 \vec{r}_C^2} \mid s_B \rangle = e^{(-\alpha_1 \overline{AE}^2 - \alpha_2 \overline{BE}^2 - \alpha_3 \overline{CE}^2)} \int e^{-\alpha_T r_E^2} d\tau$$

$$= \left(\frac{\pi}{\alpha_T}\right)^{\frac{3}{2}} e^{(-\alpha_1 \overline{AE}^2 - \alpha_2 \overline{BE}^2 - \alpha_3 \overline{CE}^2)} \tag{3.34}$$

为了计算式(3.28),我们引入

$$\vec{D} = \frac{\alpha_1 \vec{A} + \alpha_2 \vec{B}}{\alpha_1 + \alpha_2} \tag{3.35}$$

并且让 Z 轴沿着 $\overrightarrow{CD}$ 方向,结果是

$$\langle s_A \mid \frac{1}{r_C} e^{-\alpha_3 r_C^2} \mid s_B \rangle = e^{-\alpha_1 \overline{CA}^2 - \alpha_2 \overline{CB}^2} \int e^{-\alpha_T r_C^2 r_C^{-1}} e^{2(\alpha_1 + \alpha_2)\vec{r}_C \cdot \overrightarrow{CD}} d\tau$$

$$= 2\pi e^{-\alpha_1 \overline{CA}^2 - \alpha_2 \overline{CB}^2} \int_0^\infty \int_{-1}^1 e^{-\alpha_T r_C^2 r_C^{-1}} e^{2(\alpha_1 + \alpha_2)\vec{r}_C \cdot \overrightarrow{CD}\cos\theta} d(\cos\theta) dr_C$$

$$= \left[\frac{\pi}{(\alpha_1 + \alpha_2)\overrightarrow{CD}}\right] e^{-\alpha_1 \overline{CA}^2 - \alpha_2 \overline{CB}^2}$$

$$\int_0^\infty e^{-\alpha_T r^2} [e^{2(\alpha_1 + \alpha_2)\overrightarrow{CD}r_C} - e^{-2(\alpha_1 + \alpha_2)\overrightarrow{CD}r_C}] dr \tag{3.36}$$

令

$$\beta = \frac{(\alpha_1 + \alpha_2)\overrightarrow{CD}}{\alpha_T} \tag{3.37}$$

$$t = \frac{\sqrt{2}(\alpha_1 + \alpha_2)\overrightarrow{CD}}{\sqrt{\alpha_T}} \tag{3.38}$$

上面的形式简化为:

$$\langle s_A \mid \frac{1}{r_C} e^{-\alpha_3 r_C^2} \mid s_B \rangle = \left[\frac{\pi}{(\alpha_1 + \alpha_2)\overrightarrow{CD}}\right] e^{\left[-\alpha_1 \overline{CA}^2 - \alpha_2 \overline{CB}^2 + \frac{(\alpha_1 + \alpha_2)\overrightarrow{CD}^2}{\alpha_T}\right]}$$

$$\cdot \left(\int_{-B}^\infty e^{-\alpha_T y^2} dy - \int_B^\infty e^{-\alpha_T y^2} dy\right)$$

$$= \left(\frac{2\pi}{\alpha_T t}\right) e^{\left[-\alpha_1 \overline{CA}^2 - \alpha_2 \overline{CB}^2 + \frac{(\alpha_1 + \alpha_2)\overrightarrow{CD}^2}{\alpha_T}\right]} \int_0^t e^{-z^2/2} dz \tag{3.39}$$

式(3.18)~(3.22)属于最简单的 s 态 GTO 波函数之间的四种积分。对于涉及 p 态、d 态和 f 态的 GTOs 的积分相应的表达式可以通过对晶格矢量的笛卡儿分量连续微分的方法从具有更小的 l 量子数的态得到。例如:

$$\langle p_A^x \mid s_B \rangle = \int x_A e^{-\alpha_1 \vec{r}_A^2} e^{-\alpha_2 \vec{r}_B^2} d\vec{r}$$

$$= \int \frac{1}{2\alpha_1} \frac{\partial}{\partial A_x} e^{-\alpha_1 \vec{r}_A^2} e^{-\alpha_2 \vec{r}_B^2} d\vec{r}$$

$$= \frac{1}{2\alpha_1} \frac{\partial}{\partial A_x} \langle s_A \mid s_B \rangle \tag{3.40}$$

$$\langle p_A^x \mid p_B^y \rangle = \frac{1}{2\alpha_2} \frac{\partial}{\partial B_y} \langle p_A^x \mid s_B \rangle, 等 \tag{3.41}$$

从 $l=0$ 到 $l=3$，已经推导出了 $I1$ 到 $I5$ 的积分解析表达式。重复的微分运算迅速导致了过长、复杂、杂乱的表达式。有人建议使用递归算法计算这些积分 (Obara and Saika, 1986)。也可以使用专业的计算机软件诸如 Maple 或者 Mathematica 来推导这些公式，进而检查其精度和正确性。

也可以推导包含笛卡儿 GTO 的积分的广义形式：

$$x^n y^l z^m e^{-ar^2} \tag{3.42}$$

这里 $n+l+m=0,1,2,3$ 对应于 s,p,d,f 形式的 GTO，例如，广义的重叠积分可以写成

$$s_{nlm,n'l'm'}(\alpha_1,\alpha_2,\vec{A},\vec{B}) = \int x_A^n y_A^l z_A^m e^{-\alpha_1 \vec{r}_A^2} x_B^{n'} y_B^{l'} z_B^{m'} e^{-\alpha_2 \vec{r}_B^2} d\tau$$
$$= S_{n,n'}(\alpha_1,\alpha_2,A_x,B_x) S_{l,l'}(\alpha_1,\alpha_2,A_y,B_y)$$
$$S_{m,m'}(\alpha_1,\alpha_2,A_z,B_z) \tag{3.43}$$

其中

$$S_{n,n'}(\alpha_1,\alpha_2,A_x,B_x) = e^{-\hbar \overline{AB}_x} \sum_S \binom{n}{s} \overline{AD}_x^{n-s} \sum_{S'} \binom{n'}{s'} \overline{BD}_x^{n'-s'} F_{s+sa'}(\beta)$$

其中

$$\beta = \alpha_1 + \alpha_2, \quad h = \frac{\alpha_1 \alpha_2}{\beta}, \quad D = \frac{\alpha_1 \vec{A} + \alpha_2 \vec{B}}{\beta}, \quad \overline{AB}_x = B_x - A_x$$

且

$$F_n(\beta) = N_n \beta^{-(n+1)/2}, \quad N_n = \pi^{1/2} \begin{cases} 1, & n = 0 \\ 0, & n = 奇数 \\ (n-1)!/2^{n/2}, & n = 偶数 \end{cases} \tag{3.44}$$

对于无定形固体模型的立方或者正交大元胞，E.E.Lafon 认为所有的积分可以被分解为上面的形式，结果需要处理的多中心积分数目趋于 $3N$，而不是 N^3，其中 N 是总的轨道数。这种方法还没有得到充分的验证，但是有望进一步简化使用 GTOs 的复杂体系的大规模计算。然而，对于大的复杂体系实际的计算效率依赖于许多因素。而运行 OLCAO 方法没有特定的方法。在大部分计算中，当内部原子的间距很大时，90% 以上的多中心积分计算或者是零，或者是可以忽略的小量。内置于非广义形式积分计算的特定过滤技术是更有效的。在这个方面，对于大体系来讲，基于 GTOs 基矢展开的 OLCAO 方法是一个真正的 N 阶方法。

3.5 芯正交化技巧

对于复杂大体系，例如无定形材料、含有缺陷和微结构的超胞模型或者具

有高原子序数元素(Z)的复杂晶体,矩阵方程(3.14)是非常大的,而且它的求解需要很多计算时间和存储空间。然而,在许多情况下,固体的芯电子态(能量低于最高占据态 30 eV 左右)的物理意义不大,因此全基矢或者扩展基矢展开数量可以被简化到仅仅考虑非芯价电子态和少许未占据态。芯态可以从久期方程(3.14)中除去,从而减少正交归一化过程的维度,正如下面描述(Ching and Lin,1975b)的那样。

　　方程(3.14)中的重叠积分和哈密顿量矩阵可以通过交换行和列来重新排布,最后化简成左上角四分之一象限是芯态,并且所有的非芯态处于右下角的四分之一象限,如图 3.6 所示。方程(3.14)中布洛赫求和间的矩阵元可以被划分为三组:(1) 芯-芯;(2) 芯-价电子和价电子-芯;(3) 价电子-价电子。在这里为了简化我们使用术语"价(valence)"来包括所有的非芯轨道。假定不同位点的布洛赫求和间的矩阵元是零,因此可以忽略,并且通过运用正交性条件,矩阵方程的维数能有效地减少。价-价块矩阵正交化矩阵元可以认为是最初的非正交化矩阵元加上芯-价和价-芯矩阵元带来的修正项。

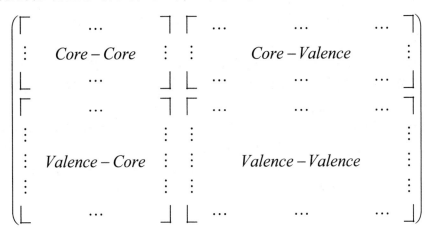

图 3.6　矩阵正交化示意图

　　我们使用上标 v 和 c 来标记布洛赫求和的价部分和核部分,用 v' 来标记正交化的价布洛赫求和,用原始的非正交化的价布洛赫求和来展开正交化的价布洛赫求和 $b_{ia}^{v'}(\vec{k},\vec{r})$

$$b_{ia}^{v'}(\vec{k},\vec{r}) = b_{ia}^{v}(\vec{k},\vec{r}) + \sum_{j,\gamma} C_{j\gamma}^{ia} b_{j\gamma}^{c}(\vec{k},\vec{r}) \tag{3.45}$$

运用正交性条件

$$\langle b_{j\beta}^{c}(\vec{k},\vec{r}) \mid b_{ia}^{v'}(\vec{k},\vec{r}) \rangle = \langle b_{ia}^{v'}(\vec{k},\vec{r}) \mid b_{j\beta}^{c}(\vec{k},\vec{r}) \rangle = 0$$

式(3.45)中的展开系数由下式给出:

$$C_{j\gamma}^{ia} = -\langle b_{j\gamma}^{c}(\vec{k},\vec{r}) \mid b_{ia}^{v}(\vec{k},\vec{r}) \rangle$$

$$C_{j\gamma}^{ia\,*} = -\langle b_{ia}^{v}(\vec{k},\vec{r}) \mid b_{j\beta}^{c}(\vec{k},\vec{r}) \rangle \tag{3.46}$$

正交化之后,图 3.6 中右下角矩阵元由下式给出:

$$\langle b_{i\alpha}^v(\vec{k},\vec{r}) \mid b_{j\beta}^v(\vec{k},\vec{r})\rangle = \langle b_{i\alpha}^v(\vec{k},\vec{r}) \mid b_{j\beta}^v(\vec{k},\vec{r})\rangle$$

$$- \sum_{l,\gamma} \langle b_{i\alpha}^v(\vec{k},\vec{r}) \mid b_{l\gamma}^c(\vec{k},\vec{r})\rangle \langle b_{l\gamma}^c(\vec{k},\vec{r}) \mid b_{j\beta}^v(\vec{k},\vec{r})\rangle$$

$$- \sum_{l,\gamma} \langle b_{l\gamma}^c(\vec{k},\vec{r}) \mid b_{j\beta}^v(\vec{k},\vec{r})\rangle \langle b_{j\beta}^v(\vec{k},\vec{r}) \mid b_{l\gamma}^c(\vec{k},\vec{r})\rangle$$

$$- \sum_{l,\gamma} \sum_{m,\delta} \langle b_{i\alpha}^v(\vec{k},\vec{r}) \mid b_{l\gamma}^c(\vec{k},\vec{r})\rangle \langle b_{m\delta}^c(\vec{k},\vec{r}) \mid b_{j\beta}^v(\vec{k},\vec{r})\rangle \delta_{lm}\delta_{\gamma\delta} \quad (3.47)$$

$$\langle b_{i\alpha}^v(\vec{k},\vec{r}) \mid H \mid b_{j\beta}^v(\vec{k},\vec{r})\rangle = \langle b_{i\alpha}^v(\vec{k},\vec{r}) \mid H \mid b_{j\beta}^v(\vec{k},\vec{r})\rangle$$

$$- \sum_{l,\gamma} \langle b_{i\alpha}^v(\vec{k},\vec{r}) \mid b_{l\gamma}^c(\vec{k},\vec{r})\rangle \langle b_{l\gamma}^c(\vec{k},\vec{r}) \mid H \mid b_{j\beta}^v(\vec{k},\vec{r})\rangle$$

$$- \sum_{l,\gamma} \langle b_{l\gamma}^c(\vec{k},\vec{r}) \mid b_{j\beta}^v(\vec{k},\vec{r})\rangle \langle b_{j\beta}^v(\vec{k},\vec{r}) \mid H \mid b_{l\gamma}^c(\vec{k},\vec{r})\rangle$$

$$- \sum_{l,\gamma} \sum_{m,\delta} \langle b_{i\alpha}^v(\vec{k},\vec{r}) \mid b_{l\gamma}^c(\vec{k},\vec{r})\rangle \langle b_{m\delta}^c(\vec{k},\vec{r}) \mid b_{j\beta}^v(\vec{k},\vec{r})\rangle$$

$$\times \langle b_{l\gamma}^c(\vec{k},\vec{r}) \mid H \mid b_{m\delta}^c(\vec{k},\vec{r})\rangle \quad (3.48)$$

在正交空间中新的久期方程是:

$$\mid \langle b_{i\alpha}^v(\vec{k},\vec{r}) \mid H \mid b_{j\beta}^v(\vec{k},\vec{r})\rangle - \langle b_{i\alpha}^v(\vec{k},\vec{r}) \mid b_{j\beta}^v(\vec{k},\vec{r})\rangle E(\vec{k}) \mid = 0$$

$$(3.49)$$

维数已经减少。式(3.49)中主要的数值误差是假定布洛赫求和之间没有芯-芯重叠积分。假定硅的 $1s,2s,2p$ 轨道是芯轨道,对于硅的测试计算表明从式 (3.49)得到的靠近带隙的本征值与式(3.14)得到的本征值的差小于 0.0001eV (Ching and Lin, 1975b)。对于电子结构计算来说这种差别可以忽略,提高精度的一个方法是在正交化方法当中把高能量的芯态当成价态处理。在一个模拟晶胞中保留一个或几个原子的芯态来特别研究这些原子的芯态的电子结构也是可以的(参见第 11 章)。

3.6　布里渊区积分

对于常见的晶体,KS 方程(3.4)或者(3.14)必须在不可约布里渊区内的许多 $\vec{k}$ 点求解。通常是使用四面体或者特殊 $\vec{k}$ 点的方法进行。四面体方法是基于把不可约布里渊区切割为四面体单元,使其填满布里渊区的空间,在四面体单元中线性地插入能量本征值(Lehman and Taut, 1972; Rath and Freeman, 1975)。对等价的 $\vec{k}$ 点,四面体方法有更高的光谱结构分辨率,因为依赖于 $\vec{k}$ 点的泛函是对布里渊区全空间进行积分[例如态密度(DOS)]。在特殊 $\vec{k}$ 点取样方法当中(Chadi and Cohen, 1973; Monkhorst and Pack, 1976),布里渊区中不同的特殊 $\vec{k}$ 点有着不同的权重,这也是对布里渊区积分的一种有效手段。精确的布里渊区积分所需 $\vec{k}$ 点的数目依赖于晶体的对称性,并且与单胞的体积成反比,同样也依赖于材料的类型。

对于有明确带隙的绝缘晶体,使用太多数目的 $\vec{k}$ 点可能是不需要的。对于具有费米能级的金属体系,由于费米能量的精确确定对于自洽势和电荷密度的快速收敛是非常重要的,因此需要很多数目的 $\vec{k}$ 点。由于计算的代价正比于使用的 $\vec{k}$ 点数目和单胞中原子的数目,因此通过特意的测试来确定 $\vec{k}$ 点的合适数目是很重要的。OLCAO 方法主要应用于复杂大体系(对于许多不同类型的应用看后面的章节),在这类体系当中常常使用大元胞,在布里渊区的中心($\vec{k}=0$)单个 $\vec{k}$ 点是足够的。少数的情况下超过一个 $\vec{k}$ 点是需要的,在约化布里渊区的拐角处使用额外的 $\vec{k}$ 点会更好,因为对称性此处矩阵方程是实数的。这是一个很明显的优势,因为运行过程中复数矩阵方程需要消耗四到八倍的 CPU 时间。

因为在 OLCAO 方法的应用中相互作用的范围很大,一般的情况下方程(3.49)中的矩阵元素是密集的。在处理复杂体系时,方程(3.49)的维数依旧相当大,特别是如果使用扩展基矢,则可能需要运用其他的节省时间的数值技巧。最近计算机技术的进步对这个问题有所解决。随着机器的设计而异,现在全部对角化大小为 30 000×30 000 的矩阵也是可行的。因此,如果使用 sp³ 最小基组,有 5000 个或更多数目原子的体系也能被处理。这显著地扩大了可求解问题的类型,比如那些大的生物分子或者掺杂纳米颗粒等。

3.7　OLCAO 方法的优势

OLCAO 方法的基本理论和技巧在上面已经陈述过了,但是在处理从简单到复杂的各种体系时很容易忽视是什么带来了 OLCAO 方法的种种优势。一些优势来自于用原子轨道波函数作为基矢来展开固态波函数,另一些优势来自于高斯函数的广泛使用,在这一节我们将简单地评述一下给 OLCAO 方法带来优势的许多不同的贡献因素。

固态波函数用有限的原子轨道函数展开,这个方法使得固态波函数按照传统化学的概念理解起来很容易,并且这种方法能被用来对大的复杂系统的数据进行分类。即使对于扩展基矢,求解久期方程时矩阵对角化的维数也是相当小的,因此对于一个给定的 $\vec{k}$ 点,可以直接对角化得到全部的本征值和本征矢谱。对于扩展基矢,能谱相对较高可以达到未占据态,如果有必要计算高频光子的光学跃迁,这将是很重要的。基矢当中轨道数目有相当大的可选择性,再考虑到计算时间、磁盘空间、所需精度,对于一个给定类型的计算可以选择最好的基矢。例如对于光学性质的计算可以利用扩展基矢,对于马利肯有效电荷和键级计算可以利用最小基矢。进一步,由于某些轨道能级被看成芯态,因而从久期方程中正交化掉了,到特定芯态能级的跃迁或者芯能级的光发射可以单独进行研究。很大程度上,基函数是可转移的。一般来说,在任何种类的晶体当中基函数可以从数据库中提取出来加以使用,并不需要对于不同种类的研究准备特殊的函数。

基函数本身可以用高斯函数展开。这种方法通过高斯变换技巧不需要近似就可以有效地进行多中心积分计算。一个给定元素的基函数的所有轨道使用同样的高斯函数将会进一步提高效率,仅仅需要修改的是主系数和每一个 s,p,d 或者 f 轨道所使用高斯函数的准确数目。虽然这确实增加了高斯函数的数目,但却极大地提高了计算的效率,原因是许多积分能被反复使用,而其他积分在算法循环结构当中能被归入一组并一次性计算。

固态体系势函数的每一个不同部分是以原子中心高斯函数的形式。在每一次计算中全部的势函数迭代到自洽,而数据库当中提供的势函数仅仅被用作初始的势函数。这一部分与赝势方法非常不同,在赝势方法当中赝势的选择必须是提前决定好的,而且并不总是可转移的。在 OLCAO 方法中,每一个元素势函数的形式被提前决定,但是由于前面提及的系数自洽迭代,势函数在很大范围内仍然是可转移的。电荷密度使用完全相同的以原子为中心的高斯函数基作为势函数。这极大地减少了需要计算的总积分数目,特别是,电子-电子相互作用可以使用三中心高斯积分计算而不是四中心积分。以原子为中心的势函数和电荷密度函数能被运用于实空间中密的三维格点的可视化表述而不必进行单独的冗长计算。

除了这个特殊的方法,OLCAO 代码的执行遵循一个简单的模式,这种模式能被明确地分成几个阶段来满足不同的机器配置和计算平台。OLCAO 方法能很容易地与其他流行的电子结构代码结合起来从而达到极好的协同效果。例如,VASP 软件包当中的平面波赝势方法对于弛豫材料的结构是非常有效率的,而最终结构的物理性质可以使用 OLCAO 方法有效地分析。这种策略将在后面的章节中用许多例子进行演示。由于 OLCAO 方法的高效率性,它可以用于大量的计算,只要原子尺度的结构能用其他方法精确确定,它就可以用来研究在温度、压力、应力或者有缺陷能级等不同物理条件下的电子性质。原则上,OLCAO 方法能被运用于元素周期表中任意一种元素的任意材料。实际上,这仍然是未来所要达到的目标,因为密度泛函理论还不能充分地描述含有 f 电子的重元素或者强关联体系的物理性质。OLCAO 方法在高效性、精度和易于解释之间取得了一种绝妙的平衡,因而其结果可靠并且对于大多数复杂体系能够获得和理解。

参 考 文 献

Barth, U. V. & Hedin, L. (1972), *Journal of Physics C: Solid State Physics*, 5, 1629.

Becke, A. D. (1986), *The Journal of Chemical Physics*, 85, 7184-7.

Boys, S. F. (1950), *Proceedings of the Royal Society of London. Series A. Mathematical and Physical Sciences*, 200, 542-54.

Boys, S. F. & Shavitt, I. (1960), *Proceedings of the Royal Society of London. Series A. Mathematical and Physical Sciences*, 254, 487-98.

Browne, J. C. & Poshusta, R. D. (1962), *The Journal of Chemical Physics*, 36, 1933-7.

Ceperley, D. M. & Alder, B. J. (1980), *Physical Review Letters*, 45, 566.

Chadi, D. J. & Cohen, M. L. (1973), *Physical Review B*, 8, 5747.

Ching, W. Y. & Lin, C. C. (1975a), *Phys. Rev. Lett.*, 34, 1223-6.

Ching, W. Y. & Lin, C. C. (1975b), *Physical Review B*, 12, 5536.

Clementi, E. & Roetti, C. (1974), *Atomic Data and Nuclear Data Tables*, 14, 177-478.

Frisch, M. J. , Trucks, G. W. , Schlegel, H. B. , et al. (2009), Gaussian 09. Wallingford, CT: Gaussian, Inc.

Gunnarsson, O. & Lundqvist, B. I. (1976), *Physical Review B*, 13, 4274.

Hedin, L. & Lundqvist, B. I. (1971), *Journal of Physics C: Solid State Physics*, 4, 2064.

Huzinaga, S. (1965), *The Journal of Chemical Physics*, 42, 1293-302.

Huzinaga, S. (1984), *Gaussian Basis Sets for Molecular Calculation* (New York: Elsevier).

Lee, C. , Yang, W. & Parr, R. G. (1988), *Physical Review B*, 37, 785.

Lehmann, G. & Taut, M. (1972), *Physical status solidi (b)*, 54, 469-77.

Monkhorst, H. J. & Pack, J. D. (1976), *Physical, Review B*, 13, 5188.

Mulliken, R. S. (1955), *J. Chem. Phys.*, 23, 1833.

Obara, S. & Saika, A. (1986), *The Journal of Chemical Physics*, 84, 3963-74.

Ouyang, L. & Ching, W. Y. (2001), *J. Am. Ceram. Soc.*, 84, 801-5.

Perdew, J. P. & Wang, Y. (1992), *Physical Review B*, 45, 13244.

Perdew, J. P, Burke, K. ,& Ernzerhof, M. (1996), *Phys. Rev. Lett.*, 77, 3865.

Rath, J. & Freeman, A. J. (1975), *Physical Review B*, 11, 2109.

Schwarz, K. (1972), *Physical Review B*, 5, 2466.

Shavitt, I. & Karplus, M. (1965), *The Journal of Chemical Physics*, 43, 398-414.

Slater, J. C. (1951), *Physical Review*, 81, 385.

Vosko, S. H. , Wilk, L. ,& Nusair, M. (1980), *Canadian Journal of Physics*, 58, 1200.

Wigner, E. (1934), *Physical Review*, 46, 1002.

第 4 章　基于 OLCAO 方法计算各种物理性质

在这一章,我们将列出用第 3 章所讨论的 OLCAO 方法可以轻松计算的许多常见的物理性质。同时,介绍一些用 OLCAO 方法计算的简单例子,而关于此方法在更复杂体系中的实际应用详见后面的章节。芯电子能级谱方面的计算应用将在第 11 章单独讨论。

4.1　能带结构和带隙

能带结构 $E_n(\vec{k})$ 是晶体最基本的电子性质,是凝聚态物理早期发展的核心概念(Callaway,1964)。它与孤立原子能级和分子轨道能级非常相似,但是由于其晶格的周期性,能带结构中的能级依赖于波矢($\vec{k}$)。能带图中的一系列 $\vec{k}$ 点往往是沿布里渊区中高对称方向得到的。根据占据态和非占据态之间是否有带隙,从固体的能带结构上可将晶体分为金属、准金属、半金属(Half-Metals)、半导体和绝缘体。通过在整个布里渊区里的 $E_n(\vec{k})$ 取样,定义单位体积单位能量间隔里的能态数为态密度,可由下式计算得到:

$$G(E) = \frac{\Omega}{(2\pi)^3} \sum_n \int \mathrm{d}^3 k \delta [E - E_n(\vec{k})] \qquad (4.1)$$

对于非晶态固体,由于缺乏长程有序性(或晶格周期性),$\vec{k}$ 不再是好的量子数,能带结构的概念失去本来的意义。由于电子态密度(DOS)包含固体电子结构所有必要的信息,故电子态密度是除能带结构外的一个重要的物理量。但是由于非晶体往往可用具有周期边界条件的模型模拟,这样的模型足够大以至于忽略了周期性效应,从而晶体电子结构的方法对于非晶体仍然适用。这时,只要模型足够大,则相应的布里渊区将相应地小,从而只需求解在一个 $\vec{k}$ 点的久期方程,放弃了能量和波函数对 $\vec{k}$ 的依赖性。一般这个 $\vec{k}$ 点选择在 Γ 点[$\vec{k} = (0,0,0)$],这是由于它比一般的 $\vec{k}$ 点更容易计算。同样的原则也适用于具有大单胞的周期性复杂晶体。后面的章节有许多这方面的例子,将对近年来许多热点的材料体系的计算结果进行讨论。

对于半导体和绝缘体,最重要的物理量是带隙,即最高占据价带(VB)和最低未占据导带(CB)之间的能量差。在分子轨道理论中,带隙也等价为最高占据分子轨道(HOMO)和最低未占据分子轨道(LUMO)之间的能量差。如果最高占据价带(TVB)和最低未占据导带(BCB)在同一 $\vec{k}$ 点(往往是 Γ 点)上,则此带隙为直接带隙,否则为间接带隙。许多半导体的物理性质取决于带隙的大小和性质。如果带隙较小,则可由热激发使电子从 TVB 激发到 BCB 上,从而产生电子电导,此时在 VB 上产生一个空穴,CB 上注入一个电子。通过给半导体掺入杂质元素,从而产生载流子,使得半导体可以在很低的温度下导电。如果杂质元素是受主元素,则价带空穴导电,如果杂质元素是施主元素,则导带电子导电。正如在序言里说明的,用密度泛函理论(DFT)的局域密度近似方法计算得到的半导体和绝缘体的带隙往往要比真实的带隙低估 30%～50%。这是由于 DFT 只对基态有精确计算,而导带中含有激发态。在 DFT 中有很多基于多体微扰方法的理论可以提高对带隙的估测(Onida et al.,2002)。然而,这些理论大大地增加了计算量,因此在应用上往往局限于相对简单的体系。

在金属体系中不存在带隙,因此分开占据态和未占据态的能量值就是费米能级(E_F)。只有费米能级附近的电子对电导有贡献。E_F 处的 DOS,即 $N(E_F)$ 对金属来说是一个重要的物理量,这是由于 $N(E_F)$ 越大,则说明有越多载流子参与电子电导。高导电性金属,如铜和银,在 E_F 处有更多自由电子,这些自由电子主要来自于 4s 或 5s 轨道。

图 4.1 是用 OLCAO 方法分别得到的硅(半导体),$\alpha\text{-}Al_2O_3$(绝缘体)和 Cu(金属)的能带图。

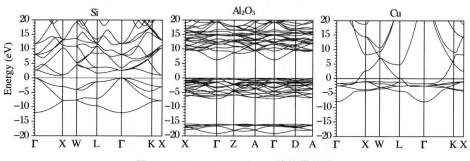

图 4.1　Si,$\alpha\text{-}Al_2O_3$ 和 Cu 的能带结构

4.2　态密度和分态密度

晶体的总态密度(TDOS)可分解为各组成部分,即分态密度(PDOS)。在 OLCAO 方法中,很自然地根据 n,l 和 m 量子数将 TDOS 分解成不同原子或轨道的 PDOS,这是由于布洛赫波函数是由不同的原子轨道波函数表达而成的。当进行自旋极化计算时(见 4.4 节),可将 PDOS 进一步分解成自旋的组成部分(s 量子数)。从不同原子或轨道组成部分的 PDOS 谱峰的排列情况可看出它们之间的相互作用,从而获得丰富的信息,故 PDOS 是非常有用的物理量。在固体中,通过原子、轨道和自旋投影 PDOS 的获得,可以对电子成键和电子间相互作用的本质进行直接的解释。

在 OLCAO 方法中,根据马利肯布居分析方法(Mulliken,1955),可以方便地定义本征值为 E_m,本征波函数为 $\Psi_m(r)$ 的第 α 个原子的第 i 个轨道的分数电荷 $\rho_{i\alpha}^m$,即

$$1 = \int | \Psi_m(r) |^2 \mathrm{d}\vec{r} = \sum_{i,\alpha} \rho_{i,\alpha}^m \tag{4.2}$$

$$\rho_{i,\alpha}^m = \sum_{j,\beta} C_{i\alpha}^{m*} C_{j\beta}^m S_{i\alpha,j\beta} \tag{4.3}$$

其中$C_{j\beta}^m$是第 m 个态波函数的本征矢系数,$S_{i\alpha,j\beta}$ 是重叠矩阵式(3.15)。分数电荷是一个非常有用的物理量,它是用原子轨道进行基组展开算法的自然产物。只要基函数合理地局域化,则马利肯方法可简单而有效地将电子态分解成各个轨道部分。将 $\rho_{i\alpha}^m$ 作为投影算符,可将 PDOS 从 TDOS 中分离出来。

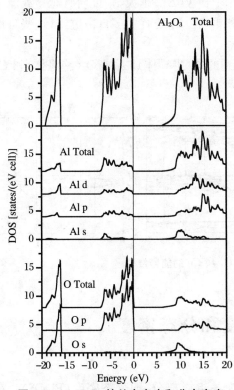

图 4.2 a-Al$_2$O$_3$ 的总态密度和分态密度

在晶体中,DOS 中的范霍夫奇点的存在是非常重要的,为此一些如线性分析四面体法等技术被用来对它们进行精确计算(Lehmann and Taut,1972;Rath and Freeman,1975)。在非晶体中,我们可将其看成一个大单胞或其他具有大量缺陷的复杂体系,这时以上的特征就不明显了。对于这些情况,用一种合理取样的方法来选择少量的 $\vec{k}$ 点,甚至一个 $\vec{k}$ 点,再进行适当的展宽,往往会获得详细的 DOS 图。图 4.2 是以 α-Al$_2$O$_3$ 为例的总 DOS 图和 PDOS 图(分解成原子轨道部分)。图 8.3 是晶态石英(α-SiO$_2$)和非晶态 SiO$_2$(a-SiO$_2$)的 TDOS 图的比较(Huang et al.,1999)。

4.3　有效电荷、键级和局域化指数

基于公式(4.3)定义的分数电荷,将获得两个重要的可以实际应用的物理量,即每一原子 α 上的有效电荷Q_α^* 和每一对原子(α,β)的键级 $\rho_{\alpha\beta}$(也可称为键重叠布居):

$$Q_\alpha^* = \sum_i \sum_{\substack{n \\ \text{occ}}} \sum_{j,\beta} C_{i\alpha}^{m\,*} C_{j\beta}^m S_{i\alpha,j\beta} \tag{4.4}$$

$$\rho_{\alpha\beta} = \sum_{\substack{n \\ \text{occ}}} \sum_{j,\beta} C_{i\alpha}^{*\,n} C_{j\beta}^n S_{i\alpha,j\beta} \tag{4.5}$$

在一个材料中,一个特定的原子或一群原子的电荷转移可通过将计算得到的有效电荷数减去中性原子中的价电子数得到。应该注意不要将计算得到的有效电荷与形式电荷相混淆,后者用于对固体中的价电子的描述。比如,通常将晶体 NaCl 中的 Na 和 Cl 离子分别描述成含有 +1 和 −1 价态,即 $Na^{+1}Cl^{-1}$。然而,对晶体 NaCl 计算,将不会得到有效电荷为 0 的 Na 和有效电荷为 8 的 Cl。

键级的大小表示原子间键的强弱。一般来说,共价键比离子键要强很多,从而共价键的键级更大。键级用键长来标度,但鉴于量子力学波函数被用来计算 $\rho_{\alpha\beta}$,故键角也起着重要的作用。

在实际的Q_α^* 和$\rho_{\alpha\beta}$计算中,在布洛赫函数展开中往往用最小基组(MB),因为基组越局域化,则马利肯方案计算结果越好。值得注意的是任何从马利肯方案中得出的结果都与基函数相关。在不同的晶体中,对不同的原子和原子对的Q_α^* 和$\rho_{\alpha\beta}$值进行比较是非常有意义的,只要它们是用相同的方法和基组计算得到的。这种方法可与其他方法在趋势和定性上进行比较。举例来说,α-,β-,γ-Si_3N_4 的Q_α^* 和$\rho_{\alpha\beta}$列在表 4.1 中。

表 4.1　Si_3N_4 的三种相的 Q^* 和 $\rho_{\alpha\beta}$ 的比较

	α-Si_3N_4	β-Si_3N_4	γ-Si_3N_4
Si1 Q^*	2.405	2.419	2.522
Si2 Q^*	2.523	—	2.556
N1 Q^*	6.160	6.181	6.092
N2 Q^*	6.158	6.200	—
N3 Q^*	6.172	—	—
N4 Q^*	6.127	—	—

	$\alpha\text{-}Si_3N_4$	$\beta\text{-}Si_3N_4$	$\gamma\text{-}Si_3N_4$
ρ_{Si1-N1}	—	$0.357, 0.356 \times 2$	0.369×4
ρ_{Si1-N2}	0.336	0.343	—
ρ_{Si1-N3}	$0.381, 0.321$		
ρ_{Si1-N4}	0.334		
ρ_{Si2-N1}	0.347	—	$0.234 \times 4, 0.235 \times 2$
ρ_{Si2-N2}	—		—
ρ_{Si2-N3}	0.344		—
ρ_{Si2-N4}	$0.352, 0.314$	—	—

对于非晶材料的电子态,另一个重要的参量是局域化指数(LI)。LI 可由式(4.3)中的分数电荷得到,即

$$L_m = \sum_{i,\alpha} \left[\rho_{i\alpha}^m \right]^2 \tag{4.6}$$

其中 L_m 是在不同的位置上测量的 m 态密度的几率。L_m 值在 1 到 N^{-1} 之间变化,当 L_m 值为 1 时表示完全的局域态,此时电荷局域在一个单轨道上,而 L_m 为 N^{-1} 时表示完全的非局域态,其中 N 是总电子态数。在非晶体模型结构中有大量的原子,式(4.6)可以在整个能谱范围内对无序固体的单电子态的局域化进行真实可靠的估计。LI 的倒数就是所谓的参与系数,可用来对非晶体的局域态进行定量表示。因此,LI 有时也被称为反参与系数。图 8.4 是计算分析得到的非晶态 SiO_2 的 LI。

4.4　自旋极化能带结构

对于磁性材料,基于局域自旋密度近似(LSDA),有必要进行自旋极化计算。在 LSDA 的计算中,对于 $V_{exch}(r)$,自旋为变量。同时 $V_{exch}(r)$ 有许多不同的形式,其中包括在第 3 章中讨论的广义梯度近似(GGA)。由 Moruzzi 等(Moruzzi et al.,1978)修改的 von Barth-Hedin 势被用于 OLCAO 方法中,其中交换关联泛函采用如下形式:

$$\varepsilon_{xc}[\rho_\uparrow, \rho_\downarrow] = \varepsilon_{xc}^p[r_s] = \left[\varepsilon_{xc}^f(r_s) - \varepsilon_{xc}^p(r_s) \right] f_{xc}(\rho_\uparrow, \rho_\downarrow) \tag{4.7}$$

上式中,上标 p 和 f 分别表示顺磁和铁磁的情况,r_s 可定义为 $\frac{4}{3}\pi r_s^3 = \frac{1}{\rho}$,$\varepsilon_{xc}^f$ 和 ε_{xc}^p 是以均匀电子气模型分别计算得到的铁磁和顺磁的交换关联能。f_{xc} 由下

式给出：

$$f_{xc}(\rho_\uparrow, \rho_\downarrow) = \left[(2\rho_\uparrow/\rho)^{\frac{4}{3}} + (2\rho_\downarrow/\rho)^{\frac{4}{3}} - 2\right]/(2^{4/3} - 2) \qquad (4.8)$$

式中自旋向上态对应于自旋沿着指定的方向（往往取晶格的 z 方向）排列的情况，而自旋向下态对应于相反方向排列。自旋向上态与自旋向下态通过交换势耦合在一起。其中总电荷密度是自旋向上和自旋向下的电荷密度的和，即：$\rho(\vec{r}) = \rho_\uparrow(\vec{r}) + \rho_\downarrow(\vec{r})$。它们之间的差得到的自旋密度函数是 $\rho_s(\vec{r}) = \rho_\uparrow(\vec{r}) - \rho_\downarrow(\vec{r})$。

对于自旋极化的 OLCAO 方法，一开始将总电荷，$\rho = \sum \rho_A(r - r_A)$，划分成 $\rho_\uparrow$ 和 $\rho_\downarrow$ 组成部分［为简单起见，从现在开始，后面的 $\rho_A(r)$ 将由下标 A 表示］。为了开始自旋极化计算的自洽迭代，需要给出自旋向上势与自旋向下势一个初始的刚性分裂。然后对每种自旋求解式(3.4)，并将计算的结果融合，给出新的自旋极化电荷密度和势。通常，进行自旋极化的自洽收敛计算要慢很多，这是因为计算中加入了自旋变量而且需要确定更为精确的费米能级。

考虑到磁性原子的自旋被认为沿着特定的方向，因此上面描述的自旋极化的计算是共线自旋近似的。原则上来说，磁性原子的自旋有可能沿着一般方向取向，或自旋呈非共线排列(Antropov et al., 1995)。在许多磁性材料的体系中，非共线的自旋-自旋相互作用是非常重要的。

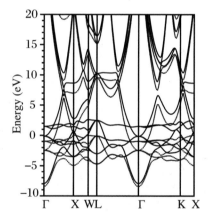

图 4.3　Fe 的自旋极化能带结构图。实线（虚线）表示少数（多数）自旋

尽管非共线自旋计算还没有在 OLCAO 方法中实现，但会很简单。图 4.3 给出的是铁的自旋极化能带图。

4.5　标量相对论修正和自旋轨道耦合

重元素原子的芯态电子有很高的速度，相对论效应显著，需用相对论量子力学处理。固体电子结构的相对论修正始于相对论电子的狄拉克方程，如下所示：

$$\begin{aligned} c\vec{\sigma} \cdot \vec{p}\psi_v + (mc^2 - E - e\phi)\psi_u &= 0 \\ c\vec{\sigma} \cdot \vec{p}\psi_u - (mc^2 + E + e\phi)\psi_v &= 0 \end{aligned}$$

$$(4.9)$$

在狄拉克符号中,波函数有两个组分,分别是ψ_u(大的组分)和ψ_v(小的组分),且它们各自有自旋向上与自旋向下的组分,从而对于总的波函数有四个组成部分(Bjorken and Drell, 1964)。在式(4.9)中,$\vec{\sigma}$表示泡利自旋矩阵,$\vec{p}$是动量算符,ϕ是电子具有的标度势,c是光速,m是电子质量。在很多情况下,光速远远大于固体中电子的平均速度,可以主要考虑大的组分ψ_u,式(4.9)可以简化成如下的形式,其中ψ_u的下标u去掉了:

$$(E' + e\phi)\psi = \frac{1}{2}m(\sigma \cdot \vec{P})K(\sigma \cdot \vec{P})\psi \qquad (4.10)$$

其中相对论动能项K可由下式近似写为:

$$K = \frac{1}{1 + \left(\dfrac{E' + e\phi}{2mc^2}\right)} \approx 1 - \frac{E' + e\phi}{2mc^2} \qquad (4.11)$$

式(4.10)可写成

$$(E' + e\phi)\psi = \left[\frac{1}{2m}\vec{p}^2 - \frac{\vec{p}^4}{8m^3c^2} - \frac{e\hbar^2}{8m^2c^2}\nabla \cdot \nabla\phi \frac{e\hbar}{4m^2c^2}\vec{\sigma} \cdot \nabla\phi \times \vec{p}\right]\psi$$

$$(4.12)$$

式(4.12)和非相对论薛定谔方程相似,只是在哈密顿量中加了后三项。它们分别表示质量速度项(mass velocity)、达尔文项(Darwin)和自旋轨道耦合项。注意到泡利自旋矩阵$\vec{\sigma}$仅仅出现在自旋轨道耦合项里。因此,质量速度项和达尔文项在波函数的两个自旋分量中没有非对角元素。因而它们表现出标量的特性,可以分离出来,作为对非相对论势的标量相对论修正(Koelling and Harmon, 1977)。将相对论修正中与自旋相关的部分和与自旋无关部分分离开来大大地方便了实际的计算,这是因为质量速度项和达尔文项均可通过在非相对论薛定谔方程中加上一个单电子势的修正项来实现。

质量速度项的修正可简化成下式:

$$\vec{p}^4 = (p_x^2 + p_y^2 + p_z^2) \cdot (p_x^2 + p_y^2 + p_z^2) \qquad (4.13)$$

其中,p_x,p_y和p_z用相应的微分算子替代。对式(3.16)中哈密顿矩阵的修正类似于动量算符处理。这可以用式(3.42)描述的简并的笛卡儿高斯轨道的形式,即$x^ny^lz^m\exp(-\alpha r^2)$,去进行非常有效的估测,其中$n$,$l$和$m$是整数。

为了获得达尔文项的修正,需要对晶体势进行二次微分。其中晶体势可以表示为GTOs的线性组合的一组原子中心的原子势$V_A(r)$的求和[见式(3.11)~(3.13)]。

$$V_A(r) = -\frac{Z}{r} + V_{\text{Coul}}(r) + V_{\text{exch}}(r) \qquad (4.14)$$

从$-\nabla \cdot \nabla[-Z/r] = 4\pi Z\delta(r)$可以看出,式(4.14)第一项的修正与元素原子序数有简单的关系,同时通过泊松方程$\nabla^2 V_{\text{Coul}}(r) = -4\pi\rho(r)$可知第二项与电荷密度$\rho(r)$相关。第三项$V_{\text{exch}}(r)$,占$V_{\text{Coul}}(r)$不到10%的比例,可以

通过数值化求解获得(Zhong et al.，1990)。图 4.4 比较了由 OLCAO 方法计算得到的 Ni 和 Nb 的非相对论性能带结构和标量相对论性修正的能带结构。计算结果与其他方法相一致。

式(4.12)中自旋轨道耦合项的相对论性修正通常会比标量相对论性修正小一个数量级。即使如此，自旋轨道耦合的相对论性修正值在磁性体系和许多其他性质方面还是非常重要的。针对所研究的体系和所涉及物理过程的不同，有很多方法处理自旋轨道耦合。在半导体中，人们往往比较关心布里渊区高对称点的能带边，常常使用简并态微扰理论。更普遍的方法是先从涉及自旋的计算中得到自旋极化能带结构，再添加一项自旋轨道修正。考虑自旋轨道耦合项的自旋极化计算维度是不考虑自旋的薛定谔方程的两倍，这是由于要同时考虑两种自旋。

自旋极化能带结构的计算给出了两个哈密顿矩阵，其中一个是对应于自旋向上的能带(多数自旋)，另一个是对应于自旋向下的能带(少数自旋)，且对它们分别对角化。由于自旋轨道相互作用，使得自旋和轨道耦合在一起，从而矩阵的大小增加一倍，即

$$\begin{bmatrix} \vec{U} & 0 \\ 0 & \vec{D} \end{bmatrix} \rightarrow \begin{bmatrix} \vec{U}' & 0 \\ \Delta & \vec{D}' \end{bmatrix} \tag{4.15}$$

在式(4.15)中，U 和 D 分别是自旋向上和自旋向下态初始的哈密顿矩阵。在引入标量相对论性修正后，它们变成了 U' 和 D'。0 代表空矩阵，Δ 是耦合矩阵。对于两种自旋的情况，重叠矩阵是相同的。假定标量相对论性修正作用已经包含在 U 和 D 中。为了获得 Δ，U' 和 D' 的具体表达式，我们需要估测自旋轨道耦合项 $\frac{e\hbar}{4\,m^2 c^2}\vec{\sigma}\cdot\nabla\phi\times\vec{p}$ 中自旋极化的布洛赫求和间的矩阵元。在真正的第一性原理方法中，精确的表达式可以通过这些矩阵元涉及的晶体势和 GTOs 的积分微分推导得到。而这里，为简单起见引入一个自旋轨道耦合强度参数 ξ，即

$$\xi = \frac{\hbar^2}{2m^2 c^2}\int \mid u_j(\vec{r}) \mid \frac{1}{r}\frac{\mathrm{d}V_A(r)}{\mathrm{d}r}\mathrm{d}\vec{r} \tag{4.16}$$

其中 V_A，$u_j(\vec{r})$ 分别是原子势和原子的 j 轨道态。

ξ 可以通过实验或精确的原子计算获得。在参数化形式中，自旋轨道耦合项可以写成如下形式：

$$\xi\vec{l}\cdot\vec{s} = \frac{1}{2}\xi(\vec{j}^2 - \vec{l}^2 - \vec{s}^2) \tag{4.17}$$

其中 j, l, s 分别表示总角动量量子数，轨道角动量量子数和自旋角动量量子数，而 ξ 在式(4.16)中给出。

式(4.17)中的两原子间的矩阵元是极其简单的。用一个狄拉克符号将原

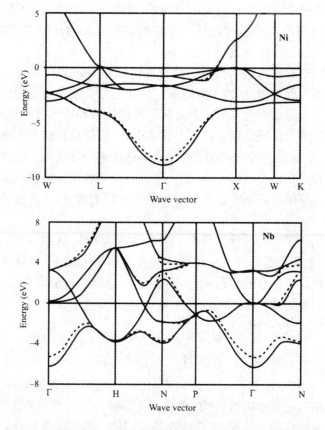

图 4.4 **Ni(上面)和 Nb(下面)的标量相对论性能带结构。虚**
线为非相对论性能带结构(Zhong et al. ,1990)

Source: X. F. Zhong, Y. N. Xu and W. Y. Ching, "Orthogonalized Linear
Combination of Atomic Orbitals Method. Ⅳ. Inclusion of Relativistic
Effects", Phys. Rev. B41, 10545(1990)

子波函数表示为 $|\alpha,l,m\rangle|s,m_s\rangle$,其中 $|\alpha,l,m\rangle$ 表示空间部分(α 表示不同于 $|l,m_s\rangle$ 的量子数),而 $|s,m_s\rangle$ 表示自旋部分($m_s=\pm 1/2$)。直积函数可转化成耦合函数:

$$|l,m\rangle|s,m_s\rangle = \sum_{j,m_j}\langle l,s,j,m_j | l,m,s,m_s\rangle | l,s,j,m_j\rangle \qquad (4.18)$$

其中 $\langle l,s,j,m_j|l,m,s,m_s\rangle$ 是对两角动量耦合的 Clebsch-Gordon(CG)系数逆变换得到的(Friedrich,1998)。式(4.17)的矩阵元是明确的,这是由于耦合函数同时是 j,l,s 的本征函数,从而有

$$\xi\langle \vec{l}\cdot\vec{s}\rangle = \frac{1}{2}\xi\left(\vec{j}(\vec{j}+1)-\vec{l}(\vec{l}+1)-\frac{3}{4}\right) \qquad (4.19)$$

针对在标量相对论近似极限下的 Ni,Nb 和 Ce 晶体,已经基于上述近似进行了相对论修正的 OLCAO 计算。同时对铁磁性的 Fe 进行了包括自旋轨道耦

合的全相对论性修正测试计算。其结果与用其他方法计算得到的结果符合得很好(Zhong et al.，1990)。

4.6 磁 学 性 质

在自旋极化计算中,式(4.4)中的有效电荷可进一步地分解成自旋向上和自旋向下的部分,即

$$Q_\alpha^* = Q_{\alpha\uparrow}^* + Q_{\alpha\downarrow}^* \tag{4.20}$$

它们的差给出特定位置的自旋磁矩,即

$$\langle M_S \rangle_\alpha = Q_{\alpha\uparrow}^* - Q_{\alpha\downarrow}^* \tag{4.21}$$

特定位上的有效自旋磁矩对研究材料的磁性非常重要。在 OLCAO 方法中对$\langle M_s \rangle_\alpha$的估测没有涉及像原子球径这样随意选取的参数,从而具有很高的可靠性。通过计算磁性材料费米能级附近的电子态,OLCAO 方法也可直接计算磁化率的增强(Moruzzi et al.，1978)。

考虑自旋-轨道相互作用,也可以对一个晶体的轨道磁矩$\langle M_l \rangle$进行估测。在 OLCAO 方法中,$\langle M_l \rangle$表达成如下形式:

$$\langle M_l \rangle = g \sum_{m,k}^{occ} \sum_{i,\alpha} \sum_{j,\beta} C_{i\alpha}^{m^*} C_{j\beta}^m \langle b_{i\alpha}(\vec{k},\vec{r}) \mid l_z \mid b_{j\beta}(\vec{k},\vec{r}) \rangle \tag{4.22}$$

其中l_z是角动量算符的z方向分量。

式(4.22)中的矩阵元可以表示为重叠积分的点阵求和,这是由于在布洛赫求和中l_z只作用在原子轨道的角度部分。晶体轨道磁矩计算的困难之处在于式(4.22)在波矢群操作下并不像在能量本征态中一样是不变的。因此用整个布里渊区的$\vec{k}$点代替不可约部分的$\vec{k}$点进行求和。对于具有大的单胞的非晶材料或复杂体系,波矢$\vec{k}$不相关,轨道磁矩更容易估测。最近的例子详见第5~6章。

4.7 线性光学性质和介电函数

固体(绝缘体或金属)的光学性质可以用 OLCAO 方法计算,而此计算方法基于随机相位近似(RPA)的带间光吸收理论(Ehrenreich and Cohen，1959)。标准的方法是直接估测频率相关的光电导的实部$\sigma_1(\hbar\omega)$,即

$$\sigma_1(\hbar\omega) = \frac{2\pi e\hbar^2}{3m^2\omega\Omega} \sum_{n,l} \mid \langle n \mid \vec{p} \mid l \rangle \mid^2 f_l [1 - f_n] \delta(E_n - E_l - \hbar\omega)$$

$$\tag{4.23}$$

式中 f_l 是占据态 l 的费米狄拉克函数，δ 函数确保由能量为 E_l 的占据态 l 向能量为 E_n 的非占据态 n 跃迁时的能量守恒，Ω 是单胞的体积。

在晶体和非晶金属中，低光频的导电性不是来源于带间的跃迁，而是来源于带内的跃迁，往往可由 Drude 公式近似得到（Drude，1952），而 Drude 公式对自由电子金属也是有效的，即

$$\sigma_D = \frac{Ne^2\tau}{m^*(1 + \omega^2\tau^2)} \tag{4.24}$$

其中 τ 是弛豫时间，m^* 是导电电子的有效质量。在没有旋转对称性的非晶金属中，往往用大的超胞模拟玻璃化结构，带间和带内跃迁的区别就不再存在，这是因为能量对 k 没有依赖性，即 k 不是好量子数。此时低频的光电导可用式（4.23）精确计算，只是受到模型大小的影响。同样，在晶体的带内跃迁可以用大的超胞和布里渊区中心的一个 $\vec{k}$ 点来计算。常规的布里渊区的能带此时折叠成在更小的布里渊区里的许多子带（或能级），与此同时，当超胞中有大量原子时，这种方法也增加了计算量。然而，在金属体系中，高效的 OLCAO 方法可以很好地解释带内跃迁。

对于具有带隙的绝缘体系，没有带内跃迁，并用复介电函数表达线性光学性质。介电函数的虚部 $\varepsilon_2(\hbar\omega)$ 和 $\sigma_1(\hbar\omega)$ 有如下的关系：

$$\varepsilon_2(\omega) = 4\pi\frac{\sigma_1(\omega)}{\omega} \tag{4.25}$$

把对式（4.23）单胞内的求和转变为对 $\vec{k}$ 空间的布里渊区的积分，$\varepsilon_2(\hbar\omega)$ 可表达成如下的等价形式，即

$$\varepsilon_2(\hbar\omega) = \frac{e^2}{\pi m\omega^2}\int_{BZ}dk^3\sum_{n,l}\mid\langle\psi_n(\vec{k},\vec{r})\mid-i\hbar\nabla\mid\psi_l(\vec{k},\vec{r})\rangle\mid^2$$

$$f_l(\vec{k})[1 - f_n(\vec{k})]\delta[E_n(\vec{k}) - E_l(\vec{k}) - \hbar\omega] \tag{4.26}$$

介电函数的实部可通过 ε_2 求得，即通过一般的 Kramers-Kronig 关系式（Martin，1967）：

$$\varepsilon_1(\hbar\omega) = 1 + \frac{2}{\pi}P\int_0^\infty\frac{s\varepsilon_2(\hbar\omega)}{s^2 - \omega^2}ds \tag{4.27}$$

式（4.27）的积分极限通常由一个有限的截断值取代，这是由于 $\varepsilon_2(\hbar\omega)$ 或 $\sigma_1(\hbar\omega)$ 只对有限光能范围进行计算。这会导致 KK 转换的 $\varepsilon_1(\hbar\omega)$ 有一些不确定性。举例来说，图 4.5 是 α-B_{12} 的介电性质，图中 z 轴与斜方六面体的体对角线方向对齐。

一旦得到一个绝缘体的复介电函数，那么所有其他的相关光学常数也将得到。其中包括光波长为 λ 的光吸收系数 $\alpha(\hbar\omega)$，即

$$\alpha(\hbar\omega) = \frac{\hbar\omega\varepsilon_2(\hbar\omega)}{nc\hbar} \sim \frac{\varepsilon_2(\hbar\omega)}{\lambda} \tag{4.28}$$

以及能量损失函数 $F(\omega)$ 和反射光谱 $R(\omega)$：

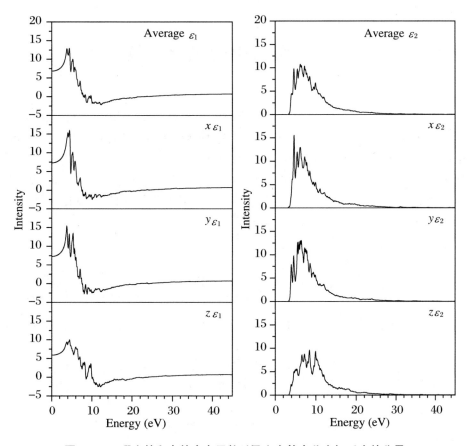

图 4.5 α-硼实的和虚的介电函数以及它在笛卡儿坐标系中的分量

$$F(\omega) = IM\left[-\frac{1}{\varepsilon(\omega)}\right] = \frac{\varepsilon_2(\omega)}{\left[\varepsilon_1^2(\omega) + \varepsilon_2^2(\omega)\right]} \qquad (4.29)$$

$$R(\omega) = \left|\frac{\sqrt{\varepsilon(\omega)} - 1}{\sqrt{\varepsilon(\omega)} + 1}\right| \qquad (4.30)$$

能量损失函数 $F(\omega)$ 的弱峰可以看成是等离子体激元频率,它是固体中电子集体激发的能量,并由实验定量测得。

在 OLCAO 方法中,式(4.23)或(4.26)中的关于光跃迁的动量矩阵元可以很容易地通过 3.4 节中的 GTOs 之间的两中心积分求和估测。对于各向同性的晶体或非晶体,动量矩阵的平方可由三个笛卡儿坐标方向的平均得到。在各向异性晶体或与方向相关的复杂材料中,动量矩阵元可分为 x-x,y-y,z-z分量。如在磁-光计算等具体应用中,需要计算动量算符非对角矩阵元 x-y,y-z 和 z-x。

4.8 金属中的电导函数

在金属体系中,光电导函数是研究电子传输性质的关键物理量。例如,金属玻璃表现出与无序合金不同的许多有趣的物理现象,如负的电阻温度系数,电阻与热功率的莫伊(Mooij)相关性,电阻饱和,变号霍尔系数,超导电性,负的磁阻效应等。低温下金属体系的输运性质的数值计算,从能量($E = \hbar\omega$)相关的电导函数 σ 的估测开始,其主要依据是作为带间光电导的一般化或推广的 Kubo-Greenwood 公式(Kubo,1957),即

$$\sigma(E) = \frac{2\pi\hbar e^2}{3m^2\Omega} \sum_{n,m} |\langle n | \vec{p} | m \rangle|^2 \delta(E_n - E)\delta(E_m - E) \quad (4.31)$$

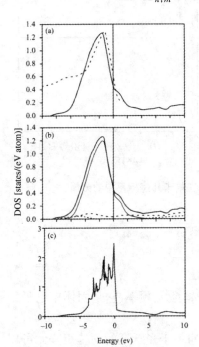

式(4.31)中的双重求和遍及所有的能态,双 δ 函数描述了能量为 E_n 的电子到能量 E_m 的散射过程。$\langle n | \vec{p} | m \rangle$ 是前面描述的动量矩阵元。对于输运性质的计算,只有费米能级 E_F 附近的态才是重要的。动量矩阵元和能量 E_m 的分布包含了所有的关于量子相干和与电子传输有关的多重态散射的信息。

温度相关的直流电导率 $\sigma(0, T)$ 可从 $\sigma(E)$ 计算得到,即:

$$\sigma(0, T) = \int \left[\frac{\partial f(E)}{\partial E} \right] \langle \sigma(E) \rangle \mathrm{d}E$$

$$(4.32)$$

其中 $f(E)$ 是费米分布函数,$\langle \sigma(E) \rangle$ 表示 $\sigma(E)$ 的平均值。在计算中,$\langle \sigma(E) \rangle$ 是通过对尽可能多的独立结构模型的计算求平均得到的。

在式(4.32)中,温度相关的 $\sigma(0, T)$ 是通过费米分布函数 f 中的玻尔兹曼因子求得的。在低温下,f 是一个在 E_F 处的阶梯函数,同时金属的电导率是简单的 $\sigma(E_F)$,且电阻率 ρ(不要与电荷密度相混淆)是 $1/\sigma(E_F)$。由式(4.32)获得的电阻率,只考虑了固体中导电电子的弹性散射,而不包括声子(晶格)的散射。式(4.32)只在低温下有

图 4.6 (a) a-Ni 的总的态密度,
(b) a-Ni 的分态密度,
(c) 晶态 Ni 的态密度

Source:W. Y. Ching, G. L. Zhao and Yi He,"Theory of Metallic Glasses, I:Electronic Structures", Phys. Rev. B42, 10878 (1990).

效。在高温下,晶格的振动作用和电子-声子相互作用开始变得显著,因而必须适当地考虑这些相互作用。

在 OLCAO 方法中,用有限原子数目的大超胞来计算金属 $\sigma(E)$,所得能谱是离散的。离散的能量间隔说明,式(4.25)中的 δ 函数条件不可能在所有的能量上精确满足。要克服这一困难,可通过用有限宽度的单位界域的高斯函数去替代每一个离散能级。超胞越大,则高斯函数的宽度越小,同时计算精度越高。因此,精确的计算电阻率 ρ 或电导率 $\sigma(E_\mathrm{F})$ 在很大程度上依赖于 E_F 处的态密度,对不同的材料 E_F 处的态密度不同。

热能 $S(T)$ 可以由 $\langle\sigma(E)\rangle$ 求得:

$$S(T) = -\frac{\pi^2}{3}\frac{k^2 T}{e}\frac{\partial}{\partial E}\log\langle\sigma(E)\rangle\bigg|\, E = E_\mathrm{F} \tag{4.33}$$

因为 $S(T)$ 包含 $\ln\langle\sigma(E)\rangle$ 的导数项,所以很难精确求解。

在这样一个框架下,用 OLCAO 方法已经对几种非晶金属的输运性质和光学性质进行了计算,更多的讨论见第 6 章(Ching et al.,1990;Zhao et al.,1990)。图 4.6 显示的是用这种方法计算得到的非晶镍的例子。

4.9 绝缘体的非线性光学性质

在 4.7 节所讲述的绝缘体的线性光学性质是更一般的材料对外电磁场 $E(\omega)$ 响应情况的一部分。介质的极化 $P(\omega)$ 可表示成外场 $E(\omega)$ 的级数展开,即

$$P_i(\omega) = \sum_j \chi_{ij}^{(1)}(\omega)E_j(\omega) + \sum_{jk}\chi_{ijk}^{(2)}(\omega = \omega_1 + \omega_2)E_j(\omega_1)E_k(\omega_2)$$
$$+ \sum_{jkl}\chi_{ijkl}^{(3)}(\omega = \omega_1 + \omega_2 + \omega_3)E_j(\omega_1)E_k(\omega_2)E_l(\omega_3) + \cdots$$

$$\tag{4.34}$$

在式(4.34)中,$\chi^{(n)}(\omega)$ 是第 n 阶频率相关的复磁化率;$\omega_1,\omega_2,\omega_3,\cdots$ 是所加外场的频率,而 ω 是介质极化所产生的频率。线性磁化率 $\chi^{(1)}(\omega)$ 与 4.7 节所讨论的线性介电函数 $\varepsilon(\hbar\omega) = \varepsilon_1(\hbar\omega) + \mathrm{i}\varepsilon_2(\hbar\omega)$ 有如下的关系:

$$\chi^{(1)}(\omega) = (1/4\pi)[\varepsilon(\omega) - 1] \tag{4.35}$$

$\chi^{(2)}(\omega)$ 和 $\chi^{(3)}(\omega)$ 分别是二级和三级非线性磁化率,分别对应着秩三和秩四的张量。当 $\omega_1 = \omega_2 = \omega'$ 和 $\omega = \omega_1 + \omega_2 = 2\omega'$ 时,将导致最简单的二级非线性光学过程,并称之为二次谐波(SHG)。类似地,当 $\omega_1 = \omega_2 = \omega_3 = \omega'$ 和 $\omega = 3\omega'$ 时,对应着最简单的三级非线性过程,是三次谐波(THG)。对于有中心反演对称的晶体,比如 Si 或 Ge,二级非线性磁化率 $\chi^{(2)}(\omega)$ 由于对称性而消失,从而最低非线性光学过程是三级磁化率 $\chi^{(3)}(\omega)$。

单质的和复合的半导体和绝缘体的非线性光学性质,与激光技术(Butcher and Cotter,1990)相结合,有着极其重要的科学和技术方面的意义。非线性光学技术已经广泛地的用于不同的学科,比如原子物理、分子物理、固体物理、材料科学、化学动力学、表面和界面科学、生物物理学和医学。而 OLCAO 方法已对大量的半导体和绝缘体进行了 SHG 和 THG 的计算。这种计算类似于线性光学计算,但要更为复杂。SHG 和 THG 的具体公式是由磁化率张量的虚部推导出的,而其实部可通过 KK 转换得到。其中最为有趣的量是在 0 频率极限下的磁化率 $\chi^{(2)}(0)$ 和 $\chi^{(3)}(0)$。计算不仅包括占据的价带态和非占据的导带态之间的动量矩阵元,而且也包括导带态之间的动量矩阵元,这是由于主导激发态的虚拟电子过程。更详细的内容见第 5 章。

4.10　体性质和构型优化

基于密度泛函理论的第一性原理总能和力的计算已经被成功地应用在预测材料的晶体结构和体弹性性质方面。对于具有高对称性的晶体,这样的计算已成为例行过程,现在有很多可以使用的高效率的计算工具,其中很多是基于平面波基组展开的。优化的过程需要计算发生微小位移时原子所受的力,力是总能 E_T 对于晶体中原子核的位置进行微分得到的。对于具有很多内参量的复杂晶体,或者不具有对称性的非晶型的材料,完全的构型优化需要消耗大量的时间。

像其他由局域轨道基组展开的方法一样,用 OLCAO 方法进行构型优化并不容易。这是由于在 OLCAO 方法中,原子基函数是与核位置相关的。针对 Hellmann-Feynman 力的 Pulay 修正(Pulay,2002)很难用局域轨道方法精确计算。另一方面,基于平面波展开的方法可以高效地计算力。

解决上述 OLCAO 方法直接计算力所遇到的困难的一种方法是用基于总能的有限差分的方法。一般晶体的总能可表示成含晶格参数 $a,b,c,\alpha,\beta,\gamma$ 和内参数 x_1,x_2,x_3 等的函数,即 $E_T(a,b,c,\alpha,\beta,\gamma,x_1,x_2,x_3,\cdots)$。根据下式,$E_T$ 可以用 OLCAO 方法高效地计算得到,即

$$E_T = \sum_{n,k}^{occ} E_n(\vec{k}) + \int \rho(\vec{r})\left(\varepsilon_{xc} - V_{xc} - \frac{V_{e-e}}{2}\right)d\vec{r} + \frac{1}{2}\sum_{\gamma,\delta}\frac{Z_\gamma Z_\delta}{\vec{R}_\gamma - \vec{R}_\delta},$$

$$(4.36)$$

通过有限差分方法可获得能量对参数 P_i 的梯度,即

$$\frac{\partial E_T}{\partial P_i} \approx \frac{E_T(P_i + \Delta P_i) - E_T(P_i - \Delta P_i)}{2 \times \Delta P_i}$$

$$(4.37)$$

像共轭梯度或最快下降法等一阶梯度的算法是在整个参数空间最小化总能。这样一个过程已被用在许多流行的计算软件包中，包括 General Utility Lattice Program(GULP)(Gale，1997；Gale and Rohl，2003)，它利用晶体对称性减少总的计算量。在上述简单的有限差分过程中，最关键的因素是看总能是否被精确而快速地求解。对于每一个能量梯度，需要用基态的两个额外的自洽场(SCF)计算的最小值，来估测力随着一个参数的变化。幸运的是 OLCAO 方法是非常高效而快速的，因此这一方法可以实际应用于较简单晶体的计算。这一软件已用于许多晶体的计算。图 4.7 和表 4.2 显示的是晶体 $MgAl_2O_4$ 和 α-Al_2O_3 的计算结果。(Ouyang and Ching，2001)。

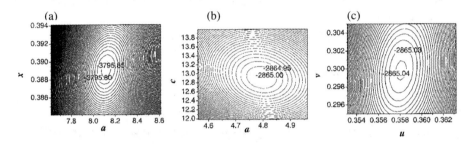

图 4.7 关于 (a) $MgAl_2O_4$ 的晶体参数，(b)α-Al_2O_3 的晶体参数，和 (c)α-Al_2O_3 的内参数的函数等能面(Ouyang and Ching，2001)

Source：L. Ouyang，W. Y. Ching，"Geometry Optimization and Ground State Properties of Complex Ceramic Oxides"，J. Amer. Ceram. Soc，84(4)，801-805(201).

表 4.2 α-Al_2O_3 的计算和实验参数的对比

α-Al_2O_3	Calculated	Measured
$c(\text{Å})$	12.9746	12.9860
$a(\text{Å})$	4.7901	4.7620
c/a	2.709	2.727
$u(Al)$	0.3582	0.3520
$v(O)$	0.3000	0.3060
$B(\text{GPa})$	247.9	254.4

　　同时应该指出，对于复杂晶体或无序材料，有限差分的方法并不可行。这是由于在不具任何对称性的体系里，有限差分方法需要对笛卡儿坐标系的三个方向的原子位移进行能量计算，因而计算量非常大。一个好的改善方法是将 OLCAO 方法和从头算方法结合起来，先用从头算法进行几何优化，然后基于优化后的结构，用 OLCAO 方法的优势去计算各种物理性质。更进一步的讨论见第 11 章。

参 考 文 献

Antropov, V. P. , Katsnelson, M. I. , Van Schilfgaarde, M. , & Harmon, B. N. (1995), *Phys. Rev. Lett.* , 75, 729.

Bjorken, J. D. & Drell, S. D. (1964), *Relativistic Quantum Mechanics* (New York: McGraw-Hill).

Butcher, P. N. & Cotter, D. (1990), *The Elements of Nonlinear Optics* (Cambridge: Cambridge University Press).

Callaway, J. (1964), *Energy Band Theory* (New York: Academic Press).

Ching. W. Y. , Zhao, G. L. , & He, Y. (1990), *Phys. Rev. B* , 42, 10878-86

Drude, P. K. L. (1952), *Theory of Optics* (New York: Dover).

Ehrenreich, H. & Cohen, M. H. (1959), *Physical Review* , 115, 786.

Friedrich, H. (1998), *Theoretical Atomic Physics* (Berlin: Springer-Verlag).

Gale, J. D. (1997), *Journal of the Chemical Society, Faraday Transactions* , 93, 629-37.

Gale, J. D. & Rohl, A. L. (2003), *Molecular Simulation* , 29, 291-341.

Huang, M. - Z. , Ouyang, L. , & Ching, W. Y. (1999), *Phys. Rev. B* , 59, 3540-50.

Koelling, D. D. & Harmon, B. N. (1977), *Journal of Physics C: Solid State Physics* , 10, 3107.

Kubo, R. (1957), *Journal of the Physical Sociery of Japan* , 12, 570.

Lehmann, G. & Taut, M. (1972), *physica status solidi (b)* , 54, 469-77.

Martin, P. C. (1967), *Physical Review* , 161, 143.

Moruzzi, V. I. , Janak, J. F. , & Williams, A. R. (1978), *Calculated Electronic Properties of Metals* (New York: Pergamon).

Mulliken, R. S. (1955), *J. Chem. Phys.* , 23, 1833.

Onida, G. , Reining, L. , & Rubio, A. (2002), *Reviews of Modern Physics* , 74, 601.

Ouyang, L. & Ching, W. Y. (2001), *J. Am. Ceram. Soc.* , 84, 801-5.

Pulay, P. (2002), *Molecular Physics* , 100, 57-62.

Rath, J. & Freeman, A. J. (1975), *Physical Review B* , 11, 2109.

Zhao, G. L. , He, Y. & Ching, W. Y. (1990), *Phys. Rev. B* , 42, 10887-98.

Zhong, X. - F. , Xu, Y. - N. , & Ching, W. Y. (1990), *Phys. Rev. B* , 41, 10545-52.

第 5 章　在半导体和绝缘体材料体系中的应用

OLCAO 方法已经应用于各种材料研究,从这一章开始我们将系统地介绍这些研究。由于 OLCAO 方法的应用已经超过 35 年,早期得到的一些计算结果并不太精确,较为平常,但是这些研究对于了解 OLCAO 方法的功能依然很重要。因此,我们从最简单晶体开始,逐步向最近几年所关注的复杂体系过渡。在这一章,我们总结了 OLCAO 方法在许多半导体和绝缘体材料(有带隙的晶体)中的应用。将这些晶体严格地分类是比较困难的,并且不论采用什么分类方法,它们之间的相互重叠也是不可避免的。这里,我们用以下分类来强调 OLCAO 方法的特定功能和适用范围:单质和二元化合物半导体,二元化合物型的绝缘体,氧化物,氮化物,碳化物,单质硼和硼化物,以及磷化物。因为关于每一类晶体都已经有很多说明,所以我们主要关注于那些能够反映出 OLCAO 方法的独特性的内容以及如何使用 OLCAO,而不仅仅是重复文献中的结果。

5.1　单质和二元化合物半导体

我们先从 Ⅳ,Ⅲ-Ⅴ 和 Ⅱ-Ⅵ 族半导体开始。硅在 OLCAO 方法发展中起着重要的作用。事实上,在 1975 年,当首次用高压相的硅(Si-Ⅲ)测试这种方法时,它被命名为"OLCAO"方法 (Ching and Lin, 1975, Ching and Lin, 1977)。所以从本章开始,我们将使用"OLCAO"作为 OLCAO 方法程序包的专有名词。这个程序随后被用于处理金刚石结构与六角纤锌矿结构的 Si(111)界面 (Huang and Ching, 1983),无序堆叠的硅双层结构和超晶格 (Ching and Huang, 1985; Ching et al., 1984a),和 $Si_x Ge_{1-x}$ 的无序合金 (Huang and Ching, 1985b)。虽然这些工作使用最小基组,计算精度远低于现在的全自洽从头算方法,但它们表明 OLCAO 方法非常适用于复杂体系和非晶固体。特别值得注意的是,使用最小基组的半从头算途径对 32 种具有金刚石、闪锌矿、纤锌矿和 NaCl 结构的 Ⅳ,Ⅲ-Ⅴ 和 Ⅱ-Ⅵ 族半导体材料的计算 (Huang and Ching, 1985a)。这是一种可以获得许多半导体晶体的相对准确信息的方法。通过这种方法获得了这 32 种晶体的能带结构、态密度、价带和导带的有效质量。这些结果比使用紧束缚参数方法得到的结果更准确（Harrison，1970）。这些计算提供了更好的基本材料参数，可以用于估算半导体异质结和超晶格的能带偏移（Ruan and Ching，1986；Ruan and Ching，1987；Ruan et al.，1988）。

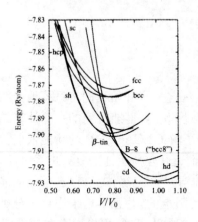

图 5.1 不同相中 Si 的平均总能与体积的变化关系。V_0 是 f.c.c. Si 的平均体积

Source：F. Zandiehnadem and W. Y. Ching，"Total Energy, Lattice Dynamics and Structural Phase Transition of Si by the Orthogonalized Linear Combination of Atomic Orbitals Method"，Phys. Rev. B 41，12162-79(1990).

当 OLCAO 在 LDA 近似 DFT 框架下进行全自洽计算时（Feibelman et al.，1979；Harmon et al.，1982），它可以立刻被应用于处理包括半导体在内的许多其他晶体材料。一个重要的测试是计算 Si 作为压力函数的相变（Zandiehnadem and Ching，1990）。结果（如图 5.1）显示基于 OLCAO 方法计算得到的不同体积下不同相的总能数据可以反映出 10 种 Si 的相变过程。这表明尽管直接计算力是一个很难克服的技术难题，使用局域基组的 OLCAO 方法可以得到相对准确的总能。

Huang 和 Ching 发表的一系列文章已经很好地表明 OLCAO 方法可以计算元素半导体和化合物半导体的非线性光学性质（Ching and Huang，1993；Huang and Ching，1992；Huang and Ching，1993b；Huang and Ching，1993a）。他们计算了 18 种立方半导体材料的能带结构以及线性、非线性光学性质，其中包括Ⅳ主族的半导体 C、Si 和 Ge，Ⅲ-Ⅴ主族的化合物半导体 AlP、AlAs、AlSb、GaP、GaAs、GaSb、InP、InAs 和 InSb，Ⅱ-Ⅵ主族的化合物半导体 ZnS、ZnSe、ZnTe、CdS、CdSe 和 CdTe。在当时计算资源允许的前提下，这是一种极其难得的研究，它的成功主要归因于 OLCAO 方法的高效，特别是在准确的决定更高能量的导带（CB）态方面，这些态主要用于计算非线性光极化率公式中大量的 CB‐CB 光学矩阵元（见第 4 章）。为了便于说明，图 5.2 显示了计算的 GaP、GaAs 和 GaSb 的二次谐波振荡$|\chi^{(2)}(\omega)|$与实验结果一致。图 5.3 显示了 Si 的三次谐波振荡$|\chi^{(3)}_{1111}(\omega)|$和$|\chi^{(3)}_{1212}(\omega)|$的实部、虚部和绝对值之间的散射关系。对于中心对称晶体，如 Si 和 Ge，二次谐波振荡消失，三阶非线性效应起主导作用。

OLCAO 方法已经应用于计算 10 种纤锌矿化合物（BeO，BN，SiC，AlN，GaN，ZnO，ZnS，CdS，CdSe）的电子结构、光学和结构性质（Xu and Ching，1993）。这些材料要么是宽带隙的绝缘体（BeO），要么是典型的半导体（CdS 和

CdSe），它们不属于传统的Ⅳ，Ⅲ-Ⅴ和Ⅱ-Ⅵ主族的半导体。对大量具有相同结构的晶体进行对比研究是 OLCAO 方法应用的一个标志。

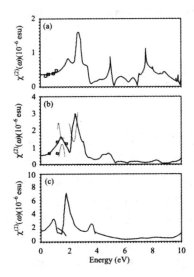

图 5.2 计算(a) GaP, (b) GaAs and (c) GaSb 的二次谐波振荡 $|\chi^{(2)}(\omega)|$。图中记号是所引用论文的实验数据

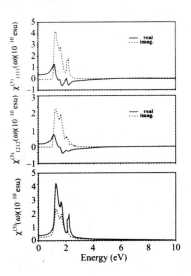

图 5.3 计算 Si 的三次谐波振荡。上面：$|\chi^{(3)}_{111}(\omega)|$，中间：$\chi^{(3)}_{1212}(\omega)$，下面：对比 $|\chi^{(3)}_{111}(\omega)|$（实线）和 $|\chi^{(3)}_{1212}(\omega)|$（虚线）

众所周知，密度泛函理论计算得到的半导体和绝缘体的带隙通常被低估 30%～50%，这主要取决于选取的晶体结构、计算方法和交换关联泛函。近年来，许多凝聚态物理学家关注一些有效带隙修正的方法。能带补偿的方法包括从最简单的所谓"剪刀算符"（导带的刚性移动），到更精确的多体修正，如 GW 方法（Hedin and Lundquist，1969；Hybertsen and Louie，1985），或自相关修正（SIC）（Harrison and et al.，1983；Heaton et al.，1982；Perdew and Zunger，1981）。一般来说，无论是 GW 方法还是 SIC 方法都需要较大的计算量，因此直到现在这两种方法还仅限于处理最简单的晶体。介于两种方法之间还存在一些计算上有效和理论上合理的处理方法。基于 Sternes-Inkson 模型，Gu 和 Ching 将一个近似能量和 $\bar{k}$ 点依赖的 GW 自能修正引入到 OLCAO 方法中（Sternes and Inkson，1984）。在整个布里渊区对 LDA Bloch 函数进行积分来估算交换积分。可以用 $\bar{k}$ 点加权的能隙 E_g 和由价电子密度决定的等离子体频率 ω_p 来估算介电常数。这种方法在金刚石、Si、Ge、GaP、GaAs 和 ZnS 中的应用表明通常 GW 修正后的带隙值与实验值的误差在 10% 以内（Gu and Ching，1994）。

最近，使用 OLCAO 方法专门针对半导体的工作并不多。这主要是由于传统半导体电子结构计算领域已发展成熟，其他更高级的方法也已经做出许多更优秀的工作,同时 OLCAO 方法向处理更复杂体系、模拟更多原子的方向发展。尽管如此,考虑到当单质和二元化合物半导体不是无限的结晶固体,而是复杂的多晶或纳米颗粒时,OLCAO 方法在这些体系中将有更好的应用前景。

5.2 二元化合物绝缘体

二元化合物绝缘体主要是具有简单立方晶体结构、离子成键和宽带隙的碱金属或碱土金属卤化物和氧化物。它们不是这本书专门针对的复杂结构晶体。但是,它们构成了一类重要的晶体,许多早期的能带理论方法对这些晶体进行了测试,它们与许多复杂的无机晶体有关。1995 年 Ching 运用 OLCAO 方法对这些体系进行了全面研究(Ching et al.,1995),报道了 27 种碱卤化物、碱土氟化物、氧化物和硫化物的带结构、线性和非线性(三次谐波)光学性质。它们是 LiF,LiCl,LiBr,LiI,NaF,NaCl,NaBr,NaI,KF,KCl,KBr,KI,RbF,RbCl,RbBr,RbI,CaF_2,SrF_2,CdF_2,BaF_2,MgO,CaO,SrO,BaO,MgS,CaS 和 SrS。这个工作受一系列论文(Lines,1990b;Lines,1990a;Lines,1991)启发的,他们运用简单的价键轨道理论去研究离子型绝缘体的线性和非线性光学响应。这是一个测试第一性原理 OLCAO 方法的好机会,这种计算方法不使用经验参数。此外,大量的实验数据可从(Adair et al.,1989)中以非线性折射率的形式获得。这些都和三次谐波(THG)系数有关,因此可用于计算数据的比较。因为这些离子型的绝缘体都有大的带隙,并且 LDA 理论在很大程度上低估了带隙,所以在这些计算中应用"剪刀算符"来对带隙进行修正,使得带隙更接近实验值。OLCAO 方法的一个优点是,对于非线性光学磁化率张量的非零矩阵元,它能够计算有限频率的色散关系,这一点在上一节讨论的单质型和二元型半导体中已被证明。对于中心对称的二元离子型绝缘体,二阶非线性为零,需要计算三阶非线性项。这些计算结果显示 THG 系数 $\chi^{(3)}(0)$ 的大小随阴离子尺寸的变化超过两个数量级,然而对于固定的阴离子,$\chi^{(3)}(0)$ 的值有相同的数量级,不随阳离子大小改变。这是可以计算的,因为激发 CB 态的从头算提供了真实的波函数,计算结果显示对于不同阳离子的等电子体,它的变化也是相当平缓的。

图 5.4 显示了 13 个晶体的 $\chi^{(3)}(0)$ 计算和测量数据的对比。结果符合得很好,显示了 OLCAO 方法在非线性光学计算方面的精确性。图 5.5 显示了对 13 个相同晶体的计算和测量的 $|\chi_{1212}^{(3)}(0)/\chi_{1111}^{(3)}(0)|$ 数据的比较,结果有点偏差然而误差是可以接受的,因为计算除了涉及带隙并没有使用其他任何经验参数。

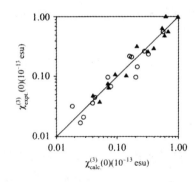

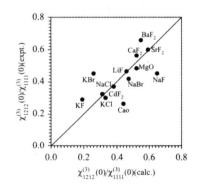

图 5.4　对 13 个晶体的计算和测量的 $\chi^{(3)}(0)$ 数据的比较：LiF、NaF、 NaCl、NaB、KCl、KF、KBr、 CaF$_2$、SrF$_2$、CdF$_2$、BaF$_2$、MgO 和 CaO(细节见引用文献)

图 5.5　对 13 个晶体的计算和测量的 $|\chi_{1212}^{(3)}(0)/\chi_{1111}^{(3)}(0)|$ 数据的比较(细节见引用文献)

　　除了以上介绍的功能，一个包含了 DFT 自相互作用修正(SIC)的 OLCAO 简化版本也被用于晶体 CaF$_2$ 的光学性质的计算(Gan et al., 1992)。CaF$_2$ 的 LDA 带隙计算值是 6.53 eV，其实验测量值是 11.6 eV(Barth et al., 1990)。 SIC 修正采用了 Perdew 和 Zunger 提出的 orbital-by-orbital 的建议途径 (Perdew and Zunger, 1981)，并由 Heaten 和 Lin 采用构造局域瓦尼尔函数的 方法在 LCAO 方法上实现(Heaten and Lin, 1982)。在计算 CaF$_2$ 的 OLCAO 简化版本中，耗时的含时瓦尼尔函数构造过程用 OLCAO 方法中的基原子轨道 最小组代替，轨道 SIC 势用迭代过程中得到的轨道 SIC 函数的马利肯权重组合 代替。这种简单的处理方法使得 CaF$_2$ 体系的理论带隙宽度从 6.35 eV 增加到 8.20 eV，比实验带隙小 29%。图 5.6 显示了 CaF$_2$ 体系计算的介电函数的虚 部，通过调整最主要的吸收峰的位置，计算光谱的特征与实验吻合得较好。尽

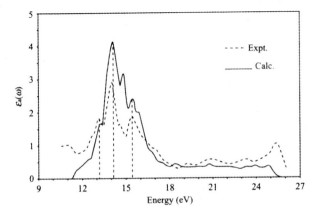

图 5.6　SIC 修正后 CaF$_2$ 的介电函数的虚部，实线是计算的，虚线是实验数据

管在 OLCAO 方法中，SIC 修正进一步的改进是可能的，并且值得尝试，但目前这个尝试还未进行。

5.3 氧 化 物

"氧化物"代表种类繁多的固体材料。它们可能是半导体，如 ZnO，宽带隙的绝缘体，如 α-石英（α-SiO$_2$），或者更多的是金属，这些将在后面的章节中介绍。OLCAO 方法已经被应用到许多氧化物中，从二元立方相晶体如 MgO、ZnO 或 BeO（上面讨论的）到三元和四元晶体。这些氧化物与其他类的绝缘体，如氧氮化物和磷酸盐都有交叠，而一些二元氧化物确实有非常复杂的结构如 Y$_2$O$_3$（方铁锰矿结构氧化钇）。一些氧化物生物陶瓷将在第 7 章中复杂晶体部分讨论。

5.3.1 二元氧化物

二氧化硅（SiO$_2$）无疑是地球上最重要和最丰富的氧化物。它有很多不同的组合形态，其中 α-石英（α-SiO$_2$）是最常见、也是在热力学上最稳定的相。早在 1985 年，Li 和 Ching 就使用基于原子电荷重叠模型的 OLCAO 方法计算了 SiO$_2$ 各种形态的能带结构，包括 O 和 Si 的配位数为 4∶2 的一些相，如α-quartz（石英），β-quartz，β-tridymite（鳞石英），α-crystobalite（白石英），β-crystobalite，keatite（热液石英），coesite（柯石英），两种理想结构的 β-crystobalite，和 O 和 Si 的配位数为 6∶3 的高压 stishovite（超石英）相（Li and Ching，1985）。这些多形态的晶格包括六角、四方、立方和单斜结构。这是一个早期的计算实例，展示了如何利用 OLCAO 方法对这一类晶体开展对比性研究，使我们能够将晶体的电子性质和结构参数，如键长和键角的变化关联起来。后来，这些计算用更精确的全自洽 OLCAO 方法进行了重复测试（Ching，2000；Xu and Ching，1988）。图 5.7 给出了 α-石英相和高压超石英相的能带结构的对比。晶态二氧化硅的研究与其他硅酸盐晶体以及无定型二氧化硅的研究是密切相关的，这些内容将在第 8 章介绍。以二次谐波振荡形式表现的 SiO$_2$ 非线性光学性质的计算结果显示$|\chi^{(2)}(0)|$计算值与实验值很吻合（Huang and Ching，1994）。

另一类非常重要的二元氧化物是氧化铝（Al$_2$O$_3$），其中 α-Al$_2$O$_3$（刚玉）是热力学上最稳定的相。制备 α-Al$_2$O$_3$ 的过程会涉及许多中间相或所谓的过渡相氧化铝（β-，γ-，η-，θ-，κ-，χ-，等等）（Wefer and Misra，1987）。α-Al$_2$O$_3$ 是菱形（或三角形）结构，每个原胞包含两个化学分子式单元。图 5.8 给出了

α-Al$_2$O$_3$ 的晶体结构和 OLCAO 方法计算的能带结构（Ching and Xu，1994；Xu and Ching，1991a）。通过在实空间分解 OLCAO 电荷密度，晶体显示高度离子化，其有效电荷公式为 Al$_2^{+2.75}$O$_3^{-1.83}$，这显然与通常用于解释实验结果的全离子化模型 Al$_2^{+3}$O$_3^{-2}$ 不同。计算的直接带隙是 6.31 eV。实验上测量的 α-Al$_2$O$_3$ 带隙是不确定的，这主要是因为吸收边附近有一个激子峰，其带隙宽度估计值为 8.1 eV（French，1990）。计算分别采用了 α-Al$_2$O$_3$ 在 2 000 K 和室温下的晶格常数，计算结果表明它们的电子结构差别很小。对氧化铝材料的电子和光学特性的从头算立即引起了对其微观结构的研究热潮，如在第 9 章将要讨论的氧化铝晶界研究。

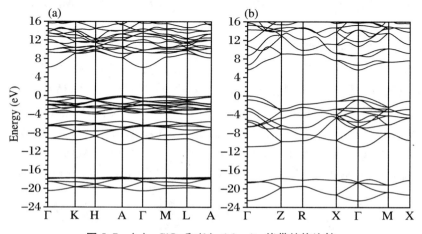

图 5.7　(a)α-SiO$_2$ 和 (b)stishovite 能带结构比较

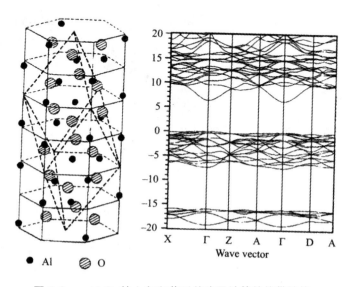

图 5.8　α-Al$_2$O$_3$ 的六角和菱形单胞及计算的能带结构

在所有的氧化铝中间相中，γ-Al$_2$O$_3$被认为是最重要和最有争议的一个。γ-Al$_2$O$_3$最重要的应用是作为催化材料或者助催化剂，尽管有很多实验和理论上的研究，但在其结构与性质上仍然存在争议。

Mo等人用OLCAO方法计算了基于有缺陷的尖晶石晶格模型的γ-Al$_2$O$_3$的电子结构（Mo et al.，1997），构造了2个有54个原子的尖晶石超胞模型，并取了3个不同位置的Al空位。第一个超胞模型用（Al$_5$□$_3$）[Al$_{16}$]O$_{32}$符号表示，三个Al空位选自8个可用的四面体阳离子位点。第二个超胞模型用（Al$_8$）[Al$_{13}$□$_3$]O$_{32}$符号表示，三个Al空位在16个可用的八面体阳离子位点，在这里□代表Al空位，这两种模型的能量计算和态密度分析显示Al空位倾向位于八面体位点。然而，这些模型并不符合准确的化学计量比，因为它们的化学式是Al$_{21.333}$□$_{2.667}$O$_{32}$。其他研究人员对这个有缺陷的尖晶石模型提出过质疑。有人提议低对称性的四方结构同时具有四面体和八面体配位的Al是更合适的一个模型（Men et al.，2005）。基于这种新模型，人们通过OLCAO方法和其他DFT方法进行了γ-Al$_2$O$_3$物理性质的广泛研究，包括晶格声子，体相结构性质，电子结构和键，光学和谱学性质（Ching et al.，2008）。图5.9给出了γ-Al$_2$O$_3$模型的晶体结构和OLCAO方法计算的能带结构。LDA方法得到的γ-Al$_2$O$_3$带隙是4.22 eV，而α-Al$_2$O$_3$的带隙是6.33 eV。经过OLCAO计算，另外一个氧化铝中间相θ-Al$_2$O$_3$有一个4.64 eV的间接带隙（Mo and Ching，1998）。

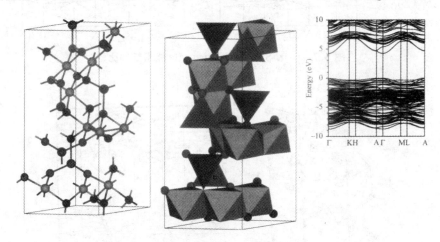

图5.9 γ-Al$_2$O$_3$的晶体结构和能带结构的计算结果

氧化钇（Y$_2$O$_3$）是与氧化铝等电子的一种重要的二元氧化物，是一种广泛应用的重要耐高温氧化物材料。众所周知，在α-Al$_2$O$_3$中添加少量的Y$_2$O$_3$会影响氧化铝的性质，这就是所谓的"钇效应"，这有利于增强含Al金属氧化层的附着力。Y$_2$O$_3$也被用作激光基质材料。不像氧化铝，它只有一个已知的相，方铁锰矿相（空间群Ia-3），并且结构十分复杂。立方原胞中包含80个原子，其中有两个非等价的 Y 位(8a 和 24d)和一个 O 位(48e)。在 α-Al_2O_3 和 Y_2O_3 之间,有三个三元氧化物中间结构,$YAlO_3$(YAP)、$Y_3Al_5O_{12}$(YAG)和 $Y_2Al_2O_9$(YAM),这将在下一节讨论。1990 年,OLCAO 方法被第一次用于研究 Y_2O_3 的电子结构和光学性质(Ching et al.,1990),1997 年,在更加详细的计算中考虑了力学性能(Xu et al.,1997)。从电荷密度分析可知,Y_2O_3 的电荷配比是 $Y_2^{+2.16}O_3^{-1.44}$,显示 Y_2O_3 的离子性不如 α-Al_2O_3。Y_2O_3 的带隙计算值是 4.54 eV,比 α-Al_2O_3 小。这些不同被归因于大尺寸的 Y 离子以及通过波函数的轨道分解得到的 Y 的 4d 电子的特征。

应用 OLCAO 方法研究的其他二元氧化物包括 ZrO_2 的三个相结构(Zandiehnadem et al.,1998),Cu_2O,CuO(Ching et al.,1989),V_2O_3,V_2O_5(Parker et al.,1990a;Parker et al.,1990b),TiO_2 的三个相结构(Mo and Ching,1995),以及 B_2O_3(Ouyang et al.,2002)。早期能带结构计算显示立方、四方和单斜 ZrO_2 的带隙分别是 3.84、4.11 和 4.51 eV。ZrO_2 的立方相是非自然形成的,它必须通过添加 Y_2O_3 才能稳定。ZrO_2 的三个相结构的光导率的理论计算结果和真空紫外光谱(VUV)数据有很好的吻合(French et al.,1994)。

氧化亚铜(Cu_2O)是一个已经被广泛研究的半导体晶体,在此体系中 Cu 是正一价的 Cu^+。而含有 Cu^{2+} 的氧化铜(CuO)是一个 Mott 绝缘体,对于这种体系 LDA 方法通常会失效。Cu_2O 的本征带隙计算值只有 0.8 eV,而光学带隙计算值则有 2.0~2.3 eV,这种差别主要是因为在 Γ 点的光学跃迁是偶极禁阻的。这个工作也强调了区分从第一性原理计算得到的本征带隙和从实验上获得的光学带隙的重要性。基于单电子近似得到的氧化铜的能带结构非常有趣。结果显示在价带(VB)顶有一个包含本征空穴的费米面,在 Γ 点有一个类似半导体的 1.60 eV 的带隙,这与 $YBa_2Cu_3O_7$ 超导体非常类似(将在下章讨论)。VO_2 和 V_2O_5 的电子结构和光学性质理论计算结果与通过椭偏实验得到的吸收谱一致(Parker et al.,1990a;Parker et al.,1990b)。这些出乎意料的结果显示出过渡金属氧化物体系中相互作用的复杂性。

OLCAO 方法也被用于计算金红石(rutile)、锐钛矿(anatase)和板钛矿(brookite)三种 TiO_2 相的电子结构、力学性能和光学性质(Mo and Ching,1995)。这是另外一个有广泛应用并且得到深入研究的二元氧化物。一个重要研究结果揭示了三种 TiO_2 相在光学各向异性方面存在着微妙的差别。这可以归结为三个相结构中原子键长和键角的差异,以及由此导致电子结构的轻微差别。图 5.10 显示了三种相结构的总态密度和 O-2s、O-2p、Ti-3d 分态密度计算结果。

相比之下,B_2O_3 玻璃相和晶体相的相关研究很少。B_2O_3 存在两种晶体相:由 B-O_3 三角单元无限地连接组成的低压相(B_2O_3-Ⅰ)和由 B-O_4 四面体单元按 6-和 8-元环连接组成的高压相(B_2O_3-Ⅱ)。运用 OLCAO 方法计算这两个相的电子结构和光学性质(Li and Ching,1996a),结果表明它们都是宽带隙的绝缘体,前者带隙是 6.20 eV,而后者的带隙是 8.85 eV。它们的静介电常数计算结果非常地相近,都接近于 2.30。结果还表明 B_2O_3-I 相的离子性弱于 B_2O_3-II 相。前者的性质和玻璃态的 B_2O_3 非常类似。

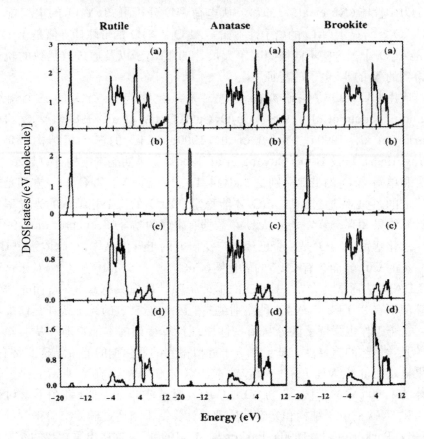

图 5.10　金红石、锐钛矿和板钛矿 TiO_2 的总态密度和分态密度计算结果:(a)总态密度,(b)O-2s 的分态密度,(c)O-2p 的分态密度,(d)Ti-3d 的分态密度

5.3.2　三元氧化物

早在 20 世纪 80 年代中期(Ching et al.,1983;Ching et al.,1984b),OLCAO方法就被应用于三元碱金属硅酸盐体系(Na_2SiO_3,Na_2SiO_5,Li_2SiO_3,Li_2SiO_5)。这是 OLCAO 方法第一次用于计算非常复杂的晶体,计算中采用简单的势和最小基组。计算的价带的态密度与实验的 XPS 光谱符合得很好,这促使我们更加有效地使用 OLCAO 方法,并且规范了以后的很多计算。

许多重要的铁电晶体都是钙钛矿结构。它们的结构比较简单,一般是立方或四面体结构。基于自洽场 OLCAO 方法计算,$SrTiO_3$、$BaTiO_3$、$KNbO_3$(Xu et al., 1990;Xu et al.,1994)三个立方钙钛矿结构的能带结构和光学性质与实验光学数据相符。相似的计算随后被扩展到 $LiNbO_3$ 体系,这是另外一种重要的铁电和非线性光学晶体。与 $SrTiO_3$ 和 $BaTiO_3$ 不同,$LiNbO_3$ 有一个类似于 Al_2O_3 的斜方六面体结构的单胞。与上面讨论的 CaF_2 一样,$LiNbO_3$ 的电子结构计算考虑了自相互作用修正(SIC)。SIC 修正使直接带隙从 LDA 方法得到的 2.62 eV 增加到 3.65 eV,后者与实验结果更为吻合。另外,光学性质的计算精度也得到提高,显示这种方法与导带的简单刚性移动或"剪刀算子"方法的差异。最后,基于寻常(n_o)与非寻常(n_e)折射率计算的光学双折射数据与测量值符合得较好。这些结果见图 5.11。

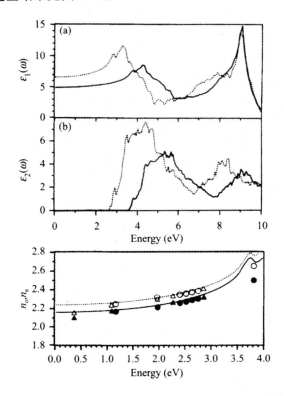

图 5.11 上图:计算得到的 $LiNbO_3$ 的 $\varepsilon_1(\omega)$ 和 $\varepsilon_2(\omega)$,实线是自能修正的结果,虚线是 LDA 的结果;下图:计算的 n_e(实线)与 n_o(虚线),三角形与圆圈是实验数据(具体细节见引用文献)

与上面讨论的体系完全不同,另一个有趣的铁电晶体是简单体心正交结构的 $NaNO_2$。$NaNO_2$ 属于二维铁电体,由 Na 阳离子与 NO_2 阴离子形成偶极矩,其方向沿 y 轴。将 NO_2 分子沿着垂直于镜面的轴进行旋转可以实现极化反转。NaNO$_2$有序相的电子结构与光吸收谱可以用 OLCAO 方法计算。占据能级与第一个未占据带非常平，这属于典型的分子晶体的性质（Jiang et al.，1992）。随后的计算研究了 NaNO$_2$顺电相的无序效应，这与 NO$_2$分子的任意取向有关，结果表明材料的带隙有微弱的减少，而无序散射导致介电屏蔽的减弱（Zhong et al.，1994）。

在 20 世纪 70 年代后期，Chen 提出一个阴离子群（anionic-group）理论模型描述和预测硼酸盐晶体的非线性光学性质（Chen and Liu,1986）。这是少有的理论指导实验发现的具有很好的光学性质和材料特质的重要无机化合物晶体。其中，β-BaB$_2$O$_4$（BBO）和 LiB$_3$O$_5$（LBO）最为突出。OLCAO 方法被用于研究这两种晶体的电子结构和光学性质（Xu and Ching，1990，Xu et al.，1993）。LBO 和 BBO 均有相当大的单胞和复杂的晶体结构，但局域成键特征稍有些不同。LBO 是正交原胞，原胞包含 4 个化学分子式单元（空间群 $Pn2_1a$），其中两个 B 原子像在 B$_2$O$_3$中一样成三键，而一个 B 原子在扭曲四面体的中心。BBO 是三角形原胞，原胞包含 6 个化学分子式单元（空间群 $R3c$），其中（B$_3$O$_6$）$^{-3}$和 Ba 离子层交互密排。OLCAO 方法计算显示 LBO（在 Γ 点直接带隙为 7.37 eV）相比于 BBO（在 Γ 点直接带隙为 5.61 eV 和间接带隙为 5.52 eV）有一个更大的 LDA 带隙。LBO 和 BBO 电子结构上的差异不仅仅是因为离子单元不同的局域环境，还因为 Ba-5p 轨道在原子间成键所起的独特作用。这两种晶体的光学性质计算结果与实验结果符合得很好。

尖晶石氧化物构成了一类非常重要的陶瓷氧化物。尤其是镁铝尖晶石（MgAl$_2$O$_4$），它同时具有很多优良的性质，有多种用途。f.c.c.结构的尖晶石（空间群 $Fd\text{-}3m$）有两种类型：正型尖晶石和反型尖晶石。在正型尖晶石中，所有三价离子（Al^{3+}）在八面体位置，所有二价离子（Mg^{2+}）在四面体位置。因此，可以容易地用一个包含 54 个原子的原胞来描述其化学式（Mg$_8$）[Al$_{16}$]O$_{32}$。在反型尖晶石中，所有的四面体位被 Al^{3+}占据，八面体位被 Al^{3+}和 Mg^{2+}平均占据。在许多氧化物体系中，空位可以作为一种三价离子形成所谓的缺陷反型尖晶石，例如 γ-Fe$_2$O$_3$和 γ-Al$_2$O$_3$。在正型和反型尖晶石之间存在阳离子随机分布的中间相，其无序度由无序参量 λ 来描述，λ 的取值范围从 0 到 0.5。λ 简单来说就是 Mg^{2+}占据八面体位的分数比，因此反型尖晶石可以由（Mg$_{8-16\lambda}$Al$_{16\lambda}$）[Mg$_{16\lambda}$Al$_{16-16\lambda}$]O$_{32}$来描述，其中 $\lambda=1/2$ 对应于完全随机的分布。正型、反型和部分反型 MgAl$_2$O$_4$尖晶石的电子结构和基态性质已经基于 OLCAO 方法进行了相当详细的研究（Mo and Ching，1996，Xu and Ching，1991a）。对常规的尖晶石，电荷分析显示它的离子化表达式是 Mg$^{+1.79}$Al$_2$$^{+2.63}O_4$$^{-1.76}$，而 MgO 和 α-Al$_2O_3$晶体的分别是 Mg$^{+1.83}O^{-1.76}$和 Al$_2$$^{+2.63}O_3$$^{-1.75}$。这样 MgAl$_2O_4$离子型弱于 MgO，但与 α-Al$_2O_3$相似，但它的带隙是 5.8 eV，小于 α-Al$_2O_3$。将这三种晶体的光学性质计算结果与实验上测得的 VUV 数据进行对比，除了 VUV 吸收边附近显示很强的激子峰外,其他结构都符合得很好。非常有趣的是计算的光谱在大于 10 eV 的范围内与光学吸收峰可以很好地符合,并不需要考虑 LDA 对带隙的低估而进行修正。

OLCAO 计算显示反型和部分反型尖晶石因为无序导致带隙 E_g 减小,当 λ = 4/16 时,E_g 到达最小值 5.8 eV。图 5.12 中阐述了总的态密度随 λ 的变化。四面体位和八面体位的 Al 原子和 Mg 原子详细的轨道分解 PDOS 揭示出较强的无序效应,这种效应与局域键密切相关(Mo and Ching,1996)。$MgAl_2O_4$ 中孤立氧空位缺陷结构或者 Fe 取代 Mg 和 Al 形成的杂质会导致光谱的变化,OLCAO 方法也研究了这些光谱的变化,相关内容将在第 8 章详细讨论。

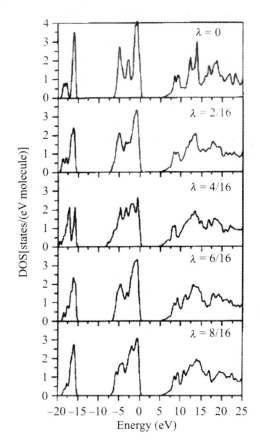

图 5.12　计算的正型(λ = 0)和反型尖晶石的总态密度($\lambda \neq 0$)

其他三元氧化物主要是铝酸钇、硅酸钇和硅酸铝。这些晶体都有大的单胞,显示出不同的成键类型,有不同的组成形式,其中每个原子的成键数目也不同,电荷转移也不同。最重要的是这些材料都有很重要的应用。OLCAO 方法非常适合于研究这些晶体材料的电子性质、光学性质和成键特征。

在两种非常重要且稳定的陶瓷晶体氧化铝和氧化钇之间,有三种不同 Al 和 Y 比率的熔融化合物 Y_3AlO_{12}(YAG)、YAO_3(YAP)和 $Y_4Al_2O_9$(YAM)。它们共同组成了有着明显不同,但是局域原子成键明确的 Y-Al-O 体系。YAG 或钇铝石榴石是非常重要的固态激光基质材料,也以其蠕变强度和在高温陶瓷复合物中的应用闻名。它有复杂的体心立方结构(空间群 $Ia3d$),其立方复胞中有 160 个原子(原胞包含 80 个原子)。钇离子与周围 8 个氧离子形成十二面体。铝有两种不同成键方式,在 16(a)位的 Al_{oct} 以八面体方式成键而在 24(d)位的 Al_{tet} 以四面体方式成键。YAP 也是一种重要的激光基质晶体,具有 $GdFeO_3$ 型结构(空间群 $Pbnm$),其结构可以看作是完美的钙钛矿结构稍微畸变的结果。在 YAP 中钇与铝都是八面体配位,伴随两个不等价的氧位。YAM 是一个非常复杂的单斜晶体(空间群 $P2_1/c$),四个钇位,两个铝位,和九个氧位都是非等价的,因此导致过多的局域键产生。YAG、YAP 和 YAM 的电子结构、成键和体结构性质都已经通过 OLCAO 方法进行计算,也与 Y-Al-O 体系的两个端元 α-Al_2O_3 和 Y_2O_3 一起进行了讨论(Ching and Xu, 1999; Xu and Ching, 1999)。

与 Y-Al-O 类似,在 SiO_2 和 Y_2O_3 之间有两种大家普遍接受的硅酸钇:Y-正硅酸盐 Y_2SiO_5 和 Y-焦硅酸盐 $Y_2Si_2O_7$。它们都是单斜结构,对应的空间群分别为 $C2/c$ 和 $P2_1/c$。Y_2SiO_5 是另一种非常著名的激光基质晶体,而 $Y_2Si_2O_7$ 的研究较少,主要用于 Si_3N_4 和 Si_2N_2O 的陶瓷夹层中的沉积相。基于 OLCAO 方法,这两种晶体的电子结构、体结构性质和光学吸收行为已经被广泛地研究(Ching et al., 2003a)。一个非常重要的结论是,这两种晶体都不能由 α-SiO_2 和 Y_2O_3 加权组成。这是因为三元化合物中的 Si-O 键比 SiO_2 中的更弱,而 Y-O 键比在 Y_2O_3 晶体中更强。这表明对特定的晶体进行从头算的重要性,不能通过对简单晶体的性质进行粗略的加和平均来获得复杂晶体的性质。

另一类常见的三元氧化物是硅酸铝 Al_2SiO_5。最近的研究工作用 OLCAO 方法研究了三种硅酸铝多晶(硅线石、蓝晶石、红柱石)的电子结构和光谱性质(Aryal et al., 2008)。硅线石和红柱石是正交晶体结构,对应的空间群分别为 $Pnnm$ 和 $Pbnm$,而蓝晶石是低对称性的三斜晶系,空间群是 P-1。它们的带隙分别是 5.01、5.05 和 5.08 eV。同硅酸钇一样,硅酸铝的电子结构也不能近似为 Al_2O_3 和 SiO_2 的简单平均。这三种晶体的 XANES 谱计算值将在第 11 章介绍。

一类拥有更久历史的三元硅酸铝是莫来石体系(Shepherd and Rankin, 1909)。它的化学式是 $Al_{4+4x}Si_{2-2x}O_{10-x}$($x = 0 \sim 1$),可以认为它是典型的 $nAl_2O_3 \cdot mSiO_2$ 的混合。最常见的莫来石是 3/2($x = 0.25, n = 3, m = 2$),2/1($x = 0.4, n = 2, m = 1$),4/1($x = 0.667, n = 4, m = 1$)和 9/1($x = 0.826, n = 9, m = 1$)。硅线石是莫来石的前驱,它代表莫来石在 $x = 0$ 时的边缘相,而在 $x = $

1 时的边缘相则是比较罕见的 ι-Al_2O_3 相(Foster,1959)。莫来石是一种极好的陶瓷和耐熔材料,它有低的热膨胀、低的热导,在高温下保持较高的强度。此外,它有超强的蠕变强度和在极端化学环境下的稳定性。这使它成为一种优良的陶瓷材料,是一种理想的结构和功能材料(Scheneider and Komarneni,2005)。

由于原子尺度结构的不确定性,很难获得不同莫来石相的电子结构的信息。实验数据显示莫来石结构可以用一个完美晶体中仅有部分位置占据来描述,因此需要一个大尺度的模拟来获得精确的原子结构。从这个意义上来讲,莫来石相结构可以通过在硅酸铝中引入氧空位获得。氧空位是通过用两个铝原子取代两个四面体硅原子获得,引入的两个铝原子可以与氧原子四面体成键,或八面体成键,从而保持体系电中性。OLCAO 方法非常适合于研究这类体系,一些工作也随之展开,如第一次建立莫来石的超胞模型,用 OLCAO 方法去研究它的电子结构及其随 x 的变化(Aryal,2007)。与晶体硅酸铝相似的是它们都是有很大带隙的绝缘体,但在带边缘处有缺陷态的出现。这一点有助于理解莫来石的物理性质如何随着 Al_2O_3 的含量的改变而变化。

5.3.3 激光基质晶体

许多重要的激光晶体都有石榴石的结构,比如上面讨论的 YAG 晶体。石榴石结构是 8 个 $A_3B'_2B''_3O_{12}$ 分子式组成的立方单胞,A 位[24(c)]是稀土金属,B'[16(a)]和 B″位[24(d)]是过渡金属或非金属离子,而 O 离子占据 96(h)位。石榴石结构可以看成是相互连接的十二面体(在 A 位),八面体(在 B′位),和四面体(在 B″位),这些多面体是共顶点(O 位)的。三种的主要的合成石榴石是钇铝石榴石(YAG)、铁基石榴石(在下章讨论)和镓基石榴石[包括 $Gd_3Sc_2Ga_3O_{12}$(GSGG)、$Gd_3Sc_2Al_3O_{12}$(GSAG)和最常见的 $Gd_3Ga_5O_{12}$(GGG)]。激光装置依赖于三价稀土金属或过渡金属离子的掺杂,譬如在 B′位掺杂 Nd^{3+} 或 Cr^{3+},或在 B″位掺杂 Cr^{4+},从而使得晶体在带隙中产生所需的局域能级,实现特定频率光的吸收与发射。抗辐射也是激光基质材料所需的重要性质。关于激光晶体的大部分理论研究集中于在配位场理论的框架下基质晶体的局域环境中掺杂离子的能谱。在这些研究中,用根据实验数据确定的晶体场参数来计算原子多重态能级,而基质材料的物理性质通常被忽略。因此,许多激光晶体的电子结构和成键从来没被研究过。

OLCAO 方法曾被来研究 GSGG、GSAG、GGG 和 YAG 晶体,以获得它们的电子结构、原子间成键和力学强度信息(Xu et al.,2000)。这四种晶体有着相似的能带结构和原子间成键,不同的是,GSGG 和 GSAG 由于八面体位的 Sr 显示出更好的共价特征和更强的化学键,而 Ga 或 Al 在 GSGG 和 YAG 中成键要弱一些,这些可能会对 GSGG 中 Cr^{3+} 的稳定性和它的抗辐射性产生影响。每个离子的有效电荷和四种晶体的键级都列在表 5.1 和 5.2 中。

　　基于 OLCAO 方法研究的另外两种重要的非石榴石结构激光晶体是 $BeAl_2O_4$ 和 $LiYF_4$(LYF)(Ching et al.,2001c)。$BeAl_2O_4$ 是矿物金绿玉,掺杂 Cr 时变成紫翠玉。$BeAl_2O_4$是正交晶系(空间群 $Pnma$),带有两个非等价的八面体配位的 Al 位,和三个非等价的 O 位。Be 是四面体配位并有相对较短的 Be-O 键长。LYF 是四面体晶胞(空间群 $I4_1/a$)且每个单胞由四个分子式的原子组成。Li 离子与 F 形成四配位,而 Y 与 F 形成八配位,并有相当大的 Y-F 键长。OLCAO 方法计算显示 $BeAl_2O_4$($LiYF_4$)的带隙是 6.45 eV(7.54 eV),体模量为 217.2 GPa(90.0 GPa),因而 LYF 比 $BeAl_2O_4$ 更柔软。这是因为 LYF 比 $BeAl_2O_4$ 有更高的离子键特性,而 $BeAl_2O_4$ 有大量的共价键混合。这与计算的有效电荷和键级值一致。

表 5.1　计算的四种石榴石晶体的有效电荷 Q_α^*

	GSGG	GSAG	GGG	YAG
	A site			
Y(exc.4p)				2.033
Gd(exc.4f)	1.895	1.903	1.424	
	B' site			
Sc	2.291	2.276		
Al				1.939
Ga(exc.3d)		1.599		
	B'' site			
Al		1.893		1.839
Ga(exc.3d)	1.999		1.965	
	O site			
O	6.645	6.672	6.748	6.708

表 5.2　计算的四种石榴石的键级 $\rho_{\alpha,\beta}$。括号内是原子间距离(Å)

	GSGG	GSAG	GGG	YAG
	A site			
Y-O			0.075(2.432)	
				0.081(2.303)
Gd-O	0.066(2.477)	0.066(2.479)	0.069(2.473)	
	0.062(2.392)	0.064(2.371)	0.069(2.358)	

续表

	GSGG	GSAG	GGG	YAG
B′ site				
Sc-O	0.112(2.088)	1.113(2.083)		
Al-O			0.096(1.937)	
Ga-O		0.086(2.006)		
B″ site				
Al-O		0.132(1.775)		0.133(1.761)
Ga-O	0.121(1.854)		0.121(1.848)	
O site				
O-O	0.011(2.815)	0.014(2.705)	0.011(2.808)	0.014(2.658)
	0.005(2.808)	0.006(2.815)	0.013(2.705)	0.014(2.696)
	0.006(2.808)	0.004(2.852)	0.006(2.848)	0.007(2.837)

5.3.4　四元氧化物和其他复杂氧化物

OLCAO 方法已经被用于计算几种复杂的晶体和四元氧化物。其中，关于 EST-10 微孔钛硅酸盐的结构和性质的计算就是一个例子(Ching et al.,1996)。微孔钛硅酸盐是一种人工合成的无机框架材料，在分子筛领域有潜在的应用价值。EST-10 的结构是通过结合实验技术和分子模拟技术来确定(Anderson et al.,1994)。它具有单斜单胞(空间群 $C2/c$)，其中包含 16 个 Si_5TiO_{13} 化学分子式单元，共 304 个原子。这种多孔结构由 SiO_4 四面体和 TiO_6 八面体通过氧桥相互连接(见图 5.13)。框架本身是缺电子体系，可以通过额外加入碱金属离子，如钠，来稳定其结构。插入 32 个钠离子后，OLCAO 计算显示这个体系是一个直接带隙为 2.33 eV 的半导体。总能计算显示钠离子位于 7 元环中，与一维的 Ti-O-Ti-O 链相邻。这个工作是早期应用 OLCAO 方法研究复杂结构材料的一个例子。

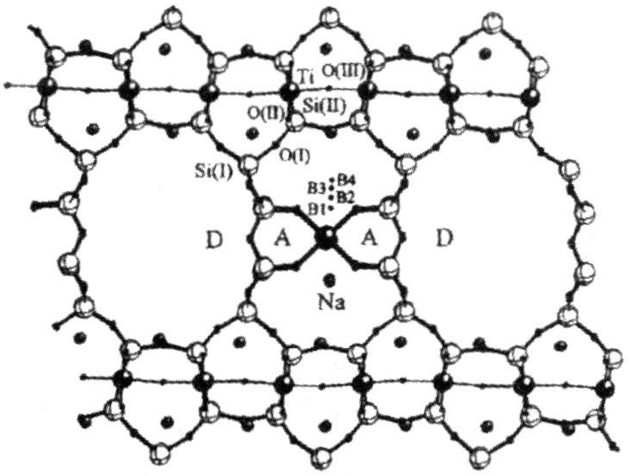

图 5.13　EST-10 的晶体结构沿(110)方向的投影，最小的球是氧原子，大的阴影是 Ti(Si)原子(详细的请看引用文献)

应用 OLCAO 方法研究复杂结构体系的另一个例子是研究 $(Na_{1/2}Bi_{1/2})TiO_3$ (NBT)晶体以及它与 $BaTiO_3$ 形成的有序固溶体的电子结构(Xu and Ching, 2000)。计算显示 $BaTiO_3$ 掺杂可以促使 $(Na,Bi)TiO_3$ 大单晶的生长,同时导致压电张力形变达到 0.85% 的固溶体出现(Chiang et al., 1998;Godlewski et al.,1998)。这种无铅 A 位弛豫材料具有多重铁电相和优异的压电驱动型,极适用于大尺度弛豫材料的应用。已有工作基于 OLCAO 方法研究 NBT 及其含 6%$BaTiO_3$ 的固溶体,研究采用一个包含 320 个原子的有序超结构超胞(Xu and Ching,2000)。结果显示钠离子不是完全离子化,铋离子由于成对的 6s 电子具有显著的共价特征。这也解释了为什么比起单晶钙钛矿 $PbTiO_3$ 和 $PbZrO_3$,固溶体的体模量有所增加,$PbTiO_3$ 和 $PbZrO_3$ 在 B 位弛豫材料中有广泛的应用。

ZrW_2O_8 是一种非常有趣的三元氧化物,由于相互连接框架结构中 ZrO_6 八面体和 WO_4 四面体容易旋转而导致其具有负的热膨胀系数。它有两种形式,低压相的 α-ZrW_2O_8 会在 0.21 GPa 转变为 γ-$ZrWO_4$,这两个相的晶体结构都非常复杂。α-ZrW_2O_8 的单胞是一个立方单胞(空间群 $P2_13$),包含 44 个原子。而 γ-$ZrWO_4$ 的单胞属于低对称性的正交晶系(空间群 $P2_12_12_1$),包含有 132 个原子。基于 OLCAO 方法,相关研究工作计算了两种晶体的能带结构,结果显示 α-ZrW_2O_8 有 2.84 eV 的间接带隙,而 γ-$ZrWO_4$ 有 2.17 eV 的直接带隙。α-ZrW_2O_8 的体模量计算值 63 GPa 与实验符合得很好。计算结果显示 γ-$ZrWO_4$ 有较大的晶体总键级,可以推测出它是一种较硬的材料。γ-$ZrWO_4$ 较大的晶体总键级主要是因为在较高压强和体积减小的情况下,材料中额外形成了 O-W 键。

5.4 氮 化 物

5.4.1 二元氮化物

最早应用 OLCAO 方法所计算的氮化物是准一维的聚氮化硫(S_2N_2)晶体,采用的是一种简单的原子势叠加模型(Ching et al.,1977)。计算的 DOS 与 X 射线光电效应数据一致,得到的带隙是 1.52 eV。1981 年同样的方法也被用来计算 β-Si_3N_4 和 α-Si_3N_4 的带结构,所用基组包含 Si-3d 轨道(Ren and Ching,1981)。这种计算被延伸到氮氧化物 Si_2N_2O 和 Ge_2N_2O 晶体(Ching and Ren,1981)。β-Si_3N_4 和 α-Si_3N_4 是六方晶胞,而 Si_2N_2O 是正交晶胞。这些早期的计算是首次研究这些复杂结构的陶瓷材料的能带结构。十年之后,用完全自洽的OLCAO 方法和更大的基组对这些晶体的电子结构和光学性质重新计算,并将这些结果与 α-SiO$_2$ 进行了比较(Xu and Ching,1995)。对这些材料的有效电荷计算显示离子分子式为 α-(Si$^{+2.52}$)$_3$(N$^{-1.89}$)$_4$, β-(Si$^{+2.5}$)$_3$ N$^{-1.87}$)$_4$,(Si$^{+2.54}$)$_3$(N$^{-1.9}$)$_4$O 和 α-(Si$^{+2.6}$)(O$^{-1.3}$),它们显示出非常强的共价键特征。这些数字与上面晶体 LDA 计算的带隙一致,计算的带隙分别为 4.63 eV、4.96 eV、5.59 eV 和 5.2 eV。α-Si$_3$N$_4$、β-Si$_3$N$_4$ 和 Si$_2$N$_2$O 的能带结构如图 5.14 所示,光学性质计算与实验数据能够很好地吻合。四种晶体都有本征的吸收边,因为导带极小值和价带极大值附近的波函数直接光学跃迁是对称性禁阻的。在对比计算的带隙(本征带隙)和实验测量的带隙(经常是从阈值以上的光学吸收数据推测得到)时这一点是非常重要的,但容易被忽视。

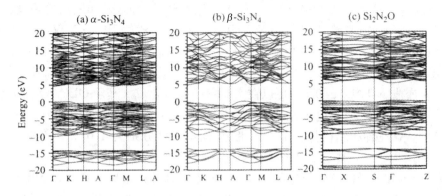

图 5.14　α-Si$_3$N$_4$、β-Si$_3$N$_4$、Si$_2$N$_2$O 的带结构

以 OLCAO 计算得到的 α-Si$_3$N$_4$、β-Si$_3$N$_4$ 的基态总能作为输入数据可以获得对势的参数,进而可以进行晶格动力学和简单的声子谱计算(Ching et al.,1998)。针对氮化硅晶体的详细的计算为随后的多晶陶瓷微结构的从头算研究铺平了道路(详见第 8 章内容)。

AlN 是另一种重要的二元氮化物,有很多的应用。当完全自洽 OLCAO 方法实现时,第一个被研究的体系是纤锌矿的 AlN(Ching and Harmon,1986)。纤锌矿是六方格子结构,由 c/a 的比率和内部参数 μ 这两个基本参数来描述,这个值可能与理想值 $c/a = 1.63333$ 和 $\mu = 0.375$ 有一定背离。对于许多重要的半导体和绝缘体材料,其基态结构是纤锌矿结构。尽管计算的 AlN 的 LDA 带隙为 4.4 eV,比实验带隙 6.3 eV 低约 30%,但是内部参数、体模量、键强度以及与压力相关的横向光学(TO)声子 A1 模式频率的计算结果与实验相一致。这为在各种晶体计算中大量地使用 OLCAO 方法提供了坚实的基础。AlN 的复介电函数的光学性质的计算与实验 VUV 数据一致,其中所研究的 VUV 的转变能量高达 40 eV(Loughin et al.,1993)。相似的计算也被用于其他纤锌矿结构的二元氮化物（GaN 和 InN）其他稳定的纤锌矿晶体（BeO, SiC, ZnO, ZnS, CdS, CdSe）（Xu and Ching, 1993）。通过总能数据拟合 Murnaghan 状态方程所得到的体模量与实验数据一致（Murnaghan, 1944）。

在 1989 年，Liu 和 Cohen（Liu and Cohen, 1989）基于一个简单的半经验规则（Cohen, 1985）预测 β-C_3N_4（与 β-Si_3N_4 结构相同）可能是体模量超过金刚石的超硬材料。这个令人振奋的猜测立即引起了广泛的关注，直至现在，依然有很多人尝试去合成这个尚未实现的材料。基于 Liu 和 Cohen 所猜测的结构，用 OLCAO 方法研究了 β-C_3N_4 晶体的电子结构、成键和光学性质（Yao and Ching, 1994）。其中，晶体参数、带隙和体模量的计算结果与 Liu 和 Cohen 所预测的结果相似（Liu and Cohen, 1990）。光学吸收谱在 7.9 和 13.9 eV 显示两个主要的峰，由于目前还没有合成出 β-C_3N_4 的有效样品，这些还只能是个预测。

BN 是一个宽带隙的绝缘体，有许多意想不到的性质，例如极高的硬度、轻的重量、低的介电常数，因此在工业应用上有很强的竞争力。它是仅次于金刚石的最硬的材料，有三种晶体结构，六角（h-BN），立方闪锌矿（c-BN）和纤锌矿（w-BN）。常规的 h-BN 相是一种与石墨结构类似的层状结构，在高温高压下可以转变成 w-BN。c-BN 也可以在实验室中高压合成。基于 OLCAO 方法研究了 BN 的三种相的电子结构、基态总能和线性光学性质（Xu and Ching, 1991b）。这三种相结构都有很大的带隙，间接带隙分别为 4.07、5.18 和 5.81 eV，最小的直接带隙是 4.2 eV（在 H 点）、8.7 eV（在 Γ 点）和 8.0 eV（在 Γ 点）。价带和导带的有效质量和马利肯有效电荷计算结果显示 B 到 N 的电荷转移从 h-BN、c-BN 到 w-BN 逐渐增加，这与它们的离子型逐渐变强相一致。晶格常数、体模量与其导数以及结合能与实验相符合。根据这三种晶体的总能-体积数据，研究了从 h-BN 到 c-BN，再到 w-BN 可能的相转变，估计了相转变压强。h-BN 的光学性质计算与非弹性电子能量散射实验数据惊人地一致，这在缺少相关光学实验数据的情况下为其他两种相的计算结果提供了证明。

二元化合物 ZrN 是一种金属超导体，但 Zr_3N_4 是一种绝缘体，存在于 ZrN_x 薄膜的富氮相中。ZrN_x 薄膜的光电效应和光学数据从 $x=1$ 到 $x=1.333$ 有很大的改变（Sanz et al., 1998），证实了绝缘相 Zr_3N_4 化合物的存在。然而，准确的 Zr_3N_4 结构并不知道，一般认为它是一个空位稳定的立方结构（表示为 $Zr_3\square N_4$）。Lerch 等人（Lerch et al., 1996）报道了合成的正交晶系结构（空间群 $Pnam$）o-Zr_3N_4。他们推测 Zr_3N_4 可能存在稳定的尖晶石结构，与立方氮化物尖晶石 γ-Zr_3N_4 类似（下一节讨论）。基于 OLCAO 方法研究了 $Zr_3\square N_4$、γ-Zr_3N_4、o-Zr_3N_4 的性质，以确认 Zr_3N_4 的可能结构。计算表明有序的空位稳定的 $Zr_3\square N_4$ 模型是最可能的结构。三种晶体都是小间接带隙的绝缘体。单位化学式的总能按照下面的顺序排列，$Zr_3\square N_4 < o$-$Zr_3N_4 < \gamma$-Zr_3N_4。$Zr_3\square N_4$ 有最大的体模量（299 GPa）。实验的 XPS 数据和计算的 $Zr_3\square N_4$ 上价带 DOS 最为

匹配,如图 5.15 所示。需要指出的是,先前对 $Zr_3 \square N_4$ 模型的计算显示它是金属的原因是没有获得正确的优化结构。

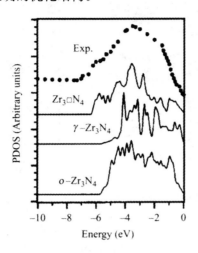

图 5.15 上价带的 DOS(a)$Zr_3 \square N_4$,(b)γ-Zr_3N_4,
(c)o-Zr_3N_4和实验 XPS 数据(点线)的比较

5.4.2 尖晶石氮化物

除了两种已知的氮化硅(α-Si_3N_4和β-Si_3N_4),1999 年在 15 GPa 的高压和超过 2000 K 的温度下立方尖晶石相 Si_3N_4 的发现(表示为 c-Si_3N_4 或 γ-Si_3N_4)对于寻找新的氮化物有着重要的意义(Zerr et al.,1999)。在 γ-Si_3N_4 晶体中,Si 与 N 原子首次形成八面体配位。因此,γ-Si_3N_4 可能具有许多与 α- 和 β-Si_3N_4 截然不同的物理性质。利用 OLCAO 方法研究这些物理特性(Mo,1999),计算结果显示 γ-Si_3N_4 的直接带隙为 3.45 eV,电子有效质量是 $0.51m_e$,静介电常数达到 4.70,这些特征与 GaN 相似。体弹性模量的计算值为 280 GPa,证实了它是一种超硬材料。这些独特的性质使得 γ-Si_3N_4 具有许多特殊的用途。不幸的是,大量的制备纯 γ-Si_3N_4 相依然难以实现。由于尚未制备出大的 γ-Si_3N_4 单晶,许多预测的物理性质还没有被证实。图 5.16 是 γ-Si_3N_4 和 γ-C_3N_4 的能带结构计算结果。

γ-Si_3N_4 的理论与实验研究促使人们开始寻找其他单尖晶石和双尖晶石氮化物。随后,γ-Ge_3N_4、γ-$(Si,Ge)_3N_4$(Leinenweber et al.,1999;Serghiou et al.,1999)以及 γ-Sn_3N_4(Shemkunas et al.,2002)都被确认存在。基于 OLCAO 方法的计算说明 γ-Sn_3N_4 的电子结构与 γ-Si_3N_4 和 γ-Ge_3N_4 不同,γ-Sn_3N_4 具有更小的直接带隙(1.40 eV)和电子有效质量($0.17m_e$)(Ching and Rulis,2006)。理论计算已扩展到其他 20 种单立方尖晶石和双立方尖晶石氮化物,其中阳离

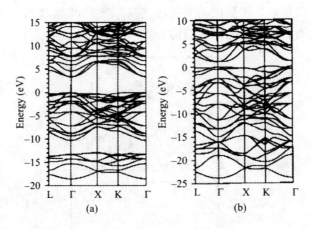

图 5.16 能带结构：(a) c-Si_3N_4；(b) c-C_3N_4

子元素涵盖ⅣA(Ti,Zr,Hf)和ⅣB(C,Si,Ge,Sn)族。之后,计算研究进一步扩展到 39 种不同组合形式的类似晶体(Ching et al.，2001a；Ching et al.，2000；Ching et al.，2001b)。我们基于立方尖晶石相将它们标记为 c-AB_2N_4 或 c-BA_2N_4,这实际上与 γ 相具有相同的意思。相关的晶体结构参数、带隙、有效电荷、键级、双氮化物相对于单氮化物的稳定性、体弹性模量等结果均有所报道(Ching et al.，2002a)。在 32 种双氮化物中,仅有 9 种是在能量上预期可能存在的。在这些可能的稳定的双氮化物中,最值得注意的是具有非常强的共价键的 c-CSi_2N_4 和具有相当好的 1.85 eV 直接带隙的 c-$SiGe_2N_4$,以及金属性的 γ-$SiTi_2N_4$。同时,值得讨论的是在双氮化物中阳离子的精确位置如何确定。比如,在 c-$[Si,Ge]_3N_4$ 中,Ge 是占据尖晶石点阵的四面体位还是八面体位,还是它们随机地分布在这两个位置上(Dong et al.，2003；Soignard et al.，2004)？这样的问题只有通过更加精确的计算和实验的结果才能解决。

在研究单尖晶石和双尖晶石氮化物中,有趣的是 c-Ti_3N_4 是窄带隙半导体,同时它也是 TiN_x 薄膜缺陷模型的一个可能结构。由于 c-Si_3N_4 是宽带隙半导体,c-$SiTi_2N_4$ 具有金属性,通过在 c-Si_3N_4 的八面体位掺入 Ti,可以直接调节带隙,在 c-$SiTi_2N_4$ 中实现金属-绝缘体转变。研究预测绝缘体向金属转变可能发生在 $x=0.44$,即当有足够的 Si 被 Ti 取代形成固溶体时(Ching et al.，2000)。研究还发现随着 x 的增加,带隙大小随之减少。这是由于形成非占据的"杂质带",这些"杂质带"明显含有 $Ti3d_{x^2-y^2}$ 和 $3d_{3z^2-r^2}$ (e_g)的成分。随着带隙的减小,静介电常数的增加,晶格常数与 TiN 更加匹配,可以形成稳定的强共价键结构 c-$Si[Si_{1-x}Ti_x]_2N_4$。这种结构具有各种应用,比如作为结构陶瓷或者用于半导体技术领域的特种材料。

针对晶体 γ-Si_3N_4 和其他密切相关的硬质材料,在合成、结构确定、性质表征和实际应用等方面有许多延伸性与创新性的想法。由实验确定的 γ-Si_3N_4 的带隙值与理论计算得到的相一致(Leitch et al.，2004)。所有的这些内容可以参考一篇综述文章(Zerr et al.，2006)。

5.4.3　三元和四元的氮化物和氮氧化物

利用 OLCAO 方法已经计算了一些三元和四元的氮化物，其中金属氮化物的内容将在下一章中单独讨论。这一小节将主要要讨论氮氧化物，也是绝缘体氧化物。氮氧化硅 Si_2N_2O 已在第 5.4.1 小节进行了讨论，主要是 α-Si_3N_4、β-Si_3N_4、Si_2N_2O 和 α-SiO_2 的对比研究(Xu and Ching，1995)。其中一个预测结果是 Si_2N_2O 的电子结构不能被简单地看成是 Si_3N_4 和 α-SiO_2 的电子结构的加权平均(Xu and Ching，1995)。

一类重要的四元结构陶瓷是 Si-Al-O-N 固溶体，简单地记作 SiAlON。它有两种形式，即 α-SiAlON 和 β-SiAlON，分别通过用(Al，O)对同时替换 α-Si_3N_4 和 β-Si_3N_4 中的(Si，N)对得到。电中性晶体通常用化学式 α-与 β-$Si_{6-z}Al_zO_zN_{8-z}$ 表示，其中 $z=1,2,3,4$。α-SiAlON 和 β-SiAlON 之间的转变也引起人们长期的关注。在 Si_2N_2O 中进行类似地对替换则会得到正交型的 SiAlON，即 O'-SiAlON。在高温下，SiAlON 材料比 Si_3N_4 具有更好的致密性和延展性，这主要是由于较强的 Si-N 共价键被相对离子化的 Al-O 键替换。OLCAO 方法已被用来研究 β-$Si_{6-z}Al_zO_zN_{8-z}$(其中 $z=1,2,3,4$)的电子结构和成键，采用了 14 个原子的六角单胞(Xu et al.，1997)。通过拟合近平衡体积的总能与莫纳亨(Murnaghan)状态方程相匹配，计算了体弹性模量随 z 变化的函数关系。随着 z 的增加，电荷密度图显示固溶体的共价特征只有微弱的减少。但是发现(Al，O)对替代 (Si，N)对后实际上加强了剩下的化学键，这归因于有效电荷的重新分布。这也被看作是 SiAlON 体系具有优异力学性能的一个可能原因。对于 SiAlON 体系的计算后来扩展到尖晶石点阵或 c-SiAlON，其中 $z=1$ 或只有一对(Si，N)被替换(Ouyang and Ching，2002)。研究发现 Al 倾向于占据尖晶石点阵的八面体位。在几个固溶体模型中，能量最低的构型具有 2.29 eV 的带隙，并保持与 c-Si_3N_4 同样强的共价键。

对 Y-Si-O-N 体系这一类重要的四元氮氧化物，已经用 OLCAO 方法进行相当仔细的研究(Ching，2004；Ching et al.，2004；Ching and Rulis，2008；Ching et al.，2003b；Ouyang et al.，2004；Xu et al.，2005)。这些四元晶体具有相当复杂的晶体结构。$Y_2Si_3N_4O_3$(M-莫来石)、$Y_4Si_2O_7N_2$(N-YAM)、$YSiO_2N$(硅灰石)、$Y_{10}(SiO_4)_6N_2$(N-磷灰石)，以及更晚合成的具有更高氮含量的 $Y_3Si_5N_9O_3$ 晶体和前面讨论过的二元和三元化合物是 SiO_2-Y_2O_3-Si_3N_4-YN 相图(见图 5.17)中最广为人知的几种晶相。因为 O/N 的无序，这些四元晶体有过多的局域阳离子-阴离子键构型。这些复杂晶体的电子结构之前还没有被研究过。Ching 通过很多手段系统地研究了它们的电子结构和成键,这些手段包括晶体的原子分解分态密度,马利肯有效电荷和键级值,以及频率依赖的复介电函数的光谱研究和芯能级光谱 (Ching,2004)。研究发现,尽管 Y-O 和 Y-N 键具有相当长的键长,但这些键却不能被忽略。这些研究有助于理解 Si_3N_4 等多晶陶瓷的晶间玻璃薄膜(IGFs)的形成和性质,同时也有助于 IGFs 结构的直接建模(参见第 8 章相关讨论)。

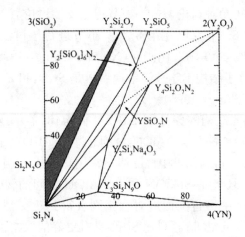

图 5.17　SiO_2-Y_2O_3-Si_3N_4-YN 的相平衡图

5.4.4　其他复杂氮化物

最近,在 900 ℃合成了两种新的四元锂碱土金属次氮硅酸盐晶体 $Li_2CaSi_2N_4$ 和 $Li_2SrSi_2N_4$(Zeuner et al.,2010)。晶体参数可由 X 射线衍射完全确定。两种晶体的复杂立方结构(空间群为 Pa-3 和 $Z=12$)单胞中都含有 108 个原子。基于 OLCAO 方法计算了它们的电子结构、原子间成键、光学性质,以及所有晶体学非等价位 Li-K、Ca-K、Ca-$L_{2,3}$、Sr-K、Sr-$L_{2,3}$ 和 N-K 的芯能级谱 XANES/ELNES。这两种晶体都是宽带隙半导体,直接带隙为 3.48 eV,它们的折射系数略微不同,分别为 2.05 和 2.12。计算表明两个非等价的 Ca(Sr)位和两个 N 位的 XANES/ELNES 光谱明显不同,显示其局域环境的不同。计算的 Li-K 边与实验测量的 EELS 谱符合。图 5.18 是计算得到的 $Li_2CaSi_2N_4$ 中的 Li-K 边,可以看到它与实验曲线吻合得很好。用一台计算能力一般的台式计算机,只需要两天就得到以上这些结果。这证明了 OLCAO 方法在研究复杂晶体的基本物理性质方面的高效性。

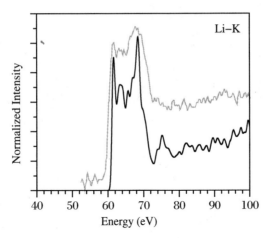

图 5.18 Li$_2$CaSi$_2$N$_4$ 中的计算(下面的曲线)和实验(上面的曲线)Li-K 边的比较

5.5　碳　化　物

碳化硅和氮化硅是两种非常重要的非氧化物陶瓷。在这一节,我们将讨论绝缘体碳化物。已有研究报道纤锌矿结构 SiC 和其他纤锌矿晶体,其中 β-C$_3$N$_4$ 和 c-C$_3$N$_4$ 已在氮化物一节讨论过。OLCAO 方法对 SiC 晶界的研究内容将在第 9 章讨论。这里我们关注于各种 SiC 多晶和其他较新的复杂 A-Si-C 化合物。

5.5.1　SiC

已知 Si$_3$N$_4$ 只有 α-、β- 和 γ-Si$_3$N$_4$ 三种晶体结构,而 SiC 则存在许多多晶结构,其中 Si 和 C 之间总是形成四面体成键结构。最简单的是闪锌矿相的立方 SiC,或表示为 β-SiC;另外较常见的是六方结构的多晶,通常表示为 2H-SiC(纤锌矿相)、4H-SiC 和 6H-SiC,统称为 α-SiC;还有一类更加复杂和稀有的晶体是斜面六方结构的,表示为 15R-SiC,21R-SiC 等。这些多晶型结构之间的主要区别是 Si-C 双层沿着晶体 c 轴的堆叠序列。图 5.19 所示的是 SiC 的六个多晶结构。

OLCAO 方法已被用来研究 SiC 多晶的电子结构、成键以及光谱性质(Ching et al.,2006)。在 SiC 多晶结构中不同的堆叠序列产生虽然具有相同的最近邻和次近邻,却具有不同的中程排序的晶体学非等价位。马利肯有效电荷和键级的计算揭示这些多晶中存在一些可辨别小差别,从 Si 到 C 上平均电

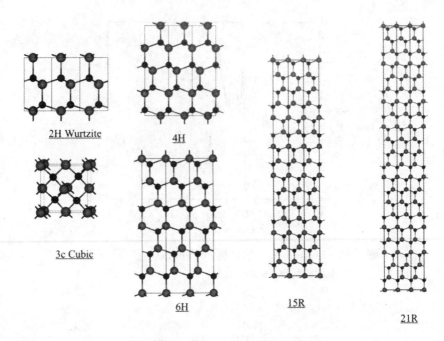

图 5.19　六种 SiC 多晶的晶体结构图

荷转移量的范围是 0.85～0.89。图 5.20 是 β-SiC、2H-SiC、4H-SiC、6H-SiC、15R-SiC 以及 21R-SiC 的能带结构。其中四种多晶型(β-、2H-、4H-、6H-)的间接(直接)带隙是 1.60、2.47、2.43 和 2.20 eV(2.39、3.33、3.27 和 3.02 eV),而

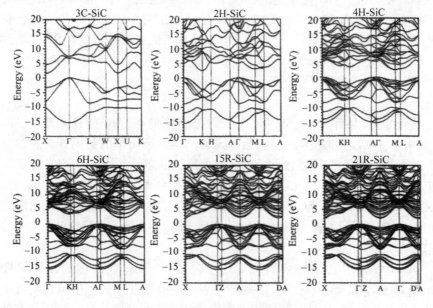

图 5.20　六种 SiC 多晶的能带结构

15R-SiC 和 21R-SiC 的直接带隙是 3.57 和 3.30 eV。通过计算非立方相 SiC 的光学性质,发现在沿着 c 轴方向和垂直于 c 轴的面之间具有明显的各向异性。

5.5.2　其他碳化物

用 OLCAO 方法已对两种三元铝硅碳化物 Al_4SiC_4 和 $Al_4Si_2C_5$ 的电子结构和光谱性质进行了研究(Hussain et al.,2008)。它们具有不同的六方晶格层状结构。其中 Al_4SiC_4 的单胞(空间群为 $P6_3mc$)中 18 个原子占据 9 个非等价位(4 个 Al 位,1 个 Si 位和 4 个 C 位),$Al_4Si_2C_5$ 的单胞(空间群为 $R3m$)中的 33 个原子占据了 11 个非等价位(4 个 Al 位,2 个 Si 位和 5 个 C 位)。这与 MAX 相化合物(M = 过渡金属,A = Al 或 Si,X = C 或 N)不同,MAX 是金属层状化合物(这将在第 6 章中讨论),而 Al_4SiC_4 和 $Al_4Si_2C_5$ 是半导体,其带隙分别是 1.05 和 1.02 eV。由于这两种晶体的层状结构不同,它们的有效电子质量计算值在垂直于 c 轴的平面($m_\perp$)是相似的(Al_4SiC_4 是 $0.62m_e$,$Al_4Si_2C_5$ 是 $0.619m_e$),而在平行于 c 轴的方向($m_\parallel$)具有很大的差别(Al_4SiC_4 是 $0.55m_e$,$Al_4Si_2C_5$ 是 $3.06m_e$)。两晶体的空穴有效质量非常大,这是因为价带顶部非常平坦。在计算光学性质时,层状结构会导致大的光学各向异性。Al_4SiC_4 和 $Al_4Si_2C_5$ 晶体是高共价晶体。马利肯有效电荷的计算结果显示:在 Al_4SiC_4 中,Al 和 Si 分别平均损失 0.90 和 0.84 个电子,而 C 获得 1.11 个电子,在 $Al_4Si_2C_5$ 中,Al 和 Si 分别平均损失 0.93 和 0.85 个电子,而 C 获得 1.08 个电子。

由于 Al-Si-C 体系具有优异的耐磨性、低质量、高强度,以及高热导性,在现代电子和能源工业中具有许多的应用前景。这些性质与它们的基本的电子结构密切相关。可以想象的是在不久的将来一定会发现其他不同物理性质和特殊应用前景的层状碳化物。

5.6　硼和硼的化合物

5.6.1　单质硼

硼是周期表中最吸引人的轻元素($Z = 5$)之一。单质硼有许多同素异形体,其结构特点是包含 B_{12} 二十面体,其中三角形的三中心键是基本构造单元。有一些同素异形体的结构众所周知,而其余的结构仍然存在争议。如果二十面体间的化学键强于二十面体内的键,那么这类材料就是倒分子固体(inverted molecular solid)(Emin,1987)。这可能会引起结构大幅度的改变,形成更复杂的晶体结构。图 5.21 是单质硼的相图。

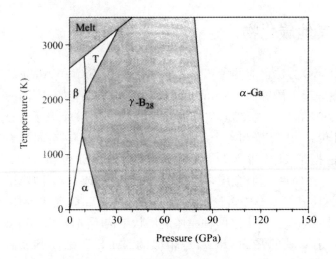

图 5.21 单质硼的相图

热力学最稳定的单质硼是 α-B_{12},其斜方单胞中包含一个简单的 B_{12} 二十面体。相邻单胞的二十面体之间通过不同的化学键相连。为了更好地理解这些成键,12 个硼原子中的 6 个硼原子在极性位(B_{polar}),而剩余的 6 个硼原子在赤道位(B_{equat})。B_{polar} 与相邻二十面体的 B_{polar} 形成双中心双电子化学键(2c-2e),而 B_{equat} 与相邻二十面体的 B_{equat} 形成三中心双电子化学键(3c-2e)。β-硼是另外一种低压下存在的单质硼,具有斜方晶格。由于存在部分占据位,其晶体结构尚未完全确定(Slack et al.,1988)。所以,β-硼可以认为是一种无序硼单质。正方晶系的硼单质(t-硼)是一个高温相。早期的工作认为正方晶系单质硼的单胞中含有 50 个 B 原子,有四个 B_{12} 二十面体和两个孤立的四配位 B 原子(Hoard et al.,1958)。然而,也有一些人认为 t-硼有更为复杂的结构(Vlasse et al.,1979)。最近又发现单质硼有一个更高压强的相 γ-B_{28},其结构是通过结合最新的实验和计算结果来确定的(Oganov et al.,2009)。在正方单胞中除了包含 B_{12} 二十面体外,还有一个硼二聚体对。据预测,硼单质在极高压强下还有一个 α-Ga 型的相,但这种相目前还只是处于理论计算研究阶段(Ma et al.,2004)。

在 20 世纪 90 年代 OLCAO 方法就被用来研究 α-B_{12} 和 t-B_{50} 的电子结构、成键信息、电荷分布和光学性质(Li et al.,1992)。α-B_{12} 是一个带隙为 1.70 eV 的半导体,而 t-B_{50} 由于价带顶缺电子表现出金属性,但价带边和导带边之间有一个很大的带隙。最近,再次的电子结构计算指出 α-B_{12} 有一个 2.61 eV 的间接带隙,大于之前的计算结果。这主要是因为新的计算采用更精确的势模型。

结合 XANES/ELENS 谱计算，最近还研究了硼单质的 γ-B$_{28}$ 相（Rulis et al.，2009）。计算显示 γ-B$_{28}$ 有一个 2.1 eV 的间接带隙。

由于结构的复杂性，β-硼的计算更具有挑战性。基于不同的模型，其单胞原子数有可能是 105、106、107 或 320。其中，基于 Slack 等人在 1988 年给出的晶体信息（Slack et al.，1988），van Setten 等人在 2007 年（Van Setten et al.，2007）提出了一个模型。这个模型后来经过 VASP 软件进行结构优化，并用 OLCAO 方法进行研究。这个模型（命名为 β-B$_{106}$）是一个由 106 个 B 原子组成的斜方单胞，结构非常复杂。其单胞由在其顶点和边缘处的 B$_{12}$ 二十面体、复杂的共面二十面体团簇以及存在于二十面体间隙的非二十面体的硼原子组成。用 OLCAO 方法计算了 β-B$_{106}$ 模型的电子结构和 XANES/ELNES 谱（Wang，2010）。它是一个半导体，它的间接带隙与直接带隙分别是 1.75 和 1.83 eV。在价带边缘上方 0.21 eV 处有一个缺陷型受主能级，这个能级来源于缺陷型结构。当然，这些内容是在本书写作时所得到的初步结果。

5.6.2　B$_4$C

研究最多、也是最重要的富硼化合物是碳化硼（B$_4$C）。碳化硼在许多方面都有应用，包括研磨工具、中子吸收剂、屏蔽材料、护身防弹衣与热电材料等。实验上的碳化硼样品并不都是符合化学计量比的，C 的含量介于 8% ~ 20% 之间，组分更趋近 B$_5$C。它们有可能是非结晶的或包含大剂量的 H。因此，在这种意义上来说碳化硼实际上代表的是一类拥有复杂结构和组分的富硼化合物。而这种复杂结构和组分不仅影响它们的特定的应用，而且使明确的表征也变得特别困难。但是，对碳化硼的研究应该始于理想的化学计量比 B$_4$C 相。B$_4$C 是菱方相结构（空间群是 R-$3m$）。普遍认为符合化学计量比的 B$_4$C 结构与 α-B$_{12}$ 一样包含以单胞顶点为中心的 12 原子二十面体，二十面体之间由沿斜方单胞体对角线方向的三原子链（见图 5.22）连接。但是，三个碳原子的确切位置仍存在争议，因为散射截面相似，实验上很难区分硼原子和碳原子。更细致的理论和实验研究得出的倾向构型是：一个碳原子位于沿着 C-B-C 链的 B$_{12}$ 二十面体的极性位（定义为 B$_{11}$C-CBC）。另外也有人提出 B$_4$C 可能的结构是形成 C-C-C 三原子链（定义为 B$_{12}$-CCC）。也有工作研究了其他一些可能的碳化物，如 B$_{13}$C$_2$。B$_{13}$C$_2$ 晶体在价带顶有一个本征空位，这主要是因为它缺少一个电子，不能满足理想的成键模型（Li and Ching，1995）。因此 B$_{13}$C$_2$ 被认为是一个 p 型半导体。

20 世纪 90 年代初，OLCAO 方法曾被用来研究 B$_4$C 和其他一些基于 B$_{12}$ 单元的晶体的电子结构和光学性质（Li and Ching，1995）。这些再一次证实了 B$_4$C 的结构是 B$_{11}$C-CBC。研究还讨论了电荷分布和原子间键的本质。最近对

于 B_4C 的研究不是仅仅简单地重复，而是扩展到晶格动力学、声子谱和机械性能的计算，不过现在这些结果尚未发表。OLCAO 方法也计算了 XANES/ELNES 谱，得出的结果与实验数据能够完美地符合（这在第 11 章中将会更深入地讨论）。获得的电子结构和成键信息的结果相对于之前的研究结果更为精确，这是因为计算能力的提高使得计算标准可以提高。

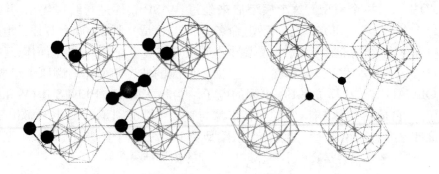

图 5.22　B_4C 和 B_6O 的晶体结构

B_4C 的一个重要应用是作为军事装备和人员轻质量防护材料。然而，B_4C 在单轴压缩时会导致非晶化，而当压力超过 22 GPa Hugoniot 弹性极限（HEL）时会损失强度。B_4C 在高速冲击压力下的非晶化问题还并不清楚，这一课题仍是现在研究的主题。

5.6.3　另外一些硼化合物

除了 α-B_4C 外，还有更多菱方晶相的富硼化合物，如 $B_{12}P_2$、$B_{12}As_2$、$B_{12}O_2$ 和含 Si 的 B_{12} 晶体模型等。应用 OLCAO 方法同样计算了这些晶体的电子结构和光学性质（Ching and Li，1998；Li and Ching，1995；Li and Ching，1996b；Li et al.，1992）。它们都是间接带隙半导体。在所有富硼晶体之中，最有趣的一个是低价氧化物 $B_{12}O_2$ 或 B_6O。硼的低价氧化物由于集合了几种优异性质，近年来引起了极大的关注。化学计量比为 $B_{12}O_2$ 氧化物是菱方晶相结构，单胞包含一个 B_{12} 二十面体单元和两个沿着体对角线的 O 离子，这一点和 B_4C 的 CBC 链很类似（见图 5.22）。其中，B_{polar} 有五个最近邻（NN）二十面体内化学键和一个二十面体之间的化学键，后者与 α-B_{12} 类似，是相邻二十面体的 B_{polar} 之间成键。B_{equat} 也有 5 个二十面体内化学键和一个与中心线上的 O 相连的短化学键（键长 1.493 Å）。两个 O 原子在菱方单胞的体心对角线上相距 3.01 Å，一般认为它们之间不成键。硼低价氧化物的物理性质包括弹性、力学、振动、热力学、电子学、光学和光谱学性质等。S. Aryal 等人已经获得这些性质的结果，准备发表。计算的间接带隙是 2.94 eV，而直接带隙是在 Γ 点，达到 5.44 eV。

价带顶在 L 点，而导带底在 H 点，这两处的有效质量都比较合理。更重要的是，计算的 XANES/ELENS 谱的 B-K 边与实验结果相吻合，而 O-K 边有所偏差，不匹配的主要原因是实验测量中样品有 O 缺陷。这将在第 11 章中进行更深入地讨论。

5.6.4　复杂硼化合物的其他形式

有很多结构复杂的硼单质和硼化合物，例如碱金属掺杂的硼或稀土元素掺杂的硼化合物（Douglas and Ho，2006），包括 YB_{66}（Perkins et al.，1996）以及一些还待发现或确认的单质硼形式。最近尤为有趣的是一系列硼团簇，有笼状结构的，条带结构的、核壳结构的和纳米颗粒等。这些都是非常有趣的结构，它们的存在强调了硼原子间可以存在复杂成键方式。而 OLCAO 方法完全可以用于研究这些材料的性能。

5.7　磷　酸　盐

磷酸盐是一种氧化物。因为 $(PO_4)^{-3}$ 离子在晶体中发挥着独一无二的作用，我们将它们单独分为一类半导体来介绍。大部分的生物陶瓷材料，例如羟磷灰石、三钙磷酸盐，都是复杂的磷酸盐，这些将在第 7 章单独讨论。

5.7.1　简单的磷酸盐：$AlPO_4$

$AlPO_4$ 是一类与 α-石英结构类似的网状氧化物。它有三种最著名的晶相：$AlPO_4$、α-$AlPO_4$ 或块磷铝矿。块磷铝矿晶体的研究很多，它有三方晶系的单胞（空间群是 $P3_221$），结构上与 α-SiO_2 很类似，其中 Al 和 P 都是四面体配位。在加压至约 13 GPa 时，α-$AlPO_4$ 会转变为一个新的正交晶相（o-$AlPO_4$），空间群是 $Cmcm$，其中 Al 是八面体配位。最近有报道指出当压强加到 97.5 GPa 时，o-$AlPO_4$ 将转变成一个单斜晶相（m-$AlPO_4$），空间群是 $p2/m$，其中 Al 和 P 都是八面体配位（Pellicer-Porres et al.，2007）。事实上这三种 $AlPO_4$ 有着共同的化学式和相同元素百分比，但具有截然不同的局域原子配位，这为研究物质结构和性质之间的联系提供了一个独一无二的机会。应用 OLCAO 方法已经获得它们的电子结构，成键和 Al-K、Al-L、P-K、P-L 和 O-K 边的 XANES/ELENS 谱。这些吸收边涵盖三种晶体结构中所有的非等价位。计算的 α-$AlPO_4$、o-$AlPO_4$、m-$AlPO_4$ 的带隙分别是 5.71、6.32、4.01 eV。马利肯有效电荷计算

表明从 α-、o-到 m-$AlPO_4$,共价特征和晶体键级逐渐增加,主要表现有电荷密度增加,原子键长变短。研究结果显示使用指纹谱解释 XANES/ELENS 谱并不总是行之有效的,有时过于简单。在这三种晶体中,某一元素有着相同数目的最近邻原子可能会产生不同的 XANES/ELENS 谱。这点将在第 11 章中深入探讨。

5.7.2　复杂的磷酸盐:KTP

KTP 或 $KTiOPO_4$ 是一种无机晶体,化学式是 $MTiOXO_4$,其中 M 可以是 K、Rb 或 Tl,而 X 可以是 P 或 As。KTP 是一种非线性光学材料,在掺钕激光器中有非常大的二次谐波效应(Bierlein et al.,1987)。此外,它还有很高的光学损坏阈值和其他有广泛应用前景的材料性质,KTP 成为光电应用中领先的材料,这与之前 5.3.2 节介绍的 $LiBO_3$ 和 BaB_2O_4 晶体是类似的。KTP 是一种相当复杂的晶体,具有正交晶系单胞(空间群是 $Pna2_1$),最大的特点是含有局域的 TiO_6 和 PO_4 单元。1991 年 Ching 和 Li 用 OLCAO 方法研究了 KTP 的电子结构和线性光学性质。早期 OLCAO 方法在复杂晶体材料的成功应用为后来应用这一方法处理复杂晶体结构体系提供了巨大的帮助。计算结果表明 Γ 点的直接带隙是 4.9 eV。晶体中较短的 Ti-O 键的存在对于体系的电子结构有着深远的影响。在阈值附近的光学吸附表现出一定的各向异性,这对其非线性光学性质有一定的影响。遗憾的是,OLCAO 方法并未像对一些二元半导体和绝缘体的计算那样将研究扩展到它的非线性光学性质。

5.7.3　磷酸铁锂:LiFePO$_4$

$LiFePO_4$ 因为其在锂离子电池上的应用成为一种非常重要的磷酸盐晶体。而锂离子电池在解决当今能源问题方面起着至关重要的作用(Papike and Cameron,1976)。$LiFePO_4$ 属于一类普通的聚阴离子化合物。聚阴离子化合物是指以强共价键聚阴离子$(XO_4)^{-n}$(X = P、S、As、Mo 或 W)和过渡金属八面体 MO_6(M = Mn、Fe、Co、Ni)(Padhi et al.,1997)为单元所组成的化合物。$LiFePO_4$ 具有橄榄石结构的正交晶系单胞(空间群是 $Pnma$),单胞内包含 28 个原子。其结构可以看作 LiO_6 和 FeO_6 正八面体与 PO_4 四面体共边(见图 5.23)形成。这个晶体一个非常显著的特征是 PO_4 单元中非常短的 O-O 键。

Xu 等人用自旋极化 OLCAO 方法研究了 $LiFePO_4$ 的电子结构(Xu et al.,2004b)。原则上来讲,对于像 Fe 这样的过渡金属应该考虑原子内的关联效应,但这次计算却没有考虑。有趣的是,LSDA 计算指出 $LiFePO_4$ 是一个半金属,有着非常大的电子有效质量和很小的各向异性的空穴有效质量。这表明体系如果进行空穴掺杂,由于载流子迁移率的增加会导致电导率的增加。尽管与实验上的电导率直接关联还很困难,但这对于基本电子结构的理解还是很有帮助的(Hunt et al.,2005;Xu et al.,2004b)。即使未考虑电子相关效应,计算的 $LiFePO_4$ 和 $FePO_4$ 晶体的电子态密度(DOS)与实验上共振非弹性 X 射线散射得到的数据相符(Hunt et al.,2006)。相似的自旋非极化计算被扩展到 Li_3PO_4、$LiMnPO_4$、$LiCoPO_4$ 与 $LiNiPO_4$ 聚阴离子化合物(Xu et al.,2004a)。Li_3PO_4 没有过渡金属,是一个半导体,有一个 5.75 eV 的带隙。对于其他包含有过渡金属元素的晶体,只有 $LiFePO_4$ 和 $LiCoPO_4$ 是 100% 的半金属。$FePO_4$ 和

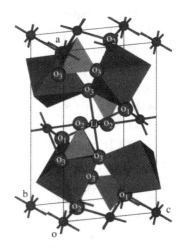

图 5.23　$LiFePO_4$ 的晶体结构

$LiMnPO_4$ 是绝缘体,自旋向上占据态与自旋向下未占据态之间的带隙分别是 0.27 和 1.91 eV。对于 $LiNiPO_4$,费米能级处于自旋向下的 t_{2g} 和 e_g 带之间的小带隙中。到目前为止所有的结果还是非常有趣的,一些结果尚无法完全解释,加入电子相关效应可能会在很大程度上改变结果。

参 考 文 献

Adair,R.,Chase,L. L.& Payne,S. A.(1989),*Physical Review B*,39,3337.

Anderson,M. W.,Terasaki,O.,Ohsuna,T.,Philippou,A.,Mackay,S. P.,Ferreira,A.,Rocha,J.& Lidin,S.(1994),*Nature*,367,347-51.

Aryal,S.,Rulis,P.,& Ching,W. Y.(2012),*Journal of the American Ceramic Society*,(In press).

Aryal,S.,Rulis,P.,& Ching,W.Y.(2008),*Am.Mineral.*,93,114-23.

Barth,J.,Johnson,R. L.,Cardona,M.,Fuchs,D.,& Bradshaw,A. M.(1990),*Physical Review B*,41,3291.

Bierlein,J.D.,Ferretti,A.,Brixner,L. H.,& HSU,W. Y.(1987),*Applied Physics Letters*,50,1216-18.

Chen,C.& Liu,G.(1986),*Annual Review of Materials Science*,16,203-43.

Chiang,Y.－M.,Farrey,G. W.,& Soukhojak,A. N.(1998),*Applied Physics Letters*,73,3683-85.

Ching,W. Y.& Lin,C.C.(1975),*Physical Review B*,12,5536.

Ching,W. Y.,Harrison,J. G.,&Lin,C.C.(1977),*Phys.Rev.B*,15,5975.

Ching,W. Y.& Lin,C. C. (1977), *Phys. Rev. B*,16,2989.

Ching,W. Y.& Ren,S. Y. (1981), *Phys. Rev. B*,24,5788-95.

Ching,W. Y. , Murray, R. A. , Lam, D. J. ,& Veal, B. W. (1983), *Phys. Rev. B Condens. Matter*,28,4724-35.

Ching,W. Y. ,Huang,M. Z. ,& Huber,D. L. (1984a), *Phys. Rev. B*,29,2337-40.

Ching,W. Y. ,Song,L. W. ,& Jaswal,S. S. (1984b), *J. Non-Cryst. Solids*,61-62, 1207-12.

Ching,W. Y.& Huang,M. (1985), *Superlattices Microstruct.*,1,141-5.

Ching,W. Y.& Harmon,B. N. (1986), *Phys. Rev. B*,34,5305-8.

Ching,W. Y. ,Xu,Y.& Wong,K. W. (1989), *Phys. Rev. B*,40,7684-95

Ching,W. Y.& Xu,Y. N. (1990), *Phys. Rev. Lett.*,65,895-98.

Ching,W. Y.&Xu,Y. N. (1991), *Phys. Rev. B*,44,5332-35.

Ching,W. Y.&Huang,M. Z. (1993), *Phys. Rev. B*,47,9479-91.

Ching,W. Y. ,Gu,Z. - Q.& Xu,Y. - N. (1994), *Physical Review B*,50,1992.

Ching,W. Y.& Xu,Y. N. (1994), *J. Am. Ceran. Soc.* , 77,404-11.

Ching,W. Y. ,Gan,F.& Huang,M. - Z. (1995), *Phys. Rev. B*,52,1596-611.

Ching,W. Y. ,Xu,Y. - N.& Gu,Z. - Q. (1996). *Phys. Rev. B*.54,R15585-9.

Ching,W. Y.& Li. D. (1998). *Phys. Rev. B*,57,3737-40.

Ching,W. Y. , Xu, Y. - N. , Gale. J. D. & Ruhle, M. (1998), *J. Am. Ceram. Soc.* , 81, 3189-96.

Ching,W. Y.& Xu,Y. - N. (1999), *Phys. Rev. B*,59,12815-21.

Ching,W. Y. (2000), First principles calculation of the electronic structures of crystalline and amorphous forms of SiO_2. In：Rod,D. ,Durand,J. -P.& Dooryhee,E. (eds.) *Structure and Imperfections Amorphous Crystalline SiO₂* (Chichester：John Wiley & Sons, Ltd. , Chichester).

Ching,W. Y. , Mo. S. - D. , Ouyang, L. , Tanaka, I. ,& Yoshiya, M. (2000), *Phys. Rev. B*, 61,10609-14.

Ching,W. Y. ,Mo,S. - D. ,& Ouyang,L. (2001a), *Phys. Rev. B*,63,245110/1-245110/7.

Ching,W. Y. ,Mo,S. - D. , Tanaka,I. ,& Yoshiya,M. (2001b), *Phys. Rev. B*,63,064102/ 1-064102/4.

Ching,W. Y. , Xu, Y. - N. , & Brickeen, B. K. (2001c), *Phys. Rev. B*, 63, 115101/ 1-115101/7.

Ching,W. Y. ,Mo,S. - D. ,Ouyang,L. ,Rulis,P. ,Tanaka,I. ,& Yoshiya. M. (2002a), *J. Am. Ceram. Soc.*,85,75-80.

Ching,W. Y. ,Xu,Y. - N. ,& Ouyang,L. (2002b), *Phys. Rev. B*,66,235106/1-235106/10.

Ching,W. Y. ,Ouyang,L. ,& Xu,Y. - N. (2003a), *Phys. Rev. B*,67,245108/1-245108/8.

Ching,W. Y. ,Xu,Y. - N. ,& Ouyang,L. (2003b), *J. Am. Ceram. Soc.*,86,1424-26.

Ching,W. Y. (2004), *Jolimal of the American Ceramic Society*,87,1996-2013.

Ching,W. Y. , Ouyang, L. , Yao, H. , & Xu, Y. N. (2004), *Phys. Rev. B*, 70, 085105/ 1-085105/14.

Ching,W. Y.& Rulis,R(2006), *Phys. Rev. B*,73,045202/1-045202/9.

Ching, W. Y., Xu, Y. – N., Rulis, P., & Ouyang, L. (2006), *Mater. Sci. Eng.*, *A*, A422. 147-56.

Ching, W. Y., Ouyang, L., Rulis, P., & Yao, H. (2008), *Phys. Rev. B*, 78, 014106/1-014106/13.

Ching, W. Y. & Rulis, P. (2008), *Phys. Rev. B*, 77, 035125/1-035125/17.

Cohen, M. L. (1985), *Physical Review B*, 32, 7988.

Dong, J., Deslippe, J., Sankey, O. F., Soignard, E., & Mcmillan, P. F. (2003), *Physical Review B*, 67, 094104.

Douglas, B. E. & Ho, S. – M. (2006), *Structure and Chemistry of Crystalline Solids* (New York: Springer).

Emin, D. (1987), *Physics Today*, 40, 55-62.

Feibelman, P. J., Appelbaum, J. A., & Hamann, D. R. (1979), *Physical Review B*, 20, 1433.

Foster, J. P. A. (1959), *Journal of the Electrochemical Society*, 106, 971-75.

French, R. H. (1990), *Journal of the American Ceramic Society*, 73, 477-89.

French, R. H., Glass, S. J., Ohuchi. F. S., Xu, Y. N., & Ching, W. Y. (1994), *Phys. Rev. B Condens. Matter*, 49, 5133-42.

Gan, F., Xu, Y. N., Huang, M. Z., & Ching, W. Y. (1902), *Phys. Rev. B*, 45, 8248-55.

Godlewski. M., Goldys, E. M., Phillips, M. R., Langer, R., & Barski, A. (1998), *Applied Physics Letters*, 73, 3686-88.

Gu, Z. – Q. & Ching, W. Y. (1994). *Phys. Rev. B*, 49, 10958-67.

Harmon, B. N.. Weber, W., & Hamann, D. R. (1982), *Physical Review B*, 25, 1109.

Harrison, J. G. et al. (1983), *Journal of Physics B: Atomic and Molecular Physics*, 16, 2079.

Harrison, W. A. (1970), *Solid State Theory* (New York: McGraw Hill).

Heaton, R. A., Hamson, J. G., & Lin, C. C. (1982), *Solid State Communications*, 41, 827-9.

Heaton, R. A. & Lin, C. C. (1982), *Physical Review B*, 25, 3538.

Hedin, L. & Lundquist, S. (1969), *Solid State Physics* (New York: Academis).

Hoard, J. L., Hughes, R. E., & Sands, D. E. (1958), *Journal of the American Chemical Society*, 80, 4507-15.

Huang, M. Z. & Ching, W. Y. (1983), *Solid State Commun.*, 47. 89-92.

Huang, M. Z. & Ching, W. Y. (1985a), *J. Phys. Chem. Solids*, 46, 977-95.

Huang, M. Z. & Ching, W. Y. (1985b), *Superlattices Microstruct.*, 1, 137-39.

Huang, M. Z. & Ching, W. Y. (1992), *Phys. Rev. B*, 45, 8738-41.

Huang, M. Z. & Ching, W. Y. (1993a), *Phys. Rev. B*, 47, 9464-78.

Huang, M. Z. & Ching, W. Y. (1993b), *Phys. Rev. B*, 47, 9449-63.

Huang, M. Z. & Ching, W. Y. (1994), *Ferroelectrics*, 156, 105.

Hunt, A., Moewes. A., Ching, W. Y., & Chiang, Y. M. (2005), *J. Phys. Chem. Solids*, 66, 2290-4.

Hunt, A., Ching, W. Y., Chiang, Y. M., & Moewes, A. (2006), *Phys. Rev. B*, 73, 205120/1-205120/10.

Hussain, A., Aryal, S., Rulis, P., Choudhry, M. A., & Ching, W. Y. (2008), *Phys. Rev. B*,

78,195102/1-195102/9.

Hybertsen, M. S.& Louie. S. G. (1985), *Phys. Rev. Lett*. ,55. 1418.

Jiang, H. , Xu, Y. N. ,& Ching, W. Y. (1992), *Ferroelectrics*, 136,137-46.

Leinenweber, K. , O'keeffe, M. , Somayazulu, M. , Hubert, H. , Mcmillan, P. F. ,& Wolf, G.
H. (1999), *Chemistry—A European Journal*, 5,3076-78.

Leitch, S. , Moewes, A. , Ouyang, L. , Ching, W. Y. ,& Sekine, T. (2004), *J. Phys*: *Condens*.
Matter, 16,6469-76.

Lerch, M. , Füglein, E. ,& Wrba, J. (1996), *Anorg. Allg. Chem*. ,622,367-72.

Li, D. , Xu, Y. N. ,& Ching, W. Y. (1992), *Phys. Rev. B*,45,5895-905.

Li, D.& Ching, W. Y. (1995), *Phys. Rev. B*,52,17073-83.

Li, D.& Ching, W. Y. (1996a), *Phys. Rev. B*,54,13616-22.

Li, D.& Ching, W. Y. (1996b), *Phys. Rev. B*,54,1451-4.

Li, Y. P.& Ching. W. Y. (1985), *Phys. Rev. B*,31,2172-9.

Lines, M. E. (1990a), *Physical Review B*,41,3383.

Lines, M. E. (1990b), *Physical Review B*,41,3372.

Lines, M. E. (1991), *Physical. Review B*,43,11978.

Liu, A. Y.& Cohen, M. L. (1989), *Science*,245,841-2.

Liu, A. Y.& Cohen, M. L. (1990), *Physical Review B*,41,10727.

Loughin, S. , French, R. H. , Ching, W. Y. , Xu, Y. N. & Slack, G. A. (1993), *Appl. Phys*.
Lett. ,63. 1182-4.

Ma, Y. , Tse, J. S. , Klug. D. D.& Ahuja, R. (2004), *Physical Review B*,70,214107.

Menéndez-Proupin E.& Gutiérrez G. (2005), *Physical Review B*,72,035116.

Mo, S. − D.& Ching. W. Y. (1995), *Phys. Rev. B* 51,13023-32.

Mo, S. − D.& Ching, W. Y. (1996), *Phys. Rev. B*,54,16555-61.

Mo, S. − D. , Xu, Y. − N. ,& Ching, W. Y. (1997), *J. Am. Ceram. Soc*. ,80,1193-97.

Mo, S. − D.& Ching, W. Y. (1998), *Phys. Rev. B*,57,15219-28.

Mo, S. − D. , Ouyang, L. , Ching, W. Y. , Tanaka, I. , Koyama, Y. ,& Riedel, R. (1999),
Phys. Rev. Lett. ,83,5046-49.

Murnaghan, F. D. (1944), *Proceedings of the National Academy of Sciences*,30, 244-47.

Oganov, A. R. , Chen, J. , Gatti, C. , et al. (2009), *Nature*,457,863-67.

Ouyang, L.& Ching, W. Y. (2002), *Appl. Phys. Lett*. ,81,229-31.

Ouyang, L. , Xu, Y. N. ,& Ching, W. Y. (2002), *Phys. Rev. B*,65,113110/1-113110/4.

Ouyang, L. , Yao, H. , Richey. S. , Xu, Y. N. ,& Ching, W. Y. (2004), *Phys. Rev. B*, 69,
094112/1-094112/6.

Padhi, A. K. , Nanjundaswamy, K. S. ,& Goodenough, J. B. (1997), *Journal of the Electro-
chemical Society*, 144,1188-94.

Papike, J. J.& Cameron, M. (1976), *Rev. Geophys*. ,14. 37-80.

Parker, J. C. , Geiser, U. W. , Lam, D. J. , Xu, Y. ,& Ching, W. Y. (1990a), *J. Am. Ceram*.
Soc. ,73,3206-8.

Parker, J. C. , Lam, D. J. , Xu, Y. N,& Ching, W. Y. (1990b), *Phys. Rev. B*,42,5289-93.

Pellicer-Porres, J. , Saitta, A. M. , Polian, A. , Itie, J. P. , & Hanfland, M. (2007), *Nat Mater*, 6, 698-702.

Perdew, J. P. & Zunger, A. (1981), *Physical Review B*, 23, 5048.

Perkins, C. L. , Trenary, M. , & Tanaka, T. (1996), *Phys. Rev. Lett.*, 77, 4772.

Ren, S. − Y. & Ching, W. Y. (1981), *Phys. Rev. B Condens. Matter*, 23, 5454-63.

Ruan, Y. C. & Ching, W. Y. (1986), *J. Appl. Phys.*, 60, 4035-38.

Ruan, Y. C. & Ching, W. Y. (1987), *J. Appl. Phys.*, 62, 2885-97.

Ruan, Y. C. , Wu, N. , Jiang, X. , & Ching, W. Y. (1988), *J. Appl. Phys.*, 64, 1271-73.

Rulis, P. , Ching, W. Y. , & Kohyama, M. (2004), *Acta Mater.*, 52, 3009-18.

Rulis, P. , Wang, L. , & Ching, W. Y. (2009), *Physica status solidi（RRL）—Rapid Research Letters*, 3, 133-35.

Sanz, J. M. , Soriano, L. , Prieto, P. , Tyuliev, G. , Morant, C. , & Elizalde, E. (1998), *Thin Solid Films*, 332, 209-14.

Schneider, H. & Komarneni, S. (2005), *Mullite*(Weinheim: Wiley-VCH).

Serghiou, G. , Miehe, G. , Tschauner, O. , Zerr, A. & Boehler, R. (1999), *The Journal of Chemical Physics*, 111, 4659-62.

Shemkunas, M. P. , Wolf, G. H. , Leinenweber, K. , & Petuskey, W. T. (2002), *Journal of the American Ceramic Society*, 85. 101-4.

Shepherd, E. S. & Rankin, G. S. (1909), *Am J Sci*, s4-28, 293-333.

Slack, G. A. , Hejna, C. I. , Garbauskas, M. F. , & Kasper, J. S. (1988), *Journal of Solid State Chemistry*, 76, 52-63.

Soignard, E. , Mcmillan, P F. , & Leinenweber, K. (2004), *Chemistry of Materials*, 16, 5344-49.

Sterne, P. A. & Inkson, J. C. (1984), *Journal of Physics C: Solid State Physics*, 17, 1497.

Van Setten, M. J. , Uijttewaal, M. A. , De Wijs, G. A. , & De Groot, R. A. (2007), *Journal of the American Chemical Society*, 129, 2458-65.

Vlasse, M. , Naslain, R. , Kasper, J. S. , & Ploog, K. (1979), *Journal of Solid State Chemistry*, 28, 289-301.

Wang, L. Y. (2010), *Electronic Structure of Elemental Boron*. MS Thesis, University of Missouri—Kansas City.

Wefer, K. & Misra, C. (1987), Oxides and Hydroxides of Aluminium. ALCOA technical paper No. 19(revised), Alcoa Laboratory, Pittsburgh, USA.

Xu, Y. N. & Ching, W. Y. (1988), *Physical B*, 150, 32-6.

Xu, Y. N. & Ching, W. Y. (1990), *Phys. Rev. B*, 41, 5471-4.

Xu, Y. N. , Ching, W. Y. & French, R. H. (1990), *Ferroelectrics*, 111, 23-32.

Xu, Y. N. & Ching, W. Y. (1991a), *Phys. Rev. B*, 43, 4461.

Xu, Y. N. & Ching, W. Y. (1991b), *Phys. Rev. B*, 44, 7787-98.

Xu, Y. N. & Ching, W. Y. (1993), *Phys. Rev. B*, 48, 4335-51.

Xu, Y. N. , Ching, W. Y. , & French, R. H. (1993), *Phys. Rev. B*, 48, 17695-702.

Xu, Y. N. , Jiang, H. , Zhong, X. − F. , & Ching. W. Y. (1994), *Ferroelectrics*, 153, 787-92.

Xu,Y.N.& Ching,W. Y. (1995),*Phys. Rev. B*,51,17379-89.

Xu,Y.N. ,GU,Z. - Q. ,& Ching,W. Y. (1997),*Phys. Rev. B*,56,14993-5000.

Xu,Y.N.& Ching,W. Y. (1999),*Phys. Rev. B*,59,10530-35.

Xu,Y.N.& Ching,W. Y. (2000),*Philos. Mag. B*,80,1141-51.

Xu,Y.N. ,Ching,W. Y. ,& Brickeen,B. K. (2000),*Phys. Rev. B*,61,1817-24.

Xu,Y.N. ,Ching,W. Y. ,& Chiang,Y. - M. (2004a),*J. Appl. Phys.* ,95,6583-85.

Xu,Y.N. , Chung, S. - Y. , Bloking, J. T. , Chiang, Y. - M. ,& Ching, W. Y. (2004b),
Electrochem. Solid-State Lett. ,7,A131-4.

Xu,Y.N. ,Rulis,P. ,& Ching,W. Y. (2005),*Phys. Rev. B*,72,113101/1-113101/4.

Yao,H.& Ching,W. Y. (1994),*Phys. Rev. B*,50,11231-34.

Zandiehnadem,F. ,Murray,R. A. ,& Ching,W. Y. (1988),*Physical B*,150,19-24.

Zandiehnadem,F. & Ching,W. Y. (1990),*Phys. Rev. B*,41,12162-79.

Zerr,A. ,Miehe,G. ,Serghiou,G. ,et al. (1999),*Nature*,400,340-42.

Zerr,A. , Riedel, R. , Sekine, T. , Lowther, J. E. , Ching, W. Y. ,& Tanaka, I. (2006),
Advanced Materials,18,2933-48.

Zeuner,M. , Pagano, S. , Hug, S. , Pust, P. , Schmiechen, S. , Scheu, C. ,& Schnick, W.
(2010),*European Journal of Inorganic Chemistry*,2010,4945-51.

Zhong,X. - F. ,Jiang,H. ,& Ching,W. Y. (1994),*Ferroelectrics*,153,799-804.

第6章 在晶态金属和合金材料中的应用

相对于 OLCAO 方法在半导体和绝缘体体系中的广泛应用，OLCAO 在金属体系的应用范围要窄很多。但是关于金属体系的应用，我们单独用一章来介绍还是非常必要的。因为金属体系包括一些复杂的金属体系，而 OLCAO 方法的一个重要宗旨就是处理这些复杂金属体系。实际上，OLCAO 方法是第一种能够处理复杂金属永久磁铁 $Nd_2Fe_{14}B$ 的方法，而这种方法在 20 世纪 80 年代中期或更早以前就已经很成熟了。在这一章中，我们主要讨论 OLCAO 方法在金属和合金方面的应用，而其中我们最关心的无疑是这些材料的磁性。绝大多数这种金属和合金化合物都包含 Fe 元素，因为铁是自然界普遍存在的最重要的过渡金属之一。而在这一章内容的组织上面，由于存在不同材料分类的交叉，我们只能给出一种选择。例如钇铁石榴石（YIG）是一种铁的复杂氧化物，在这一章中有所介绍，$LiFePO_4$ 在第 5 章的磷酸盐小节中有所讨论，而 TiN 和 ZrN 是在第 5 章的二氮化物小节中介绍。另外，这一章也介绍具有高转变温度（T_c）的超导体，这种超导体都是金属氧化物。尽管 OLCAO 关于这种晶体的计算是自旋非极化的。OLCAO 方法对于氧化物超导体研究的一个早期贡献是及时地尝试理解其电子结构以及电子结构对这些刚刚发现的新型超导电性的影响。OLCAO 方法的另外一个应用是对于金属玻璃体，金属玻璃体在第 8 章非晶态固体这一节中有所介绍。最重要且容易的一种分类方法是将金属材料分为金属单质，简单的合金，永久磁铁，高温超导金属，以及复杂金属和合金。

6.1 金属单质和合金

6.1.1 金属单质

LCAO 方法发展的早期阶段主要是应用于简单的碱金属例如 Li、Na、K（Ching and Callaway，1973；Ching and Lin，1975；Lafon and Lin，1966），后

来才发展为现在的 OLCAO 方法。这些计算主要采用单高斯轨道线性组合的方法,在电子结构和用于计算光吸收和康普顿轮廓的波函数上显示出高精度。相似的 LCAO 计算方法也可以应用于过渡金属自旋极化的计算,进而研究其磁性问题(Rath et al., 1973;Singh et al., 1975;Wang and Callaway,1974)。虽然 OLCAO 方法没有直接应用于这些早期磁性金属的工作,但这些工作使用了与 OLCAO 方法密切相关的一些方法计算。因此,实际上这些工作也影响了之后 OLCAO 方法的发展。当前版本中自旋极化 OLCAO 方法采用共线近似的方法处理磁性问题,其中 z 方向和 $-z$ 方向分别表示自旋向上和自旋向下的方向。

OLCAO 方法发展中的一个重要突破就是能处理包含有 f 电子轨道相互作用的特定的金属体系(Li et al.,1985)。这极大地扩展了 OLCAO 方法在大量含有稀土元素的晶体体系中的应用,其中一个原因是这些稀土元素包含许多芯能级。但是这种扩展并不完全起到积极的作用,它会导致第 3 章提到的 GTOs 的多中心积分公式的推导更加艰难。1985 年 Li 等人完成的关于 γ-Ce 的测试工作(Li et al., 1985)能够与 APW 方法计算的结果(Pickett, 1981)很好地吻合。Ce 原子基态的电子组态是【Xe】$6s^2 4f^2 5d^0 6p^0$,因此在计算中价带和未占据态的基组应包含 6s、7s、6p、5d 和 4f 轨道。在进行原子芯轨道的正交化之后,久期方程的维度只有 17,包括 1 个 6s 和 1 个 7s 轨道,3 个 6p 轨道,5 个 5d 轨道,7 个 4f 轨道,显示 OLCAO 方法使用了一种非常经济的基组展开方法。

自旋极化的 OLCAO 方法已经应用于很多的金属单质,如 Fe、Co、Ni、Y 和 Nd 的计算中,并进行过不同精度的计算。关于这些金属单质的计算内容,我们将连同其相对应的不同化合物的计算内容一起介绍,不再单独进行说明。

6.1.2 Fe 的硼化物

用自旋极化自洽 OLCAO 方法研究了晶体结构相对简单的三种金属间离子化合物(FeB、Fe_2B 和 Fe_3B)的电子结构和磁性。FeB 单胞属于正交晶系,空间群是 $Pnma$。Fe_2B 的单胞属于体心四方晶系,空间群是 $I4/mcm$。而 Fe_3B 也属于正交晶系,空间群是 $Pbnm$。我们对比了这三种化合物和体心立方的 Fe 的磁性和电子结构,发现随着 Fe 含量的增加,化合物的性质趋向相同。这三种晶体有不同的 Fe-Fe、Fe-B 和 B-B 原子间距离。图 6.1 给出了这四种铁磁晶体计算的自旋态密度图。从图中我们可以看出,除了体心立方(b.c.c.)的 Fe 之外,其他三种晶体费米能级处的自旋向下的态密度要大于自旋向上的态密度。FeB、Fe_2B、Fe_3B 和 b.c.c. Fe 在费米能级处总态密度是 7.65、7.46、13.3、1.22 states/(eV cell)。可以看出,在费米能级处 FeB 和 Fe_2B 总态密度的值是相近的,但是只有 Fe_3B 的一半左右,却远远大于 b.c.c. Fe 的总态密度。FeB、Fe_2B、

Fe$_3$B 每个铁原子的自旋磁矩是 1.26 μB、1.95 μB 和 1.96 μB，都小于 b.c.c.Fe 的磁矩 2.15 μB。上述计算得到的磁矩值能够很好地与实验值吻合。根据以上结论，我们进而对无定形的 Fe$_{1-x}$B$_x$ 薄膜 Fe 的平均磁矩的变化趋势进行比较，发现也是相符的。无定形薄膜的值只是稍微低于硼含量不同的合金。

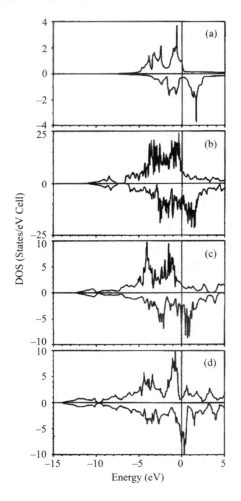

图 6.1　自旋 DOS (a) fcc Fe；(b)Fe$_3$B；(c) Fe$_2$B；
(d)FeB。大于(小于)0 是自旋向上(自旋向下)

6.1.3　Fe 的氮化物

铁的氮化物相图非常复杂(Jack,1948)，而其中绝大多数的相都是富铁化合物并且铁磁有序。1995 年 Huang 和 Ching 用 OLCAO 中的局域自旋密度的方法对 α''-Fe$_{16}$N$_2$ 晶体进行理论研究(Huang and Ching,1995)。α''-Fe$_{16}$N$_2$ 的单胞是体心四方(所属空间群 $I4/mmm$),其中 Fe 元素有三种不同的位置:Fe-I(4e),Fe-II(8h),Fe-III(4d)。这三种不同的位置对应不同的 Fe-Fe 与 Fe-N 原子间距离(Jack,1951)。N 原子位于由 4 个在 x-y 面的 Fe-II 原子和两个在 x-y 平面上面和下面的 Fe-I 原子组成的八面体的中心。这种晶体因在 20 世纪 90 年代早期被报道有巨磁矩而受到重要关注,但这种说法并未得到证实。多种理论计算方法包括 OLCAO 方法都对这种晶体进行了计算,并得到一致的结论:α''-$Fe_{16}N_2$ 晶体没有巨磁矩。OLCAO 方法的计算表明 Fe 的局域磁矩与近期的实验结果相一致,N 原子与相邻的 Fe 原子形成的部分共价键会导致 N 原子产生负极化。

自然界中存在尖晶石氮化物如 c-Si_3N_4,在这种氮化物中 Si 原子能够与 N 原子形成八面体。受到这种氮化物的启示,Ching 和 Xu 在 2002 年探索是否存在尖晶石型的 c-Fe_3N_4,它的电子结构和磁性又是什么样的(Ching et al.,2002;Xu et al.,2002),得出了非常有趣的结果。计算指出 c-Fe_3N_4 是铁磁金属(至少是亚稳态),每个化学分子式单位有 3.26 μ_B 的磁矩。计算也指出了 c-Fe_3N_4 有很大的体模量 304 GPa,这是由于 Fe 和 N 之间形成很强的共价键。八面体位的 Fe 原子有 2.28 μ_B 的局域磁矩,但是四面体位的铁原子只有 0.42 μ_B 的局域磁矩。表 6.1 总结对比了 c-Fe_3N_4 和闪锌矿结构的二元 FeN 的计算结果。与 c-Fe_3N_4 不同的是,FeN 是反铁磁性的并且有一个较低的体模量。计算指出 N 对于 Fe 的配位数极大影响了 Fe 的氮化物的电子结构和磁性。遗憾的是到目前为止,尖晶石型 c-Fe_3N_4 的存在还未从实验上得到证实。

表 6.1 对比各种 FeN 和 c-Fe_3N_4 的结构和性质。圆括号内的数字是给出键的数目

晶体	FeN	c-Fe_3N_4
空间群	F-$43m$(No.216)	Fd-$3m$(No.227)
晶格常数(Å)	$a = 4.307$	$a = 7.896, u = 0.379$
Fe-N 键长(Å)	1.865(4)	FeI:1.774(4)
		FeII:1.937(6)
Fe-Fe 键长(Å)	3.046	FeI-FeII:3.273(4)
		FeII-FeI:3.273(2)
		FeII-FeII:2.791(3)
总磁矩(μ_B/F.u.)	0	3.26
Fe 磁矩(μ_B/Fe)	$+0.028$(FeI),-0.028(FeII)	0.42(FeI),2.28(FeII)
N 磁矩(μ_B/N)	0	-0.43
体模量(GPa)	144.2	303.7
B'	4.04	4.28
$PN(E_F)$[states/(eV atom)]	0.65	0.88

第 5 章中讨论了运用简单的自旋极化方法研究 Li_3FeN_2 和 $LiFePO_4$ 晶体的结果。Li_3FeN_2 被认为能够增加可充电锂电池的可逆容量。OLCAO 方法局域自旋密度近似计算表明(Ching et al.，2003b)化学计量比 Li_3FeN_2 近似是一个半金属,有很高的自旋极化率,可以达到 67%。Fe 的原子磁矩计算值为 $1.5\,\mu_B$,稍微低于实验上报道的 $1.7\,\mu_B$。Li 和 N 都有少量的自旋极化,Li 上的磁矩为 $-0.27\,\mu_B$,其磁矩方向与 Fe 的磁矩方向相反。电荷和自旋密度图反映出不仅仅 Fe 和 N 在四面体单元内有很强的成键,而且 Li 和 Fe 之间也有很强的相互作用,这是没有预料到的。可以预计,在 Fe 和 N 的三元化合物的庞大家族中,各个体系晶体场和 Fe-Fe 间的相互作用会有稍微的不同,可能会存在半金属。

6.1.4　钇铁石榴石

钇铁石榴石($Y_3Fe_5O_{12}$ 或 YIG)是一种具有复杂石榴石结构的重要铁磁氧化物。在微波通信、非易失性存储技术、磁光等很多现代技术领域,YIG 都有很重要的应用。YAG 和其他激光基质材料是宽带隙的绝缘体,与之不同的是,YIG 有一个较小的带隙,并因 Fe 原子的 3d 电子的原子内相关作用有更为复杂的电子结构。Fe 离子在 YIG 晶体中存在两种磁晶格,一种是在八面体位 16(a),另一种是在四面体位 24(d),在这两种子晶格中,Fe 都是铁磁有序排列的,并且有非等量相反方向的自旋磁矩。尽管 YIG 有广泛的应用而且有着有趣的基础物理性质,但是其电子结构在理论上一直没有得到较为清晰的研究。

2000 年 Xu 等用 OLCAO 方法的自旋局域密度近似研究了 YIG 的电子结构和铁磁性质(Xu et al.，2000)。与 YAG 类似的是,Fe 的 3d 能带位于宽能隙中间。计算得出 Fe 原子的磁矩在八面体位和四面体位分别为 $-0.62\,\mu_B$ 和 $+1.56\,\mu_B$,由此验证 YIG 晶体是铁磁有序的。究其原因,不同晶体场作用于两种铁的子晶格导致由 Fe 的 e_{2g} 和 t_{2g} 能级贡献的自旋向下和自旋向上能带的分布不同。

虽然上述关于 YIG 的 LSDA 计算提出了合理的结论来解释其铁磁有序,但是计算得到的电子结构结果却认为 YIG 是一个金属,铁的 3d 能带穿过费米能级,而这与实验结果是相矛盾的。实验上观察到 YIG 是一个绝缘体,光学吸收的光子能量约 3 eV。出现这种差异的主要原因是 LSDA 的计算忽略了 3d 电子间的关联作用。为了解释这一效应,采用 LSDA + U 的方法(Ching et al.，2001),按照文献(Anisimov et al.,1991)提出的计算方案,对 YIG 进行了重新计算。

表 6.2　$Y_3Fe_5O_{12}$(YIG)的磁矩结果(单位是 μ_B)

	LSDA	LSDA + U
Fe(16a)	− 0.616	− 3.266
Fe(24d)	+ 1.560	+ 3.939
Y(24c)	+ 0.016	− 0.316
O(96h)	+ 0.063	+ 0.106
总磁矩/unit cell	17.01	5.07
Fe 磁矩/F.U.	3.45	5.28
实验值	4.25~5.0	7.9

在这种方法中,在处理 Fe 的 3d 电子时,哈密顿量中的势能项由常规的 LSDA 势和取决于轨道的在位势(on-site potential)组成。

$$V_{im\sigma} = V^{LDA} + U\sum_{m'}(n_{im'\sigma} - n^0) + (U - J)\sum_{m'\neq m}(n_{im'\sigma} - n^0) \quad (6.1)$$

式(6.1)中库仑排斥参数 U(Hubbard U)和交换参数 J 是可调节的参数,而在这里取 $U = 3.5\,eV$ 和 $J = 0.8\,eV$,m、m' 标明 Fe 的 3d 轨道,而 i、σ 标明原子和自旋,$(n_{im'\sigma} - n^0)$ 是第 i 个原子第 m' 个轨道的电子数与平均值 n^0 的差值(Fe 原子 $n^0 = 6/10$)。表 6.2 显示出修正后的计算相对于之前的 LSDA 有很大的改进。不仅能带有一个 2.88 eV 的能隙,而且计算出来的 Fe 原子的局域磁矩与实验结果更为吻合。基于电子结构的 LSDA + U 计算得到 YIG 的光学吸收谱亦能够很好地与实验结果吻合。计算结果说明对于含 3d 电子的过渡金属氧化物,考虑原子内相关作用是非常重要的。而对于有局域 4f 电子的高相关重元素体系来说,这种相关作用更为重要。

6.2　永久磁铁

磁性材料在现代工业的很多部门尤其是与能源和动力相关的部门有着举足轻重的作用。在 20 世纪 80 年代早到中期,一个振奋人心的发现是三元化合物 $R_2Fe_{14}B$,其中 R 是稀土元素(R 最常用的是钕)。这种化合物有异常的磁性,比如很高的矫顽力和大磁能积。这种材料的磁能积理论计算的极限是 107 MGOe,远远高于以 $SmCo_5$ 和 Sm_2Co_{17} 为基础的传统永磁材料。另外,Fe 相对于 Co 来说更为廉价。四分之一个世纪过去了,$Nd_2Fe_{14}B$ 现在已经产生了全球性的经济影响,尤其是在汽车产业和核磁共振医疗系统。因此研究 $Nd_2Fe_{14}B$ 及其相关化合物的结构和电子结构有助于从根本上理解其突出的性质从而变得尤为重要。在这一节中,作为 OLCAO 方法发展的一个方向,我们描述了 OLCAO 方法在永磁铁体系研究中的应用以及它在研究一些有技术前景的复杂材料体系中的潜力。

6.2.1　$R_2Fe_{14}B$ 晶体

$Nd_2Fe_{14}B$ 永磁体发现之后,Herbst 等就用中子散射的方法探测了其晶体结构(Herbst et al.,1984)(见图 6.2)。它是一个三方晶系的单胞,包含 68 个原子(空间群 $P4_2/mnm$),有两个 Nd 位(标记为 f 和 g),六个 Fe 位(标记为 c,e,j_1,j_2,k_1 和 k_2),唯一的 B 占据三棱柱的中心位置。晶体结构可以看作 Nd,B,Fe(c)原子在 $z=0$,$z=0.5$ 的平面形成两个原子层,其他 Fe 原子在这两层之间形成六角密排结构。其他的 $R_2Fe_{14}B$ 晶体结构也都是类似的。由于晶体结构的复杂性,人们对 $R_2Fe_{14}B$ 体系细致的电子结构计算总是望而却步。

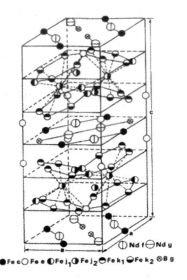

$Y_2Fe_{14}B$ 和 $Nb_2Fe_{14}B$ 晶体结构确定后不久,OLCAO 方法就被用来计算其电子结构(Ching and Gu,1987;Gu and Ching,1986;Gu and Ching,1987a)。首先计算的

图 6.2　$Nd_2Fe_{14}B$ 的晶体结构

是 $Y_2Fe_{14}B$ 的电子结构,主要原因是 Y 没有 f 电子,计算起来较容易。计算时运用自旋极化模式、最小基组和原子电荷密度叠加模型,其中原子势是通过计算金属单质构造的。在那个时候自洽 OLCAO 的计算还尚未成熟,在 1986 年 Ching 和 Huang 于是采用了基于各个原子马利肯电荷的简单轨道电荷自洽方案(Ching and Huang,1986)。这种方法继而应用于 $Nd_2Fe_{14}B$ 的计算,不同之处在于基组中包含 Nd 的 4f 电子态(Ching and Gu,1987)。众所周知,稀土金属的 4f 电子是高度局域的,因此采用流动(itinerant)电子近似处理高度相关的 4f 电子是不可行的。为了避免这类问题,对于 Nd 离子假定保持 Nd^{3+} 的电子组态,完全失去三个 4f 电子。费米能级是由总的 DOS 减去 4f 电子的部分(或者冻结 f 电子),然后对不包括 4f 电子的总的电子数进行积分来决定的。相似的方法也用于计算 $Y_2Co_{14}B$,$Nb_2Co_{14}B$,Co 取代的 $Y_2Fe_{14}B$(Gu and Ching,1987a;Gu and Ching,1987b)和 $Gd_2Fe_{14}B$(Ching and Gu,1988)的电子结构和磁性。计算得到马利肯有效电荷,格位分解的(site decomposed)自旋磁矩,自旋分解的分态密度,和两种自旋的费米能级处态密度,并对这些结果进行了对

比。为了探究原子间成键和自旋相互作用,计算给出了底面和[110]面的电荷密度图和自旋密度图。尽管早期的计算基于很多假设,并未达到现在的精度标准,但还是能够给出几个重要的结论。计算得到的总磁矩和格位分解的磁矩与中子散射的数据能够合理地吻合。不同晶体的每个位置的相对磁矩大小是不同的,稍微异于实验值。从电荷密度图可知 B 原子在三棱柱中形成多中心键,这很有可能稳定了整个晶体结构。而自旋密度则说明平行于 c 轴有一个网络状的结构。这些晶体的格位分解和自旋分解的分态密度有着明显的不同,也有很大的相似之处,能够反映出局域原子结构的变化。图 6.3 是 $Y_2Fe_{14}B$ 和 $Nd_2Fe_{14}B$ 六个不同位置 Fe 原子 PDOS 的对比图。

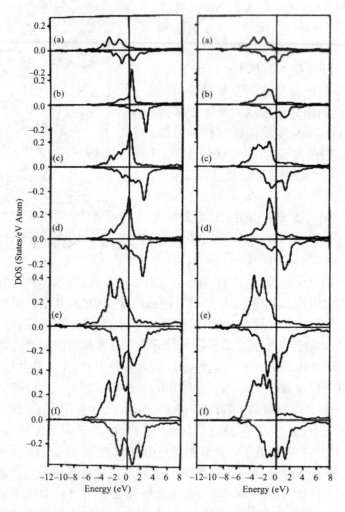

图 6.3 $Y_2Fe_{14}B$(左边)和 $Nd_2Fe_{14}B$(右边)不同位置 Fe 的 PDOS:
(a)$4e$, (b)c, (c)j_1, (d)$8j_2$, (e)$16k_1$, (f)$16k_2$

6.2.2　$Nd_2Fe_{14}B$ 晶体

上述关于 $R_2Fe_{14}B$ 晶体的电子结构和磁性计算为进一步研究材料性质,特别是永磁铁应用相关方面的性质打下了坚实的基础。第一个这样的研究也包括开发了一种新型的基于能带结构计算晶体场参数(CFPs)的方法。CFPs 是非常重要的,尤其是在解释与固体中局域电子相关的许多实验结果时。给定位置的晶体电场表达式为

$$V(r,\theta,\phi) = B_{20}O_{20} + B_{22}O_{22} + B_{40}O_{40} + \cdots + B_{66}O_{66} \qquad (6.2)$$

在这里 B_{20}, B_{22}, B_{40}, $\cdots$, B_{66} 是 CFPs,而 O_{nm} 是对应的与周围电荷和原子坐标相关的 Stevens 算符。传统上计算固体中 CFPs 是基于一种"点电荷模型"(PCM),这种模型有些过于简单。PCM 计算得到的 CFPs 结果与测量值一般有数量级上的差别,有时甚至连正负号都是错的。一些补救措施,即所谓的"屏蔽因子",被用来考虑共价键的效应,但这种特殊的处理方法实际上并没有得到更好的结果。通常来说,CFPs 的数值是通过拟合得到,以便与一些选择的实验结果相吻合,但在微观层次却没有对其机理进行解释。Zhong 和 Ching 发展了一种新的方法计算 CFPs。这种方法运用电子结构的结果计算 $Nd_2Fe_{14}B$ 硬磁铁在 Nd 位的 CFPs(Zhong and Ching,1988;Zhong and Ching,1989b)。在这种方法中运用能带结构计算的 Bloch 函数得到实空间电荷分布,数值上估计 CFPs 表达式中不同部分的贡献。尽管二阶参数 B_{20}, B_{22} 是最重要的,CFPs 中高至六阶的参数都可以得到。计算得到 Nd(f)和 Nb(g)的 B_{20} 值为 -3.77 K 和 -2.85 K,与实验上由磁化强度和穆斯堡尔测量值推断出的实验值能够很好地吻合。而由点电荷模型计算的 CFPs 值却大了约十倍。四阶和六阶晶体场参数也计算了,远远小于二阶参数。

关于永磁材料的另外一个很重要的参数就是稀土位的磁各向异性能。磁化过程中的各向异性能是由于晶体场和交换场的共同作用产生的,有一个基本的磁哈密顿量 $H_m = H_{CF} + H_{ex}$。在计算 $Nd_2Fe_{14}B$ 的各向异性能时,哈密顿量中的 H_{CF} 部分可以通过上述 Nd 位的 CFPs 计算得到。而 H_{ex} 部分却要复杂很多。Stoner 近似(Stoner,1938)被用来从刚性带近似下自旋极化的 DOS 得到 Stoner 参数。连同在 Nd(f)和 Nd(g)位计算得到的局域磁矩,可以估计在这两个位置的分子场强度 H_m 分别为 216.9 K 和 214.8 K。磁哈密顿量在 Nd^{3+} 离子的基态多重态 $4I_{9/2}$ 中正交化,这个基态包含十重态的波函数。H_{CF} 中 Stevens 算符的矩阵元在这个基组上是很容易计算的,因为它们是以总角动量 J 的形式表达出来的。$Nd_2Fe_{14}B$ 晶体的稳定化能是根据在平行或垂直于晶体四次对称轴的 H_{ex} 场中的 10×10 哈密顿量的基态能量差来计算的(Zhong and Ching,1989a)。稳定化能在 0 K 时是与磁各向异性系数 K_1, K_2 密切相关的:$E_A(0) =$

$K_1 \sin^2\theta + K_2 \sin^4\theta$，其中 θ 是磁化方向与 c 轴的夹角。计算的在 Nd(f)，Nd(g)位的 K_1 值分别为 18.1×10^7 erg/cm^3，16.4×10^7 erg/cm^3，与实验值能很好地吻合。事实证明 H_{ex} 在磁哈密顿量中比 H_{CF} 重要很多，大概是 5.8 倍的关系。因此，交换场对 Nd$_2$Fe$_{14}$B 磁各向异性的决定性作用要比晶体场强很多，而这与 Nd$_2$Fe$_{14}$B 自旋密度图所显示的平行于 c 轴的一个网络状结构是相自洽的。尽管这里由于采用 Stoner 模型，所计算的磁各向异性是在 0 K 下，但这个工作却是一个将基本的电子结构与 Nd$_2$Fe$_{14}$B 测量性质联系起来的很好的例子。

上一节中在计算 Nd$_2$Fe$_{14}$B 磁性时提到尽管计算的总的自旋磁矩与实验值吻合得很好，但是格位分解的 Fe 磁矩却符合得不好。一个可能的原因就是计算时忽略了 Fe 位的轨道磁矩的贡献。随后的计算扩展到将局域轨道磁矩加入进来，这是通过在哈密顿量中加入自旋轨道相互作用项来实现的(Zhong and Ching, 1990)。Nd$_2$Fe$_{14}$B 的磁各向异性不能单纯由局域自旋磁矩来解释，因为局域自旋磁矩在没有外加磁场的情况下没有任何的空间方向性。磁各向异性是通过自旋轨道相互作用和方向依赖的轨道角动量实现的，因而局域自旋磁矩对磁各向异性有一定的影响。简单来说就是应用了 Nd 和 Fe 原子本身的 p 和 d 轨道的自旋轨道耦合常数。这个计算步骤在第 4.5 节中有简要的描述。轨道磁矩是计算轨道角动量算符 l 的 z 分量在 Bloch 函数中的期待值得到的，而 l 是离子的角动量算符。由复矩阵方程正交化得到的 Bloch 函数必须在覆盖整个布里渊区的 $\bar{k}$ 点进行求解，而不仅仅在不可约布里渊区部分。这是因为矩阵元在波矢群的转换下并不像在求能量本征值时那样是不变的。之前的研究表明在计算中可以通过增加 $\bar{k}$ 点提高计算得到的自旋角动量的精度。同时也计算了每个铁位的磁矩总和(见表 6.3)。总的轨道磁矩(p 和 d 轨道和)远远小于自旋磁矩，但它们却并不是可以忽略的，而且在同一对称性下的不同位置之间有相当大的波动。计算得到的每个 Fe 位的总磁矩(自旋磁矩和轨道磁矩之和)与实验值能够更好地吻合。特别是 j_2 位上的磁矩计算有很大的改善，而且正确预测了 j_2 位上的 Fe 拥有 Nd$_2$Fe$_{14}$B 所有 Fe 位上最大的磁矩。

表 6.3　自旋和轨道总的局域磁矩(单位是 μ_B)

Site	e	c	j_1	j_2	k_1	k_2
Spin	1.99	2.97	2.48	3.40	2.15	2.28
Spin	2.30	3.07	2.38	3.28	2.15	2.32
orb.	0.04	0.04	0.01	0.07	0.03	0.02
Total	2.34	3.11	2.39	3.35	2.18	2.34
Exp.	2.10	2.75	2.30	2.85	2.60	2.60
Exp.	1.12	2.23	2.71	3.51	2.41	2.41

基态电子结构的另一个应用是在单离子各向异性理论框架中基于磁哈密顿量计算 $Nd_2Fe_{14}B$ 的自旋重新取向温度 T_{sr}。磁哈密顿量 $H_m = H_{CF} + H_{ex}$ 之前已经提到。通过用布里渊函数取代分子场近似获得与温度有关的 H_{ex} (Callaway, 1991)，而 H_{CF} 在低温下被认为是与温度无关的。磁哈密顿量在 Nd 离子多重态的基态下进行正交化。用得到的本征态构建自由能 $F(T, \theta, \varphi)$ 的配分函数，F 中的 (θ, φ) 是指定 Nd 位的磁矩方向。θ 是磁矩与 c 轴的夹角，φ 是底平面内的角度。运用计算得到的晶体参数搜寻最低自由能的结果表明在 T_{sr} 约 140 K 时 Nd(f) 位的磁各向异性方向与 c 轴所成夹角约为 12°。这个结果与实验观察的结果在定性上是相符合的。实验的主要结果表明，在自旋重新取向温度低于 150 K 时最优的磁化方向与 c 轴成 25° 到 35° 夹角。造成这种结果的物理起因是随着温度的变化，CF 与 Nd 离子分子场之间至关重要的交互作用。$Nd_2Fe_{14}B$ 体系自由能面上的一阶磁过程和磁相转变以及整体性质计算在参考文献中有更深入的介绍（Zhong and Ching, 1993）。

6.2.3　R_2Fe_{17} 和其他相关相结构

具有很好应用价值的高性能永久磁铁所具备的三个重要特征量是饱和磁矩，在晶体中与各向异性相关的矫顽力，以及居里温度 T_c。$Nd_2Fe_{14}B$ 满足前两个条件，但是它的居里温度却相当低。这也是为什么在 $Nd_2Fe_{14}B$ 中通过 Co 取代来提高居里温度的原因。在这一方面，二元的稀土离子化合物 R_2Fe_{17}（2-17 相）再一次引起了人们的兴趣，因为在 R_2Fe_{17} 间隙掺杂 N 或 C，或者用 Al、Ga 或 Si 部分取代 Fe 引起的晶格扩张会导致居里温度明显提高。这就是所谓的磁体积效应。很多工作用 OLCAO 方法研究掺杂晶体 $Nd_2Fe_{17}N$（Gu et al.，1992；Gu et al.，1993）、$Y_2Fe_{17}N_3$、$Y_2Fe_{17}B_3$（Ching et al.，1994），和取代晶体 $Nd_2Fe_{17-x}M_x$，（M = Al，Si，Ga）（Huang and Ching，1994；Huang and Ching，1996；Huang et al.，1997）的电子结构和磁矩。结论是体积的增加会导致 Fe-Fe 分离，却并不会增加 Fe 磁矩从而提高居里温度。例如在基于 $Nd_2Fe_{17-x}Si_x$ 超胞的计算中（Huang et al.，1997），用不同量的 Si 取代 Fe，Fe 的平均磁矩在 $x = 3$ 就达到饱和。这个结果与实验上 T_c 对 x 的依赖性相当一致，但是实际上用 Si 取代 Fe 原子形成的掺杂晶体的体积是减小的，这与磁体积效应的概念是相矛盾的。显然这里需要一个更为精确的基于电子结构的理论。

1987 年 Mohn 和 Wohlfarth 提出一个计算居里温度的理论（Mohn and Wohlfarth，1987），这个理论对于处理铁磁金属非常有效，如 Fe、Co 和 Ni。T_c 是基于自旋涨落模型，通过求解包含 Stoner-Curier 温度 T_c^s 和特征温度 T_{sf} 的二次方程得到。

$$\frac{T_c^2}{T_c^s} + \frac{T_c}{T_{sc}} = 1 \tag{6.3}$$

运用 OLCAO 方法计算 8 个体系得到的交换劈裂能,费米能级处的自旋态密度以及晶体的平衡磁矩,根据方程(6.3)计算居里温度。实验上这 8 个体系的居里温度都是可以得到的。最终的结果见图 6.4。运用 Mohn 和 Wohlfarth 模型计算得到的 T_c 值定性地解释了 T_c 温度的提高,并说明了磁体积效应的解释是不充分的。显然,通过第一性原理确切地给出复杂金属间化合物 T_c 还是一个艰巨的任务,需要更为详细的理论支持。

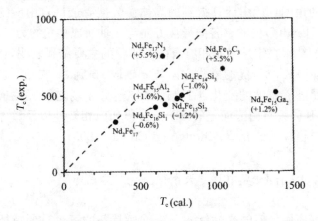

图 6.4 计算和测量的基于 Nd_2Fe_{17} 化合物的 T_c。实验上的 T_c 有很多不确定性(细节可见原始参考文献)

OLCAO 方法也被用于研究具有更为复杂结构的 Nd-Fe 晶体,如 Nd_3Fe_{29}、$Nd_3Fe_{28}Ti$(Ching et al.,1997;Ching and Xu,2000),以及 N_5Fe_{17}(Gu et al.,2000)。这些化合物都有很低的对称性和多个不同的 Fe 位。六角 Nd_5 Fe_{17} 单胞(空间群 $P63/mcm$)包含 264 个原子,有 14 个不同的 Fe 位和 7 个不同的 Nd 位。研究目的是想知道每个 Fe 位计算得到的磁矩是否与 Fe-Fe 键的数目或平均的 Fe-Fe 键长存在统计相关性。分析表明,尽管计算得到的总磁矩与实验测得值是相符的,但却与 Fe-Fe 的距离或者 Fe-Fe 最近邻数目没有明显的相关性。

6.3 高 T_c 超导体

6.3.1 YBCO 超导体

20 世纪 80 年代中期发现了高温超导氧化物,$La_{2-x}Ba_xCuO_4$。据报道,其超导温度高于 30 K(Bednorz and Müller,1986),这个发现对凝聚态物理以及材料科学产生革命性的影响。在短短的一年时间里，就有报道发现超导体 $YBa_2Cu_3O_{7-\delta}$（YBCO 或 Y123）化合物的 T_c 是 92 K（Wu et al.，1987），超过氮气的沸点。这个发现为实现真正的室温超导体带来了希望，而室温超导体的实现将对我们未来的技术和社会的每一个角落带来无法估计的影响。YBCO 化合物是一种钙钛矿结构，层状的 CuO_2 和 CuO_4 由层间的 Ba 和 Y 分开（见图 6.5）。具有化学计量比的 $YBa_2Cu_3O_7$ 属于正交晶系，单胞中有 13 个原子（空间群是 *Pmmm*）（Beno et al.，1987）。有两个不同的 Cu 位 Cu(1) 和 Cu(2)，四个 O 位 O(1)、O(2)、O(3) 和 O(4)，一个 Ba 位和一个 Y 位。Cu(2)、O(2) 和 O(3) 形成了一个弯曲的 Cu-O 平面，而 Cu(1) 和 O(1) 形成了 Cu-O 链。Cu(1) 和 Cu(2) 与 O(4) 在 z 轴方向相连接。

因为晶体的电子结构计算是一切性质的基础，因此立即有很多方法被用于计算 YBCO 的能带结构，包括 OLCAO 方法（自旋非极化计算）（Ching et al.，1987）。当然电子结构也有助于构想几

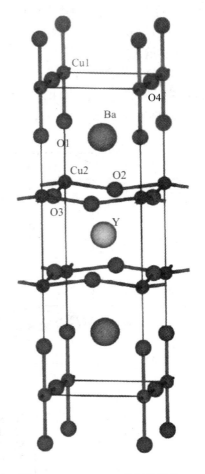

图 6.5　$YBa_2Cu_3O_7$ 的晶体结构

个高温超导的机理模型。图 6.6 是计算得到的 YBCO 晶体的能带和 DOS 图。最为有趣的部分是价带顶存在四个本征空穴，而价带与更高的导带在布里渊区的 S 点有一个类似于半导体的 1.54 eV 能隙。然而导带的最低点是在 Γ 点（间接带隙 1.06 eV）。费米能级在 DOS 图的急剧下降的位置，其态密度值 $N(E_F)$ =5 states/(eV　cell)。从能带结构上可以计算得到，在 S 和 Γ 点电子的有效质量分别是 $0.49\,m_e$ 和 $1.17\,m_e$，而在 S 点的空穴质量是 $-0.57\,m_e$。另外可以估计静介电常数 ε_0 是 12.9。计算的光电导率表明在平面内和 z 轴方向有非常大的磁各向异性，这是因为能带结构表现出二维特性（Zhao et al.，1987）。相关研究计算了 YBCO 的 DOS 在各种特定位置的轨道投影分量（Ching et al.，1991）。这个结果定量地描述了 YBCO 晶体中的不同 Cu_{3d}-O_{2p} 的成键信息。尤为重要的是 Cu-3d 空穴态（半导体状的带隙之间的本征空穴态）和费米能级附近的态主要来自于 Cu(2) 面内的 $3d_{x^2-y^2}$ 轨道和 Cu(1) 垂直方向的

$3d_{3z^2-r^2}$轨道。平面内的轨道与 O(2)和 O(3)的 p_x 和 p_y 轨道杂化,而垂直的轨道与 O(4)的 p_z 轨道有很强的相互作用。顶点上的 O 或 O(4)在费米能级处有很大的贡献。这些分析结果支持了顶点上的 O 在超导机理上起着至关重要的作用这一论点。密度泛函理论的标准能带理论计算给出的定量信息被用来解释许多不同的实验观察结果以及形成不同类型的氧化物高温超导理论(Kresin et al.,1993;Pickett,1989)。

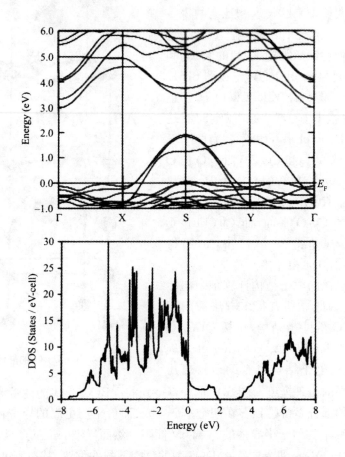

图 6.6　计算的 YBa$_2$Cu$_3$O$_7$ 的能带(上图)和 DOS(下图)

YBCO 晶体自旋非极化的 OLCAO 计算被扩展到其他 YBCO 基晶体材料,以探寻与各种实验观察相关的一些性质。这些材料包括 F 取代 YBCO(Xu et al.,1990),以及 Ga 和 Zn 取代的 YBCO(Xu et al.,1990)。在 F 取代的计算中,用一个、两个、三个 F 离子在多种不同的 O 位进行取代。F 上多余的一个电子提高了费米能级,消除了价带顶上的部分本征空穴。结论指出 O(1)位是最容易被 F 取代的位置,而 Cu-O 链上的 O(4)位次之。对于 Ga 和 Zn 的取代,不是链上 Cu(1)位就是平面内的 Cu(2)位被 Ga 或 Zn 取代。这个工作最初的驱动是实验上发现 Ga 取代和 Zn 取代的样品有着截然不同的超导性质。OLCAO计算表明 Ga 取代 Cu(1)位对电子结构影响最小。其他情况下,取代产生的电子间的相互作用变化会使得半导体的能隙之间或导带底部附近出现一些额外的峰。最近,为了与 O-K 边的 XANES 谱计算相比较,用超胞研究了具有各种不同位置的 O 空位的 YBCO 晶体的电子结构(Ching et al., unpublished)。

前面给出的 $YBa_2Cu_3O_{7-\delta}$ 电子结构结果有助于激子增强机制(EEM)的形成,从而解释了这种材料或相关材料的超导转变(Ching et al.,1987;Wong and Ching,1989b)。EEM 是基于双带模型和非对角长程有序带正电的激子准粒子(或激子状电荷云)概念。其结果是通过声子引起的耦合产生同步激子凝聚。尽管 EEM 理论能够定量地与一些普通相性质相符合,如霍尔效应、电阻率、热电势以及另外一些实验观测量(Wong and Ching,2004),但迄今为止 EEM 理论还未获得广泛的认可,这种情况同样存在于许多其他高温超导起源理论。值得注意的是,许多需要高 T_c 超导的应用已经出现在市场上,都使用 YBCO 和其他类似材料。

6.3.2　其他氧化物超导体

除了 YBCO 超导体,也发现了其他高 T_c 层状氧化物超导体,如 Bi-Ca-Sr-Cu-O、Tl-Ca-Ba-Cu-O 和 Hg-Ca-Ba-Cu-O(Maeda et al.,1988;Schinling et al.,1993;Sheng and Hermann,1988)。这表明稀土族元素并不是高 T_c 超导性所必需的元素。其中很多化合物有比 YBCO 更复杂的层状结构和更高的超导转变温度。据报道,$Bi_2CaSr_2Cu_2O_8$(Bi2122)、$Tl_2CaBa_2Cu_2O_8$(Tl2122)和 $Tl_2Ca_2Ba_2Cu_3O_{10}$(Tl2223)的超导转变温度分别是 85、110 和 125 K。有证据表明 T_c 随着晶体单胞的堆叠层数增加而升高,在一些情况下随着液体静压力的增加而升高。据报道有两层 CuO_2 层结构的 $HgBa_2CaCu_2O_{6+x}$ 的超导转变温度高达 133 K。

文献中用 OLCAO 方法计算了 Bi2021、Bi2122、Bi2223、Tl2021、Tl2122 和 Tl2223 晶体(Ching et al.,1989b;Ching et al.,1989a;Zhao and Ching,1989)以及 V 取代的 Bi2122(Fung et al.,1990)的能带结构、DOS 和光电导率。尽管计算电子结构的参数有所不同,但结果表明价带顶部的本征空穴和其上半导体状能隙的特征却依然存在。特别是在有本征空穴的价带之上 CB 极小值附近的能带结构与 YBCO 的相应能带截然不同。这表明不同的超导氧化物有一定的共性。Tl2122 和 Tl2223 晶体的能带结构如图 6.7 所示。

尽管 OLCAO 方法计算得到的 YBCO 晶体和其他高 T_c 的氧化物超导体的电子结构解释了许多不同实验的观察结果,但有一个实验结果值得特别注意。

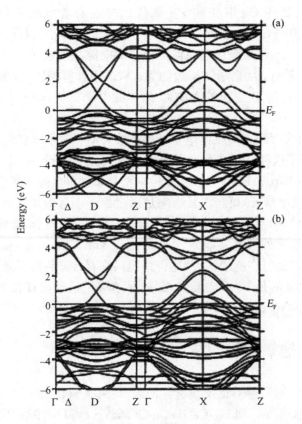

图 6.7　(a)$Tl_2CaBa_2Cu_2O_8$ 和(b)$Tl_2Ca_2Ba_2Cu_3O_{10}$ 的能带结构图

这就是正电子湮灭谱（PAS）。PAS 能够有效探测 T_c 温度附近局域电荷分布的改变。一系列不同类型高 T_c 超导体实验（Bharathi et al.，1990a；Bharathi et al.，1990b；Sundar et al.，1990；Sundar et al.，1991）发现 T_c 依赖于正电子的寿命（或者等价于正电子湮灭率 λ），而正电子的寿命根据其所在的区域是否与电子波函数有显著的重叠而有明显的区别。根据 Arponen 和 Pajanne（Arponen and Pajanne，1979）提出的方案，用 OLCAO 计算得到的格位分解的总电荷密度评估电子—正电子相关势。这个数据对于求解正电子波函数及其与电子波函数的重叠，进而计算正电子湮灭率是非常必要的。正电子在晶体多个平面内的密度分布计算值与湮灭率实验值的对比为超导机理的电荷转移模型提供了很多有用信息。

6.3.3　非氧化物超导体

OLCAO 方法也被用于计算其他超导体的电子结构。在这里我们给出过渡金属三元化合物中的一类传统 BCS 超导体的结果（Bardeep et al.，1957b；

Bardeen et al. ,1957a)。另外一些类型的超导体,如有机超导体、碱金属掺杂的 C_{60} 晶体,会在下一章关于 OLCAO 在复杂晶体中的应用部分进行介绍。

三元过渡金属化合物超导体的化学式为 TT′X(T、T′是 3d 或 4d 过渡金属, X 是 Si、Ge 或 P)。探测其晶体结构、电子结构和超导性质之间的关系是非常有趣的。同样原子组成的 TT′X 有两种结构类型,正交的(o-)anti-PbCl 型(空间群 $Pnma$)和六角的(h-)Fe$_2$P 型(空间群 $P6$-$m2$)。过去的研究表明 TT′X 六角结构 (T_c>10 K)比正交结构(T_c<5 K)有更高的 T_c。非常令人惊讶的是 Shirotani 等人的(Shirotani et al. ,2000)报道指出 o-MoRuP 的 T_c 是 15.5 K, 高于 h-ZrRuP(T_c = 13 K)。对于这些化合物竟没有做过重要的电子结构计算。用 OLCAO 方法计算了以下四种化合物的电子结构:o-MoRuP,h-MoRuP, o-ZrRuP,h-ZrRuP。o-MoRuP 的晶体结构是已经被精确确定过的,也经过 X 射线里德伯尔德(Rietveld)技术修正(Wong-Ng et al. , 2003)。但 h-MoRuP 是否真实存在还未得到证实,因而它的理论结构是通过第 3 章提到的能量最小值的方法(Ouyang and Ching, 2001)模拟得到的。图 6.8 是计算得到的 4 种晶体的能带结构。电子结构和体相力学性能参数的计算结果及对比见表 6.4。

根据计算的费米能级处 DOS 值 $N(E_F)$ 的变化趋势,可以预测假想的 h-MoRuP晶体的 T_c 温度可以高达 21.1 K。这个简单的预测试基于 McMillian 公式(McMillian,1968),T_c 与电声耦合常数有关,而电声耦合常数与 $N(E_F)$ 成正比关系。这个例子表明,通过系统的研究,精确的电子结构计算能够预言未知相的物理性质。

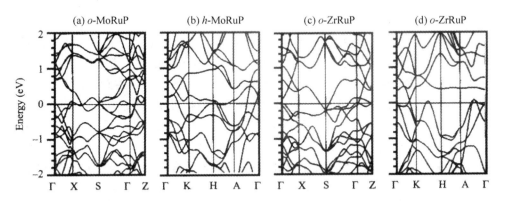

图 6.8　计算的(a) o-MoRuP, (b)h-MoRuP,(c) o-ZrRuP, (d)h-ZrRuP 的电子结构。费米能级设为零点能

表 6.4　o-MoRuP, h-MoRuP, o-ZrRuP, h-ZrRuP 的各种参数对比

Crystal	o-MoRuP	h-MoRuP	o-ZrRuP	h-ZrRuP
T_c(K)	15.5	>20(pred.)	3.8	13
Band width(eV)	6.9	7.2	6.3	6.7

续表

Crystal	o-MoRuP	h-MoRuP	o-ZrRuP	h-ZrRuP
$N(E_F)$	0.46	0.53	0.33	0.44
(state/eV/atom)				
B (GPa)	304.7	300.4	235.2	237.9
B'	4.03	4.06	3.84	2.95
TE (eV)/f.u.	-893.733	-893.547	-749.592	-749.598
Vol./f.u. (Å^3)	39.91	40.22	45.07	45.08
No.electrons/f.u.	19	19	17	17
Q^* (electrons)				
Mo/Zr	5.751	5.769	3.330	3.301
Ru	8.275	8.232	8.529	8.502
P	4.974	4.964	5.143	5.235
		5.072		5.119

6.4　在金属与合金方面的一些最新研究进展

金属合金先进材料在与能源相关的科学和技术上有重要应用。应用的例子包括蒸汽轮机,燃煤发电厂的锅炉,以及整个基于钢铁的工业所需材料。近来的趋势要求先进合金能够耐严酷高温、耐高压、耐腐蚀,以达到增加效率、减少成本、延长寿命、使大量的设备满足更高的排放标准等目的。在这一节中,我们介绍了 OLCAO 方法计算的两种金属合金电子结构的一些最近结果:Mo-Si-B 合金和 MAX 相化合物。这些新的结果还尚未发表。这些材料有望进一步改善其机械性能,从而扩展当前的性能极限。而对它们电子结构的基本理解是起点。

6.4.1　Mo-Si-B 合金

很多金属合金在能源相关的产业有很传统的应用,例如 Ni 基超合金在燃煤发电厂中的应用。但是很多合金已经达到性能应用的极限(Bewlay et al.,2003)。所以,需要新一代具有出色的物理性质及抗高温氧化性能的材料。可以理解的是,找到合适的材料需要权衡它在不同条件下的不同性质。同样重要的是需要考虑其商业应用成本。耐火金属（Nd、Mo、W 等）组成的合金由于它们的高熔点有可能满足这种严格的性能要求（Burk et al. , 2009；Kruzic et al. , 2005；Sakidja et al. , 2008）。特别是 Mo-Si-B 体系的一些结晶相（MoSi$_2$，Mo$_3$Si，Mo$_2$B，Mo$_5$Si$_3$ 和 Mo$_5$SiB$_2$），已经被几个研究组从理论和实验上都进行了研究。这些材料都有相对较高的熔点。有证据表明 MoSi$_2$ 有优越的抗氧化性能，但断裂韧性相对较弱，易碎。而 Mo$_5$Si$_3$ 有很弱的抗氧化性能，但在高温下却有较好的抗蠕变性。在温度从 800 ℃ 到 1300 ℃，B 元素的增加可以极大地提高材料的抗氧化性。因此，需要在断裂韧性（高 Mo 含量）和抗氧化性（高 B 含量）之间做一个权衡。当然，合金的延展性可以通过尖晶石的掺入而提高。在 Mo$_3$Si 中可以通过增加 Cr 含量来改善其抗氧化性。所有的一切都表明有一系列的参数来确定 Mo 基合金的最佳材料。为了能在原子尺度上理解 Mo-Si-B 合金，OLCAO 方法被用来计算这些晶体的电子结构和成键性质。图 6.9 是计算的五个晶体的能带结构。从图中可以看出，由于晶体结构的不同和其中 Mo、

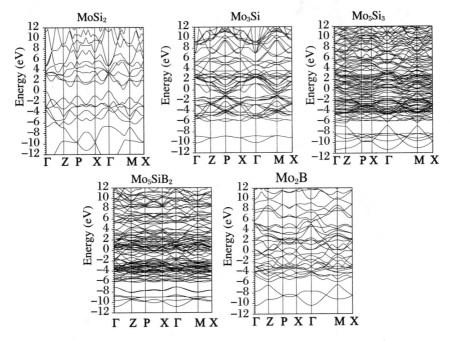

图 6.9　五种 Mo-Si-B 晶体相的能带结构图。费米能级设为零点能

Si、B 浓度的不同，五种晶体的能带结构截然不同。四种晶体是二元合金，而 Mo$_5$SiB$_2$ 是三元合金。除了 MoSi$_2$ 是个小带隙的半导体外，其他几种合金都是金属，MoSi$_2$ 有一个 0.31 eV 的间接带隙和较大的价带宽度。Mo$_5$Si$_3$ 和 Mo$_5$SiB$_2$ 有更复杂的电子结构，在费米能级处有更高的态密度 $N(E_F)$。相对于 M$_5$Si$_3$，MoSiB$_2$ 中 B 元素的出现减少了费米能级处的态密度 $N(E_F)$。而这与晶体共价特征的加强和体弹性模量、剪切模量以及杨氏模量的增加有关。

表 6.5 计算得到 Mo-Si-B 晶体的有效电荷和费米能级处的 DOS 值 $N(E_F)$。对于 Mo_5Si_3 和 Mo_5SiB_2，有两个不同位置的 Si 和两个不同位置的 Mo

Crystal	$MoSi_2$	Mo_3Si	Mo_5Si_3	Mo_5SiB_2	Mo_2B
Mulliken effective charge Q^* (electrons)					
Mo	6.346	6.002	6.021,6.048	6.026,5.729	5.743
Si	3.827	3.994	3.946,3.977	4.025,3.516	—
B				3.516	3.515
$N(E_F)$ (states/eV cell)					
	—	3.90	11.0	9.6	4.2

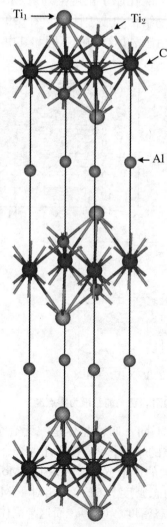

图 6.10 六角的 Ti_3AlC_2 的晶体结构

表 6.5 总结了五种晶体计算得到的马利肯有效电荷 Q^*。总体上看，Mo 和 B 元素得到电荷，而 Si 元素失去电荷。因为五种晶体有不同比例的 Si 和 B 元素，整体的电荷转移的平衡和原子组成对电子成键有着至关重要的影响。键级的计算表明 Mo_5SiB_2 中有着很强的 B-B 键，而 Mo_2B 中的 B-B 键却很弱。另一个重要的现象是 Mo-Mo 键键长短，键数目多或键密度大。

6.4.2 MAX 相

另外一类重要金属间合金是 MAX 相化合物或 $M_{n+1}AX_n$（M = 过渡金属，A = Al，X = C 或 N），它们有着很广泛的应用。MAX 相是层状的过渡金属碳化物或氮化物，它们罕见地结合了金属和陶瓷的性质。MAX 相化合物首次发现是在 20 世纪 70 年代（Nowotny，1971），但直到近年才再次引起关注（Barsoum，2000）。在过去的十年间，无论在理论还是实验方面，这类材料都引起了人们极大的兴趣（Lin et al.，2007；Wang and Zhou，2009）。由于其结构上独一无二的排列，在晶体的 c 轴方向交互排布着较强的 M-C 键和较弱的 M-A 键（见图6.10），同时具有共价特性和金属特

性，这些热力学稳定的合金有一些奇异
的性质，例如抗破坏性、抗氧化性、优异
的热电导性质、机械加工性、完全可逆
的错位形变。而且它们非常便宜，质量
轻，有一些优越的高温性能，这使得它
们成为现代技术领域中可供选择的优
异材料。

　　OLCAO 方法曾被用来研究几种
MAX 相化合物的电子结构和成键性
能。在这里作为例子，我们介绍了最著
名的 Ti_3AlC_2 的结果。图 6.11 是计算
的 Ti_3AlC_2 电子结构。图 6.12 是其计
算的总态密度，以及原子分解、轨道分
解的分态密度。

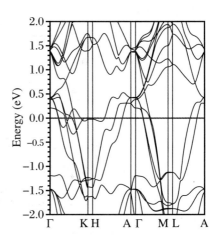

图 6.11　Ti_3AlC_2 费米能级附近的能带结构

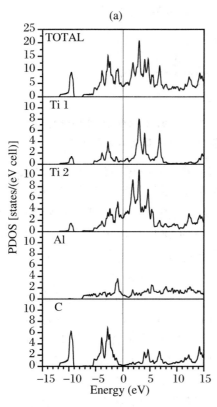

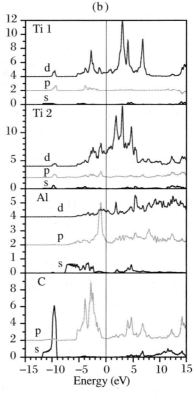

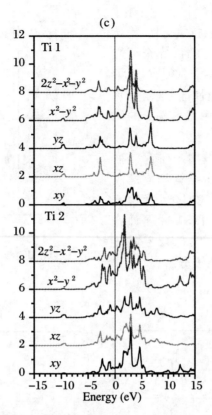

图 6.12　计算的 Ti_3AlC_2 的 DOS 和 PDOS：(a)总 DOS；(b)轨道分解的原子 PDOS；(c) e_g 和 t_{2g} 分解的 Ti1 和 Ti2 的 d 轨道 PDOS

从能带结构上来看这是一种典型的金属。Ti_3AlC_2 费米能级处最大的态密度分布是沿着 K-H 线的。从 Ti_3AlC_2 总的 DOS 图上可以看出，Ti_3AlC_2 在费米能处的 DOS 是一个极小值。这一特征经常被作为一个指南针来探测 MAX 相化合物和其他金属合金的相对稳定性。总的 DOS 可以很容易分解为具体原子和具体轨道的 PDOS。对于 Ti_3AlC_2，费米能级处的 DOS 主要是由 Ti2 原子的 d 电子贡献，而其中贡献最多的是 $x^2 - y^2$ e_g 态。但这些态却与 DOS 的主峰无甚关联，因为所有的大峰都在高能区。Ti1 和 Ti2-3d 在费米能级处的 DOS 分别是 0.554 和 2.228 states/(eV cell)，而 Al 和 C 的贡献是可以忽略的。

理论研究也计算了 Ti_3AlC_2 有效电荷 Q^* 和键级值。Ti1、Ti2、Al 和 C 的有效电荷分别是 3.39、3.66、2.97 和 4.66 个电子。因此，金属元素尤其是 Ti2，失去电子给 C。我们也计算了 Ti1-C、Ti2-C 和 Ti2-Al 的键级分别是 0.199、0.215 和 0.150。这也证实了层间的 Ti-C 键要比 Ti-Al 和 Ti-Ti 键强很多。

参 考 文 献

Anisimov, V. I. , Zaanen, J. , & Andersen, O. K. (1991) , *Physical Review B*, 44, 943.

Arponen, J. & Pajanne, E. (1979) , *Annals of Physics*, 121, 343-89.

Bardeen, J. , Cooper, L. N. , & Schrieffer, J. R. (1957a) , *Physical Review*, 108, 1175.

Bardeen, J. , Cooper, L. N. , & Schrieffer, J. R. (1957b) , *Physical Review*, 106, 162.

Barsoum, M. W. (2000) , *Progress in Solid State Chemistry*, 28, 201-81.

Bednorz, J. G. & Mtiller, K. A. (1986) , *Zeitschrift fürphysik B Condensed Matter*, 64, 189-93.

Beno, M. A. , Soderholm, L. , Capone, D. W. , et al. (1987) , *Applied Physics Letters*, 51, 57-9.

Bewlay, B. , Jackson, M. , Subramanian, P. & Zhao, J. (2003) , *Metallurgical and Materials Transactions A*, 34, 2043-52.

Bharathi, A. , Hao, L. Y. , Sundar, C. S. , et al. (1990a) , Angular Correlation Studies on Yttrium Barium Copper Oxide ($Yba_2cu_3o_7$) Superconductor. *In*: Jean, Y. C. , (ed.) *Proceedings of International Workshop on Positron and Positronium Chemistry* (Singapore: World Scientific) , 512-17.

Bharathi, A. , Sundar, C. S. , Ching, W. Y. , et al. (1990b) , *Physical Review B*, 42, 10199.

Burk, S. , Gorr, B. , Trindade, V. B. , Krupp, U. , & Christ, H. J. (2009) , *Corrosion Engineering*, *Science and Technology*, 44, 168-75.

Callaway, J. (1991) , *Quantum Theory of Solids* (New York: Academic Press).

Ching, W. Y. & Callaway, J. (1973) , *Phys. Rev. Lett.* , 30, 441-43.

Ching, W. Y. & Callaway, J. (1974) , *Phys. Rev. B*, 9, 5115-21.

Ching, W. Y. & Callaway, J. (1975) , *Phys. Rev. B*, 11, 1324-29.

Ching, W. Y. (1986) , *Solid State Communications*, 57, 385-88.

Ching, W. Y. & Gu, Z. Q. (1987) , *J. Appl. Phys.* , 61, 3718-20.

Ching, W. Y. , Xu, Y. , Zhao, G. L. , Wong, K. W. , & Zandiehnadem, F. (1987) , *Phys. Rev. Lett.* , 59, 1333-6.

Ching, W. Y. & Gu, Z. (1988) , *J. Appl. Phys.* , 63, 3716-18.

Ching, W. Y. , Zhao, G. L. , Xu, Y. N. , & Wong, K. W. (1989a) , *Mod. Phys. Lett. B*, 3, 263-9.

Ching, W. Y. , Zhao, G. L. , Xu, Y. N. , & Wong, K. W. (1989b) , Comparative Study of Band Structures of Tl-Ca-Ba-Cu-O and Bi-Ca-Sr-Cu-O Superconducting Systems. In: Baaquie, B. E. , Chew, C. K. , Lai, C. H. , Oh, O. H. , & Phua, K. K. (eds.) *Prog. High Temp. Supercond.* (Singapore: World Scientific).

Ching, W. Y. , Xu, Y. N. , Harmon, B. N. , Ye, J. , & Leung, T. C. (1990) , *Phys. Rev. B*, 42,

4460-70.

Ching,W. Y. , Zhao, G. L. , Xu, Y. N. , & Wong, K. W. (1991), *Phys. Rev. B*, 43, 6159-62.

Ching,W. Y. (1994), Local Density Calculation of Optical Properties of Insulators. *In*: Ellis,D. E. (ed.) *Electronic Density Functional Theory of Molecules, Clusters, and Solids* (Dordrecht,The Netherlands: Kluwer Academic Publishers).

Ching,W. Y. , Huang,M. − Z. ,& Zhong,X. − F. (1994), *J. Appl. Phys.* ,76,6047-9.

Ching,W. Y & Huang,M. − Z. (1996), *J. Appl. Phys.* ,79,4602-4.

Ching,W. Y. , Huang, M. − Z. , Hu, Z. , & Yelon, W. B. (1997), *J. Appl. Phys.* , 81, 5618-20.

Ching,W. Y.& Xu,Y. N. (2000), *J. Magn. Magn. Mater.* ,209,28-32.

Ching,W. Y. ,Gu,Z. − Q. ,& Xu,Y. − N. (2001), *J. Appl. Phys.* ,89,6883-5.

Ching,W. Y. ,Xu,Y. − N. ,& Rulis,P. (2002), *Appl. Phys. Lett.* ,80,2904-6.

Ching,W. Y. , Xu, Y. − N. , Ouyang, L. , & Wong-Ng, W. (2003a), *J. Appl. Phys.* , 93, 8209-11.

Ching,W. Y. ,Xu,Y. − N. ,& Rulis,P. (2003b), *J. Appl. Phys.* ,93,6885-7.

Fung,P. C. W. , Lin, Z. C. , Liu, Z. M. , et al. (1990), *Solid State Communications*, 75, 211-16.

Gu,Z. Q.& Ching,W. Y. (1986), *Phys. Rev. B*,33,2868-71.

Gu,Z. Q.& Ching,W. Y. (1987a), *Phys. Rev. B*,36,8530-46.

Gu,Z. Q.& Ching,W. Y. (1987b), *J. Appl. Phys.* ,61,3977-78.

Gu,Z. Q. ,Lai,W. ,Zhong,X. ,& Ching,W. Y. (1992), *Phys. Rev. B*,46,13874-80.

Gu,Z. Q. ,Lai,W. ,Zhong,X. F.& Ching,W. Y. (1993), *J. Appl. Phys.* ,73,6928-30.

Gu,Z. Q. ,Xu,Y. − N.& Ching,W. Y. (2000), *J. Appl. Phys.* ,87,4753-55.

Herbst,J. F. , Croat, J. J. , Pinkerton, F. E. & Yelon, W. B. (1984), *Physical Review B*, 29,4176.

Huang,M. − Z.& Ching,W. Y. (1994), *J. Appl. Phys.* ,76,7046-48.

Huang,M. − Z.& Ching,W. Y. (1995), *Phys. Rev. B*,51,3222-25.

Huang,M. − Z.& Ching,W. Y. (1996), *J. Appl. Phys.* ,79,5545-47.

Huang,M. − Z. ,Ching,W. Y.& Gu,Z. − Q. (1997), *J. Appl. Phys.* ,81,5112-14.

Hutchings,M. T. (1964), Point-Charge Calculations of Energy Levels of Magnetic Ions in Crystalline Electric Fields. *In*: Frederick,S.& David, T. (eds.) *Solid State Physics* (New-York: Academic Press).

Jack,K. H. (1948), *Proceedings of the Royal Society of London. Series A. Mathematical and Physical Sciences*,195,30-40.

Jack,K. H. (1951), *Proceedings of the Royal of Society of London. Series A. Mathematical and Physical Sciences*,208,216-24.

Kresin, V. Z. , Morawitz, H. ,& Wolf,S. A. (1993), *Mechanisms of Conventional and High T_c Superconductivity*(New York: Oxford University Press).

Kruzic,J. ,Schneibel,J. ,& Ritchie,R. (2005), *Metallurgical and Materials Transactions A*,

36,2393-402.

Lafon,E. E.& Lin,C. C. (1966), *Physical Review*,152,579.

Li,Y. P. ,Gu,Z. Q. ,& Ching,W. Y. (1985), *Phys. Rev. B*,32,8377-80.

Lin,Z. ,Li,M.& Zhou,Y. (2007), *J. Mater. Sci. Technol.*,23,145.

Maeda,H. , Tanaka, Y. , Fukutomi, M. & Asano, T. (1988), *Japanese Journal of Applied Physics*,27,L209.

Mcmillian,W. L. (1968), *Physical Review*,167,331.

Mohn,P.& Wohlfarth,E. P. (1987), *Journal of Physics F: Metal Physics*,17,2421.

Nowotny,V. H. (1971), *Progress in Solid State Chemistry*,5,27-70.

Ouyang,L.& Ching,W. Y. (2001), *J. Am. Ceram. Soc.*,84,801-5.

Pickett,W. E. , Freeman,A. J.& Koelling,D. D. (1981), *Physical Review B*,23,1266.

Pickett,W. E. (1989), *Reviews of Modern Physics*,61,433.

Rath,J. ,Wang,C. S. ,Tawil,R. A. ,& Callaway,J. (1973), *Physical Review B*,8,5139.

Sakidja, R. , Perepezko, J. H. , Kim, S. , & Sekido, N. (2008), *Acta Materialia*, 56, 5223-44.

Schilling,A. ,Cantoni,M. ,Guo,J. D. ,& Ott,H. R. (1993), *Nature*,363,56.

Sheng,Z. Z.& Hermann,A. M. (1988), *Nature*,332,138.

Shirotani, I. , Takaya, M. , Kaneko, I. , Sekine, C. , & Yagi, T. (2000), *Solid State Communications*,116,683-6.

Singh,M. ,Wang,C. S. ,& Callaway,J. (1975), *Physical Review B*,11,287.

Stoner,E. C. (1938), *Proceedings of the Royal Society of London. Series A. Mathematical and Physical Sciences*,165,372-414.

Sundar,C. S. ,Bharathi,A. ,Ching,W. Y. ,et al. (1990), *Phys. Rev. B*,42,2193-99.

Sundar,C. S. ,Bharathi,A. ,Ching,W. Y. ,et al. (1991), *Phys. Rev. B*,43,13019-24.

Wang,C. S.& Callaway,J. (1974), *Physical Review B*,9,4897.

Wang,J.& Zhou,Y. (2009), *Annual Review of Materials Research*,39,415-43.

Wong-Ng,W. ,Ching, W. Y. ,Xu, Y. − N. , Kaduk, J. A. , Shirotani, I. ,& Swartzendruber, L. (2003), *Phys. Rev. B*,67,144523/1-144523/9.

Wong,K. W.& Ching,W. Y. (1989a), *Physica C*,158,1-14.

Wong,K. W.& Ching,W. Y. (1989b), *Physica C*,158,15-31.

Wong,K. W.& Ching,W. Y. (2004), *Physica C*,416,47-67.

Wu,M. K. ,Ashburn,J. R. ,Torng,C. J. ,et al. (1987), *Phys. Rev. Lett.*,58,908.

Xu,Y. N. ,Ching,W. Y. ,& Wong,K. W. (1988), *Phys. Rev. B*,37,9773-76.

Xu,Y. N. , Ching, W. Y. , & Wong, K. W. (1990), *Mater. Res. Soc. Symp. Proc.*, 169, 41-44.

Xu,Y. N. ,Gu,Z. − Q. ,& Ching,W. Y. (2000), *J. Appl. Phys.*,87,4867-69.

Xu,Y. N. ,Rulis,P. ,& Ching,W. Y. (2002), *J. Appl. Phys.*,91,7352-54.

Zhao,G. L. ,Xu,Y. ,Ching,W. Y. ,& Wong,K. W. (1987), *Phys. Rev. B*,36,7203-6.

Zhao,G. L. ,Ching,W. Y. ,& Wong,K. W. (1989), *J. Opt. Soc. Am. B*,6,505-12.

Zhong,X. F.& Ching,W. Y. (1988), *J. Appl. Phys.*,64,5574-76.

Zhong, X. F. & Ching, W. Y. (1989a), *Phys. Rev. B*, 40, 5292-95.

Zhong, X. F. & Ching, W. Y. (1989b), *Phys. Rev. B*, 39, 12018-26.

Zhong, X. F. & Ching, W. Y. (1990), *J. Appl. Phys.*, 67, 4768-70.

Zhong, X. F., Ching, W. Y. & Lai, W. (1991), *J. Appl. Phys.*, 70, 6146-48.

Zhong, X. F. & Ching, W. Y. (1993), *J. Appl. Phys.*, 73, 6925-27.

第 7 章 在复杂晶体中的应用

在这一章,我们描述了 OLCAO 方法在一些定义非常宽松的复杂晶体上面的应用。这些材料在前面的一些章节中也可以被归为绝缘体或者金属。这一章中,这些材料的共同点是它们都有相对复杂的结构或者是接近于在原子数目、种类或几何构型方面复杂的结构。然而它们既不是非晶材料也不是需要复杂缺陷结构模型模拟的晶体材料。其中一些单独问题将会分别在第 8 章和第 9 章进行介绍。此外,与生物分子体系有关的复杂晶体也将会在第 10 章具体讨论。

7.1 碳相关体系

7.1.1 富勒烯(C_{60})和碱金属掺杂的 C_{60} 体系

在 1985 年(Kroto et al. ,1985),碳的第三种结晶形式——富勒烯的发现是一个激动人心的消息,这激发了更多相关的实验和理论的研究。更为令人震惊的一篇报道是,当在 C_{60} 晶体中插入碱金属元素时,它会在 T_c 接近 28 K 时变成超导体(Rosseniensky et al. ,1991)。OLCAO 方法曾被用来研究 C_{60} 晶体的电子结构和光学性质(Ching et al. ,1991)。所计算的能带结构在 X 点表现出一个 1.34 eV 的直接带隙,在整个区间的中心的带隙为 1.87 eV。电子和空穴在 X 点的有效质量估计值分别是 $1.45m_e$ 和 $1.17m_e$。在面心立方(f.c.c)C_{60} 晶体中,由于 C_{60} 分子团簇之间独特的结合方式产生的局域能带以及 f.c.c 晶格对称性在布里渊区形成的一些临界点,面心立方 C_{60} 晶体的光谱图具有丰富的结构信息。在 1.4 eV 到 7.0 eV 之间可以发现有五个不相连的吸收峰。此外,在 X 点的直接跃迁是对称性禁阻的,而且光学跃迁的阈值来源于从价带跃迁到第二个 CB ,这一点与 Cu_2O 半导体是一样的。因此,一些猜测认为与 Cu_2O 一样,激子可能在面心立方 C_{60} 晶体的 X 点形成。光谱中的所有结构可以认为是在临界点上带带跃迁的叠加。计算的能量损失方程与实验值非常吻合。

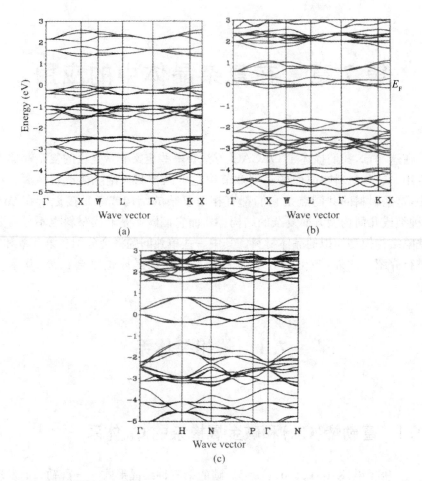

图 7.1 能带结构:(a) f.c.c. C_{60},(b) f.c.c. K_3C_{60},(c) b.c.c. K_6C_{60}。零点能设在价带的顶部或者费米能级处

在钾掺杂 C_{60} 晶体以及其他碱金属掺杂 C_{60} 晶体中超导性(T_c 随着压力的增加而增加)的发现(Hebard et al.,1991;Kelty et al.,1991;Rosseinsky et al.,1991;Tanigaki et al.,1991)促进了 OLCAO 方法在碱金属掺杂 C_{60} 晶体中的广泛应用。图 7.1、7.2 和 7.3 分别给出了面心立方 C_{60}、面心立方 K_3C_{60} 和面心立方 K_6C_{60} 的能带结构、介电函数的虚部以及电子能量损失谱。这三个面心立方晶体的晶格常数是由实验值决定的(Huang et al.,1992a;Ching et al.,1991)。针对 KC_{60}、K_2C_{60} 晶体的计算主要是为了解电子结构随钾含量的变化情况。研究的主要兴趣是与超导相关的一些性质,尤其是在费米能级处的态密度,费米面的形状与结构,还有基于 BCS 理论 T_c 的估计值与测量值的比较。

图 7.1 表明面心立方 C_{60} 和面心立方 K_6C_{60} 都有带隙,而 K_3C_{60} 是一个金属,它的费米能级处存在一组窄的能带。在费米能级处计算出的 DOS 为 17

states/(eV cell)，与实验值 20 states/(eV cell)相吻合(Tycko et al.，1991)。图
7.2 表明，对于面心立方晶体 C_{60}，它的光谱吸收曲线在 1.4～7.0 eV 有五个不相
连的吸收带。当增加更多的 k 点时这些不相连的吸收带开始融合。图 7.3 比较
了计算出的电子能量损失谱和测量的光谱。它们之间非常吻合。

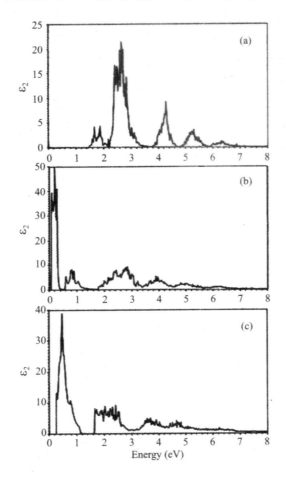

图 7.2　所计算的介电函数的虚部：(a) f.c.c. C_{60}，
(b) K_3C_{60}，(c) K_6C_{60}

超导体 K_3C_{60} 是一个金属。图 7.4 给出了面心立方 K_3C_{60} 所计算的费米
面。可以看出，在 Γ 点处有一个较大的孔洞，这在 k_x-k_y 平面近似为球状，在
k_x-k_z 平面近似为柱状。孔洞体积和表面积估测值分别为 0.051 Å^{-3} 和
0.90Å^{-2}。

除了 K_3C_{60}，基于 OLCAO 方法的计算还扩展到其他二元和包含三个碱金
属的赝二元碱金属掺杂 C_{60} 体系，包括 RbK_2C_{60}、Rb_2KC_{60}、Rb_3C_{60}、Rb_2CsC_{60} 和
Cs_3C_{60}(Huang et al.，1992b)。除了假想的 Cs_3C_{60}，$N(E_F)$ 的计算值和晶格常

数之间有一个近似线性关系：斜率为 14 states/(eV C_{60})/Å。众所周知，在 BCS 超导体理论中影响 T_c 的最关键参数是 $N(E_F)$。基于 $N(E_F)$ 的计算值和求解 BCS 超导体 T_c 的 McMillian 公式（McMillian，1968），一组估算 T_c 所必需的参数被确定下来，应用这组参数可以在五个碱金属掺杂的晶体中得到与实验测量值相符合的 T_c 值。这套参数随后被用于估算不同压强下 K_3C_{60} 的 T_c。实验数据表明碱金属掺杂的 C_{60} 晶体在各向同性的压力下 T_c 会平稳下降（Huang et al.，1992b；Huang et al.，1993b；Xu et al.，1992）。结果如图 7.5 所示，可见基于优化后的参数，RbK_2C_{60}、Rb_2CsC_{60}、Rb_3KC_{60} 和 Rb_2CsC_{60} 的 T_c 与实验吻合得较好，但 K_3C_{60} 的 T_c 在 0～2.8 GPa 压力范围内虽然趋势正确，但数值被低估。结论是传统的 BCS 理论对于碱金属掺杂的 C_{60} 超导体是有效的，但 T_c 的估算还需要更严格的理论计算。

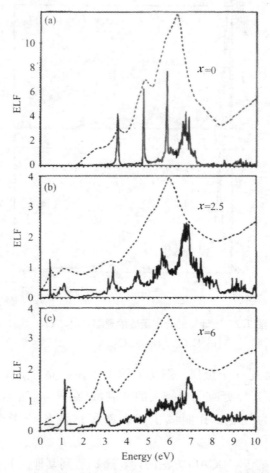

图 7.3　计算的电子能量损失谱：(a) f.c.c. C60，(b) K_3C_{60}，
(c) K_6C_{60}。虚线是 K_xC_{60} 的实验值，其中 $x = 0，2.5，6$
（详细内容可以参考原始文献）

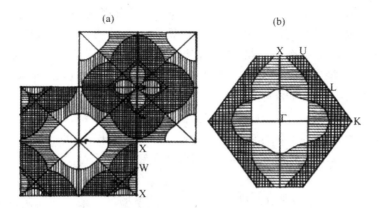

图 7.4 计算的 K_3C_{60} 在 f.c.c. 布里渊区的费米面:(a)在 $k_z = 0$ 的平面,(b)在 $k_y = 0$ 的平面

使用 OLCAO 方法对 f.c.c. C_{60} 和 K_3C_{60} 电子结构的计算结果被用来构造正电子电势,这与上一章中讨论高温超导体的应用类似(Lou et al.,1992)。C_{60} 和 K_3C_{60} 的正电子寿命差别很大的结果与实验观测相符合。结论是正电子可能分布在分子的外部或分子的内部,这与 K 掺杂量有关。实验和计算结果给出了强有力的证据:在 K 掺杂的 C_{60} 富勒烯中正电子电子密度分布有很高的敏感性。

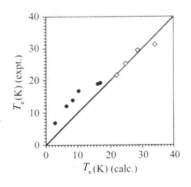

图 7.5 在碱金属掺杂的 C_{60} 中计算的 T_c 和测量的 T_c 的对比

7.1.2 负曲率石墨型碳结构

当在只有六元环的二维 sp^2 成键的石墨结构中引入五元环时,上面所讨论的 C_{60} 基的富勒烯晶体和下一节要讨论的碳纳米管(CNT)都具有正的高斯曲率。在一个多世纪以前,Schwarz 提出一种具有正的高斯曲率并包含七元环或者八元环最小表面的周期性石墨型碳结构(PGCS),这种结构被称为"Schwarzite"(Schwarz,1980)。在 19 世纪早期,出现了这样一些结构模型,包括 Mackay 和 Terrones 模型(Mackay and Terrones,1991),Vanderbilt 和 Tersoff 模型(Vanderbilt and Tersoff,1992),还有由 Lenosky 等提出的其他模型(Lenosky et al.,1992;O'Keeffe et al.,1992)。

OLCAO 方法被用来研究 Vanderbilt 和 Tersoff(VT)模型(Ching et al.,1992)还有其他 15 个 PGCS 模型(Huang et al.,1993a)的电子结构。这些周期性模型有简单体心立方和面心立方晶格,一个单胞中有 24 到 216 个原子,密度

范围在 $0.051 \sim 0.111$ 碳原子/$Å^3$,另外,它们不仅有规则的六元环还包含不同数量的七元环或者八元环。在这 18 个模型当中,其中 8 个是绝缘体,带隙范围在 $0.17 \sim 2.96 \, eV$,7 个是金属,还有 1 个是半金属。图 7.6 给出了包含 168 个原子的面心立方简单晶格的 VT 模型和包含 24 个原子类似苯环结构的简单立方晶格的"聚苯"模型的能带结构。VT 模型是一个具有 $0.48 \, eV$ 的间接带隙半导体。价带顶在 Γ 点,导带底在 X 点,电子的有效质量($1.82 m_e$)和空穴的有效质量有很大的差别(重的空穴的有效质量 $-0.78 m_e$,轻的空穴的有效质量 $-0.26 m_e$)。这些值和石墨以及富勒烯的值都有很大的差别。"聚苯"模型(O'Keeffe et al.,1992)可以认为是一个四面体的面上有四个六角苯环而构成。在 16 个所计算的 PGCS 模型当中,"聚苯"模型具有最大的间接带隙(2.96 eV)。价带顶在 Γ 点,而导带底在 M 点,在 Γ 点的直接带隙为 $3.39 \, eV$。尽管当模型中只有孤立的七元环或者八元环时,体系倾向于形成绝缘体,但是通过仔细分析这 16 种模型的电子能带结构,发现并不能清楚地说明结构和带隙形成因素之间有何必然关系。

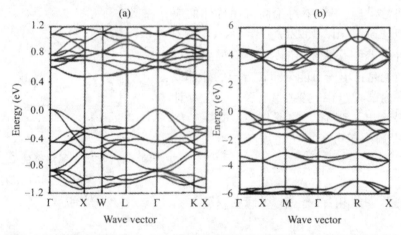

图 7.6 计算的能带结构:(a)VT 模型,(b)聚苯模型(详细内容参考原始文献)

上面关于具有准二维成键特征的复杂三维 Schwarzite 碳结构的研究很快被扩展到 Townsend 等人(Townsend et al.,1992)提出的"完美"无定型碳模型。Townsend 模型是包含 1248 个原子的面心立方晶格,其中五元环、六元环、七元环和八元环随机组成,没有断键,因此有正负两种高斯曲率。在这种模型中键长和键角的分布差别很小,平均键长在 $1.42 \, Å$,平均键角在 $119.81°$。Townsend 模型非常有趣,因为它给出了一个随机体系中弱局域化的模型,这是一种基于二维成键的三维结构。模型的长周期($a = 42.92 \, Å$)意味着它代表了一个真正的无限延伸无定形结构。实际上,很多人甚至认为这些模型存在于一些无定形碳薄膜中。OLCAO 方法被用于研究 Townsend 模型的电子和传输性质(Huang and Ching,1994)。它是一个金属,$N(E_F)$ 值为 $0.098 \, states/(eV \, atom)$,

DOS 图显示在费米能级处有一个凹槽,导带宽度为 21.5 eV,接近于石墨和 C_{60}。考虑到 VT 模型和其他 PGCS 模型虽然也都是 sp^2 成键,Townsend 模型与 VT 模型之间非常显著的差异表明 Townsend 模型中引入的拓扑无序性对体系整体的电子学和光学性质有很深远的影响。基于 Kubo-Greenwood 方程计算了其传输性质(Greenwood,1958)。零温时的电阻系数是 $1160(\mu\Omega \cdot cm)^{-1}$。这个金属材料的高电阻系数主要是由于在费米能级处存在局域态。通过 OLCAO 方法计算输运性质的内容在第 3 章已经给出讨论,并且将在第 8 章的金属玻璃一节重温这一内容。

7.2　石墨烯、石墨和碳纳米管

　　石墨、金刚石和 C_{60} 被认为是碳在自然界中所存在的仅有的三种形式。然而,在 C_{60} 被发现后不久,人们又发现了碳的另一种存在形式:圆柱管,这种管被称为碳纳米管(CNTs)(Iijima,1991)。碳纳米管可以是单壁的(SWCNT)或者多壁的(MWCNT)。随后,更惊奇的是发现单层石墨结构,也被称为石墨烯(Novoselov et al.,2004),由于其二维结构而表现出独特的性质。这两个发现促使研究人员开展更深入的研究,主要研究它们独特的性质,基本的物理原理和它们在金属氧化物半导体、场效应晶体管(MOSFETs)以及新型药物传输系统等方面的潜在应用。在这一节,我们简要地讨论一下 OLCAO 方法在石墨、石墨烯和碳纳米管方面的应用,其中碳纳米管主要讨论单壁碳纳米管。

7.2.1　石墨烯和石墨

　　图 7.7(a)～(c)比较了基于 OLCAO 方法并采用足够多的 $\bar{k}$ 点计算得到的石墨烯和石墨的能带结构、态密度和以介电函数虚部(ε_2)形式表现的光吸收谱。石墨和石墨烯都是二维六角晶格,每一个碳和周围的三个碳相连,由六元环组成。在石墨中,c 方向层与层之间有弱的相互作用。碱金属原子能够很容易地插入到层间(Zabel and Solin,1992)。石墨烯是一个真正的二维体系,它的电子结构的计算方法与石墨完全一样,除了 c 轴方向设置为 30 Å 以避免层与层之间的相互作用外。图 7.7(a)说明石墨和石墨烯都是准金属,它们在 H 点的带隙为零。图 7.7(b)的总态密度说明石墨和石墨烯有相同的占据带宽度(20.5 eV)和峰的位置。唯一的差别是石墨烯有更尖的峰,这是因为依赖维数的 van Hove 奇点的差异。这些差异在未占据的导带区域更为显著,这导致图 7.7(c)ε_2 吸收光谱具有很大的差别。这个吸收光谱在 x-y 平面和垂直方向 z 是

可分解的。相比于石墨烯 z 方向在 $11.8\,\mathrm{eV}$ 的吸收峰,石墨中相应的吸收峰位置下降到 $10.6\,\mathrm{eV}$,这是因为石墨中层与层之间的相互作用。ε_2 的其他峰都来自平面方向,它们受维数影响较小,因而在石墨中只有轻微的变宽。另外可以观察到,在石墨烯中,在 $x\text{-}y$ 平面 $8.7\,\mathrm{eV}$ 处出现了更宽的峰,像从更高的峰延伸出来的一个斜坡,这个峰可以再次被归因于石墨中 z 方向存在的弱相互作用。这些峰结构可以笼统地认为来自于 DOS 图中受跃迁矩阵元调制的峰-峰跃迁并可以归属于从不同 σ、π 成键态到 σ^*、π^* 反键态的跃迁。需要指出的是,石墨烯峰的幅度需要重新标度。因为为了保持石墨烯在 c 方向的周期性边界条件,在 c 方向人为地引入了 $30\,\text{Å}$ 厚度的真空层。两者峰的差别反映了石墨中存在弱的层间相互作用。石墨烯在 H 点的简并可以通过施加压力、引入缺陷等方法消除,这会导致各种各样有趣的现象包括在 Dirac 点附近的非局域态(Abanin et al.,2011),为在理想二维晶格石墨烯的独特电子性质的基础上开创新的技术打开了大门(Castro Neto et al.,2009)。

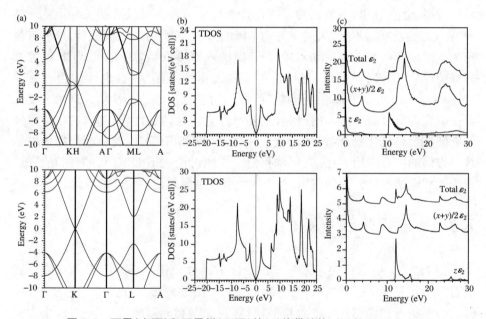

图 7.7 石墨(上面)和石墨烯(下面)的(a)能带结构,(b)总 DOS,(c)ε_2

7.2.2 碳纳米管

  碳纳米管卓越的力学和电性质使得它们具有广泛的应用。然而在纳米电子器件方面还没有实现工业与商业上的广泛应用。这是因为将单壁碳纳米管分拣成单分散材料,然后按照预先确定的位置序列放置存在实际的困难(Zheng et al.,2003)。实验上正在研究单壁碳纳米管相互作用力,希望能够克服排序和置放过程中的势垒。对大量单壁碳纳米管的电子结构和光学性质的研究是为了了解它们在几种长程相互作用力中的贡献(French et al, 2010),比如将在第 12 章讨论的 van der Waals-London 色散力。

每一个 SWCNT 都由它的手性矢量$[n, m]$唯一确定,手性矢量反映沿着石墨烯片圆周卷绕的几何方向(Barros et al., 2006;Popov, 2004)。每一个具有不同$[n, m]$的单壁碳纳米管都有独特的电子性质[比如能带结构,van Hove 奇异性(vHs)等]。所有单壁碳纳米管具有相同的组分和成键方式,再考虑上它们的对称性,这些纳米管可以按照特定的功能进行分类。根据 SWCNT 碳原子相对于轴向的排列方式,可以将它们分为扶手椅型、锯齿型和手性型的三类。需要指出的是 SWCNT 具有可预测的趋势(Charlier et al., 2007;Popov, 2004;Saito et al., 2005)。SWCNT 的性质是手性矢量的函数。众所周知,可以根据$(n - m)/3$是否为整数来判断碳纳米管是金属还是半导体。一个直径无限大的 SWCNT 的电子性质与有严格平面 sp^2 成键的石墨烯相同。在单壁碳纳米管轴向,成键方式与石墨烯平面的成键方式一样,而在 x-y 平面的成键方式可以用石墨烯中的面外成键模拟。

对于一个有限大直径的单壁碳纳米管,其周期性结构将会在轴向产生一组离散的允态。由于碳纳米管的 C-C 键近似于理想的 sp^2 键,可以通过在石墨烯能带中挑选相应的允态得到单壁碳纳米管的能带。这种近似被称为"区折叠(zone folding)"近似,这个近似仅对直径大于 10 Å 的纳米管有效。低于这个阈值,单壁碳纳米管壁的曲率变得足够明显,以致具有明显的 sp^3 成键特点,区折叠策略也就失效,尤其是对于预测光学性质。这时,从头算变得非常重要。

表 7.1 列出了通过 OLCAO 方法计算出的 73 种 SWCNT 电子结构和光学性质。计算选择了一个周期性单胞,碳纳米管的轴向取为 z 方向,单胞在 x 和 y 方向的周期比纳米管的半径要大。根据$[n, m]$,单壁碳纳米管分为扶手椅型、锯齿型和手性型三类。表中列出了手性角度,管子的半径,包含原子的数目 N_A,以及它们是否为金属、半导体或者准金属。许多令人兴奋的研究已经关注了具有不同手性的碳纳米管,但是由于采用紧束缚模型人为扭曲了能带结构,这些研究只局限于 6 eV 以下的能带结构(Popov, 2004)。

图 7.8 给出了三种单壁碳纳米管的计算的能带结构、DOS 以及在径向和轴向的介电函数虚部。这三种纳米管分别是:扶手椅型$[24, 24]$纳米管是金属,锯齿型$[30, 0]$纳米管是半金属,还有手性型$[8, 7]$纳米管是半导体。它们都有很大的半径(分别为 16.27、11.73 和 27.8 Å),原则上应该具有与石墨烯相似的电子结构和光学性质。单胞中包含 676 个原子的手性单壁碳纳米管是我们的研究中最大的一个单壁碳纳米管。三种单壁碳纳米管的能带结构从 Γ 到 Z(轴向方向)的变化非常明显,导致在接近带隙或者费米能级附近的态密度不同,以及在吸收曲线中峰的位置和对应的幅度也都不同。这些结果应该和图 7.7 中石

墨烯的结果相比较,因为石墨烯相当于半径无限大的单壁碳纳米管。

表 7.1　OLCAO 方法计算的各种 SWCNTs 及其特性参数

n,m	$r(\text{Å})$	Angle	Geometry	Lambin sp^2-sp^3	N_A
3,3	2.034	30.00	armchair	M	12
4,4	2.712	30.00	armchair	M	16
5,5	3.390	30.00	armchair	M	20
6,6	4.068	30.00	armchair	M	24
7,7	4.746	30.00	armchair	M	28
8,8	5.424	30.00	armchair	M	32
9,9	6.102	30.00	armchair	M	36
10,10	6.780	30.00	armchair	M	40
11,11	7.458	30.00	armchair	M	44
12,12	8.136	30 00	armchair	M	48
13,13	8.814	30.00	armchair	M	52
14,14	9.492	30.00	armchair	M	56
15,15	10.170	30.00	armchair	M	60
16,16	10.848	30.00	armchair	M	64
17,17	11.526	30.00	armchair	M	68
18,18	12.204	30.00	armchair	M	72
19,19	12.882	30.00	armchair	M	76
20,20	13.560	30.00	armchair	M	80
21,21	14.238	30.00	armchair	M	84
22,22	14.916	30.00	armchair	M	88
23,23	15.594	30.00	armchair	M	92
24,24	16.272	30.00	armchair	M	96
6,0	2.349	0.00	zigzag	SM	24
9,0	3.523	0.00	zigzag	SM	36
12,0	4.697	0.00	zigzag	SM	48
15,0	5.872	0.00	zigzag	SM	60
18,0	7.046	0.00	zigzag	SM	72
21,0	8.220	0.00	zigzag	SM	84
24,0	9.395	0.00	zigzag	SM	96
27,0	10 569	0.00	zigzag	SM	108
30,0	11.743	0.00	zigzag	SM	120
7,0	2.740	0.00	zigzag	SC	28
8,0	3.132	0.00	zigzag	SC	32
10,0	3.914	0.00	zigzag	SC	40
11,0	4.306	0.00	zigzag	SC	44

n, m	$r(\text{Å})$	Angle	Geometry	Lambin sp^2-sp^3	N_A
13,0	5.089	0.00	zigzag	SC	52
14,0	5.480	0.00	zigzag	SC	56
16,0	6.263	0.00	zigzag	SC	64
17,0	6.655	0.00	zigzag	SC	68
19,0	7.437	0.00	zigzag	SC	76
20,0	7 829	0.00	zigzag	SC	80
22,0	8.612	0.00	zigzag	SC	88
23,0	9.003	0.00	zigzag	SC	92
25,0	9.786	0.00	zigzag	SC	100
26,0	10.178	0.00	zigzag	SC	104
28,0	10.960	0.00	zigzag	SC	112
29,0	11.352	0.00	zigzag	SC	116
5,2	2.445	16.10	chiral	SM	52
6,3	3.107	19.11	chiral	SM	84
7,4	3.775	21.05	chiral	SM	124
7,6	4.411	27.46	chiral	SM	508
8,2	3.588	10.89	chiral	SM	56
8,3	3.855	15.30	chiral	SM	388
8,4	4.143	19.11	chiral	SM	112
8,5	4.446	22.41	chiral	SM	172
8,6	4.762	25.28	chiral	SM	296
8,7	5.089	27.80	chiral	SM	676
9,3	4.234	13.90	chiral	SM	156
9,4	4.514	17.48	chiral	SM	532
9,5	4.810	20.63	chiral	SM	604
10,2	4.359	8.95	chiral	SM	248
10,4	4.889	16.10	chiral	SM	104
10,5	5.178	19.11	chiral	SM	140
11,2	4.746	8.21	chiral	SM	196
11,8	6.468	24.79	chiral	SM	364
4,2	2.071	19.11	chiral	SC	56
5,1	2.179	8.95	chiral	SC	124
6,1	2.567	7.59	chiral	SC	172
6,2	2.823	13.90	chiral	SC	104
6,4	3.413	23.41	chiral	SC	152
6,5	3.734	27.00	chiral	SC	364
7,5	4.087	24.50	chiral	SC	436
9,1	3.734	5.21	chiral	SC	364

　　OLCAO方法也已经被应用到一些多壁碳纳米管的计算。它们是具有3.39
Å层间距的扶手椅纳米管[3,3]/[8,8]、[4,4]/[9,9]、[5,5]/[10,10]和[6,6]/
[11,11],3.13Å层间距的锯齿型纳米管[7,0]/[15,0]和[8,0]/[16,0]。这些
双壁碳纳米管是具有不同半径的同心圆筒,半径的差别接近但是略低于石墨的
层间距(3.62Å)。计算表明它们的能带结构和光学性质可以近似认为是相应
单壁碳纳米管性质的综合。这与图7.7中石墨和石墨烯电子结构的相似性是
一致的。真正的多壁碳纳米管因为可能不是同心圆筒的形式,因此其电子结构
可能更复杂。

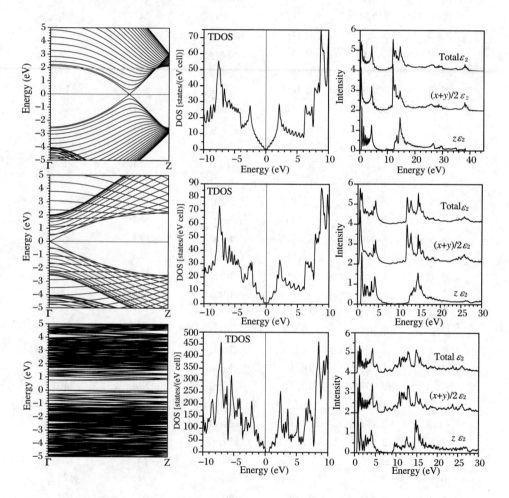

**图7.8　三种SWCNTs的(a)能带,(b)总DOS,(c)ε_2,上面一行是扶手椅型,中间是锯齿型,
下面是手性型**

7.3　聚合物晶体

具有嵌入聚合物链的共价聚合物组成一类具有独特结构和性能的材料。其中,许多材料保持复杂的晶体结构,因而可以使用适合晶体的计算方法来研究。这变得非常有用,因为许多关于聚合物电子结构的计算是基于分子尺度的量子化学方法,所以使用固体物理计算方法可以有效地补充长程链间相互作用图像。在这一节中我们将介绍 OLCAO 方法在其中一个晶体上的应用:聚硅烷晶体。

聚硅烷是以硅为骨架碳基为侧链的 σ 共轭的高分子聚合物。它们有非常显著的线性和非线性光学性质,这主要起源于硅骨架链所对应的一维能带结构。OLCAO 方法被用于研究其中一种聚硅烷晶体的能带结构:Poly(di-n-hexylsilane)(简写为 $Pdn6s$),它的晶体结构是由 Patnaik 和 Farmer(Patnai and Farmer,1992)通过 X 射线衍射确定的。$Pdn6s$(空间群为 $Pna2_1$,$Z=2$)斜方晶系单胞包含 4 个 Si 原子、48 个 C 原子和 104 个 H 原子。图 7.9 给出了 OLCAO 方法计算得到的 $Pdn6s$ 能带结构,以及晶体结构和布里渊区形状。直接带隙计算值为 3.5 eV,和实验值 4.0 eV 相符合。图 7.9 还给出了 Si 骨架在 $\vec{k}_z$(从 Γ 到 Z)方向的一维能带,而其他能带几乎无色散。从 HOMO(最高占据分子轨道,或者价带的顶部)和 LUMO(最低未占据分子轨道或者导带的底部)能带曲线来看,在 z 方向价带中空穴和导带中电子的有效质量分别为 $-0.42m_e$ 和

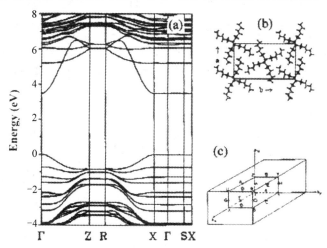

图 7.9　(a)$Pdn6s$ 晶体的能带结构; (b)投影在 a-b 平面上的
$Pdn6s$ 的晶体结构;(c)晶体的布里渊区

$+0.19m_e$。这是半导体中比较典型的有效质量值,表明在晶体线 $Pdn6s$ 中载流子的迁移将沿着 Si 骨架链。从 PDOS 和波函数可以看出 HOMO 态来源于 Si-3p 轨道和 C-2p 轨道,然而 LUMO 态与 Si-3p 轨道有明显的杂化。马利肯电荷分析表明 Si 失掉 0.51 个电子给所连接的 C 原子。在侧链尾部,每个 C 原子得到 0.70 个电子,这大部分是由其所连接的 H 原子提供的。所以,平均来说,C 侧链从 Si 骨架获得了 1 个电子。

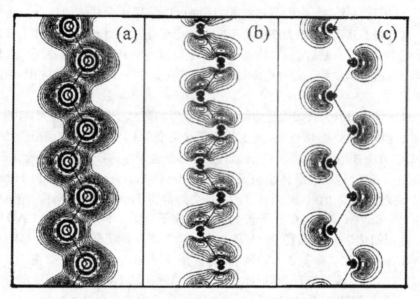

图 7.10 在 $Pdn6s$ 中 Si 骨架的电荷分布:(a)总的价电荷,(b)在 Γ 点的 HOMO态,(c)在 Γ 点的 LUMO 态(详细内容见原始文献)

图 7.10 给出了硅骨架的价电子分布,以及一个包含硅骨架的平面内的 HOMO 和 LUMO 轨道的分布。从图中可以看出共价键的特点非常明显,并且叶状的电荷密度图表明键并不是严格沿着 Si-Si 链方向,会受到侧链强烈的影响。从 LUMO 态的分布可以看出反键具有高度的非局域态和 Si-3s、Si-3p$_y$ 及 Si-3d$_{3z^2-y^2}$ 轨道杂化的特点。

聚硅烷晶体有许多非常有趣的光学性质,对聚合物材料特别是聚硅烷的应用有很深远的影响。可以认为,$Pdn6s$ 材料 VUV 光谱结构的温度依赖性是因为硅骨架结构的变化以及相应的电子结构与长波吸收的变化(French et al, 1992;Miller et al., 1985;Schellenberg et al.,1991)。在图 7.11 的 VUV 光谱图中,吸收边 E_1 尖峰非常有趣,它可能是激子峰,或者是由于能带结构的一维特征而产生的。为了回答这个问题,基于电子结构的准确光学计算是非常有必要的。OLCAO 方法被用来计算聚硅烷晶体的带间光学性质(Ching et al., 1996)。计算得到的光谱图在平行于 c 轴方向(链方向)和垂直于链方向表现出非常强的各向异性。计算再现了实验上观察到的 UV 区域的大的光学吸收,并

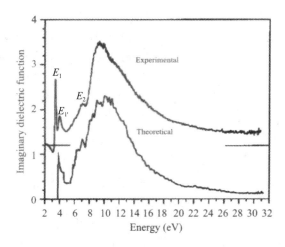

图 7.11 *Pdn6s* 晶体的测量(上面)和计算(下面)的 $\varepsilon_2(\omega)$ 曲线比较

找到了一个尖峰与实验上观察到的 E_1' 峰对应。这个峰在链方向上有主要的分量,所以可以被归属为图 7.9 中一维能带结构上的 HOMO-LUMO 跃迁。图 7.11 给出了计算和测量的光谱图。可以得出结论,尖峰(E_1)是激子峰,它没有出现在单电子计算结果中,第二个强峰(E_1')源于能带结构的一维特征。图 7.11 中计算结果与测量的 VUV 数据非常吻合,这里对计算数据使用了与能量相关的标度因子,目的是为了解决 OLCAO 方法中的有限基组展开由于 Bloch 函数受限的变分自由度导致的而计算主峰向高能级偏移。

7.4 有 机 晶 体

在这一节,我们讨论应用 OLCAO 方法研究三种有机晶体:(1) 有机超导体,一种具有复杂晶体结构和低对称性的准二维电荷转移盐类;(2) Fe(TCNE) 晶体,一种具有大量潜在应用的有机磁体;(3) 二向色性合成(herapathite)晶体,它有 150 年的历史,但是直至最近它的晶体结构才被确定。

7.4.1 有机超导体

有机超导体,包括 C_{60} 基超导体,是一类具有复杂的结构、非凡的特性以及潜在的应用前景的神奇的有机晶体(Williams,1992)。基于 OLCAO 方法研究了两个有机超导体的电子结构:κ-(BEDT-TTF)$_2$Cu(NCS)$_2$ 和 κ-(BEDT-TTF)$_2$Cu[N(CN)$_2$]Br(Ching et al.,1997;Kurmaev et al.,1999;Xu et al.,

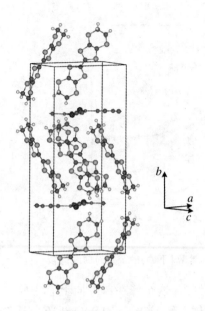

图 7.12 κ-(BEDT-TTF)$_2$Cu[N(CN)$_2$]Br 的晶体结构，ET 分子显示为二聚物，X 分子在垂直于 b 轴的平面

1995)。它们都是准二维电荷转移盐类，在这里 BEDT-TTF 代表 bis(ethylendithio) tetrathiafulvalenel，简称为 ET。两者都是超导体，转变温度分别为 10.4 K 和 14.0 K。有机超导体的机制仍然存在争议，但是基本认为它们具有 BCS 基态。κ-(ET)$_2$Cu(NCS)$_2$ 具有单斜晶胞（空间群是 $P2_1$，$Z=2$），包含有 4 个 ET 分子，总共 118 个原子。κ-(ET)$_2$Cu[N(CN)$_2$]Br 晶体要比第一种晶体大两倍，具有斜方晶胞（空间群是 $Pnma$，$Z=4$），包含 4 个 ET 分子。它们具有相当复杂的晶体结构，拥有大量的不同尺寸的原子，和低对称性。从头算（$ab\ initio$）这样的晶体的电子结构在当时是非常具有挑战性的。以前只采用半经验的方法处理，但是这种方法不能准确地给出有机超导体的电子结构。κ-(BEDT-TTF)$_2$Cu[N(CN)$_2$]Br 的晶体结构在图 7.12 中给出。

虽然存在各种理论，一般认为有机超导体符合 BCS 机理。因此，应用 OLCAO 方法主要计算费米面处的电子有效质量和费米速度。这些信息主要用来解释实验测量结果，比如 Shubnikov-de Haas(SdH)效应、de Haas-van Alphen 实验以及二维角度相关的正电子湮灭测量。一个准确的费米面的绘制需要在布里渊区中大量 $\vec{k}$ 点处求解久期方程以及费米能级处准确的态密度值 $N(E_{\mathrm{F}})$。费米面上的有效质量通过如下公式得到：$m^*=(h^2/2\pi)\mathrm{d}S(0)/\mathrm{d}E$，在这里 S 是指封闭的费米面。κ-(ET)$_2$Cu(NCS)$_2$ 和 κ-(ET)$_2$Cu[N(CN)$_2$]Br 两种晶体的计算结构有一些相似性，也有一些不同。两种晶体的费米面以布里渊区中 Γ 和 Z 点为中心有一个椭圆形的孔，导致在费米能级以下出现显著的 van Hove 奇点峰。κ-(ET)$_2$Cu(NCS)$_2$ 和 κ-(ET)$_2$Cu[N(CN)$_2$]Br 的 $N(E_{\mathrm{F}})$ 计算值分别是 12.8 和 27.4 states/(eV cell)。基于 ET 分子的数量，这两种晶体在费米能级处的 DOS 分别是 3.2 和 3.42 states/(eV ET)。这与 BCS 理论一致，$N(E_{\mathrm{F}})$ 越高则 T_{c} 越高。图 7.13 给出计算得到的两种晶体的费米面。两种晶体的费米面都有一个大的封闭的椭圆形孔。κ-(ET)$_2$Cu[N(CN)$_2$]Br 费米面比 κ-(ET)$_2$Cu(NCS)$_2$ 费米面更复杂，前者有 4 条带穿过费米能级，这是因为前者单胞中的 ET 分子数是后者的两倍。对于 κ-(ET)$_2$Cu(NCS)$_2$ 晶体，在图 7.13(a)中显示了两个标记为 α 和 β 的轨道。这两个轨道的有效质量估测值为

$m_\alpha^* = 1.72 m_e$ 和 $m_\beta^* = 3.05 m_e$。这两个有效质量的值约为测量值的 1/2，这主要是因为在单电子能带计算中忽略了能够增强有效质量的电-声与电-电耦合作用。另一方面，m_α^* 和 m_β^* 的比值为 1.77，与实验值 1.86 非常吻合。$\kappa\text{-}(ET)_2$ $Cu[N(CN)_2]Br$ 晶体中空穴有效质量估测值是 $0.28 m_e$，明显小于 $\kappa\text{-}(ET)_2 Cu$ $(NCS)_2$ 晶体的数值 $1.72 m_e$。$\kappa\text{-}(ET)_2 Cu[N(CN)_2]Br$ 实验费米面很难得到，其原因是晶体结构和费米面拓扑结构复杂性的增加[见图 7.13(b)]。费米能级处电荷密度的分布图显示费米面上的电子主要局域在 ET 分子中 C＝C 双键上，电荷分布具有非等价的权重，其原因是 ET 形成二聚体的堆叠方式。这与 $\kappa\text{-}(ET)_2 Cu[N(CN)_2]Br$ 体系[13]C NMR 测量的结论完全一致。

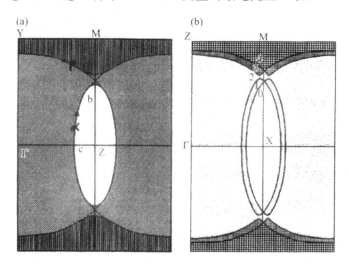

图 7.13　计算的费米面：(a) $\kappa\text{-}(BEDT\text{-}TTF)_2 Cu(NCS)_2$；
(b) $\kappa\text{-}(BEDT\text{-}TTF)_2 Cu[N(CN)_2]Br$

　　需要指出的是，$\kappa\text{-}(ET)_2 Cu(NCS)_2$ 和 $K_3 C_{60}$ 在费米能级处有相似的态密度，如图 7.14 所示。很显然，这两种超导体在 T_c、$N(E_F)$、有效质量与费米能级以下 van Hove 奇点靠近的程度等方面具有正相关性。这说明两种晶体都属于 BSC 超导体。马利肯电荷分析显示说明 ET 分子平均贡献 0.45 个电子到 $Cu[NCS]_2$。波函数分析显示费米能级处的电子态主要来源于 ET 分子中的 C 和 S 原子。

　　两种有机超导体的态密度、原子分态密度与轨道分态密度信息都与 X 射线荧光光谱的数据作了比较（Kurmaev et al.，1999）。测量的 Cu 2p、S 2p、C 1s 和 N 1s 的阈值附近的 $Cu L_3$、$S L_{2,3}$、$C\text{-}K_\alpha$、$N\text{-}K_\alpha$ X 射线衍射光谱（XES），与占据价带中 Cu(3d＋4s)、S(3s＋3d)、O 2p 和 N 2p 的轨道分态密度图相吻合。

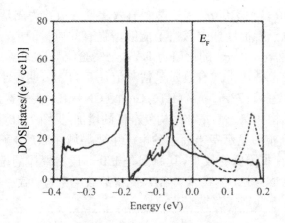

图 7.14　计算的晶体 κ-(BEDT-TTF)₂Cu(NCS)₂
(实线)和 K₃C₆₀(虚线)态密度

7.4.2　Fe-TCNE

　　具有 $M^{II}[TCNE]_x \cdot zS$ 形式的有机晶体代表一类磁性材料,具有令人感兴趣的物理现象与磁电方面的潜在应用,比无机同类材料性能更好(Jain et al.,2007;Miller,2007)。在 $M^{II}[TCNE]x \cdot zS$ 中,M 是过渡金属(V、Mn、Fe、Co、Ni),TCNE 代表四氰乙烯,S 代表 CH_2Cl_2。这些有机化合物的磁有序温度范围从 44 K(M = Co、Ni)到 400 K(M = V)(Manriquez et al.,1991)。一般认为磁有序是通过过渡金属 3d 和$[TCNE]^{\cdot-}\pi^{\square}$阴离子自由基未配对自旋电子之间强反铁磁(AFM)交换作用产生的(Gîrtu et al.,2000)。$[TCNE]^{\cdot-}\pi^*$ 中

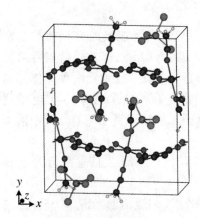

图 7.15　Fe-TCNE 晶体结构示意图
(细节参见原始文献)

强的在位库仑排斥作用以及 M^{II} 中的 3d 电子和$[TCNE]^{\cdot-}\pi^*$之间的反铁磁耦合对于它们的磁序起着至关重要的作用。因此从理论和实验角度详细地研究这一类化合物的电子和磁结构非常重要。虽然大部分的研究都集中在 V 基有机磁体,但是只有$[Fe^{II}(TCNE)(NCMe)_2][Fe^{III}Cl_4]$(或者简写为 Fe-TCNE)具有非常明确的晶体结构(Her,2007)。它属于斜方晶系,单胞总共有 112 个原子(空间群 *Pnam*,Z = 4),包含 2 种非等价的 Fe(Fe^{II} 和 Fe^{III}),7 种 C,4 种 N,3 种 Cl 以及 6 种 H(见图 7.15)。这个晶体表现出一个非常复杂的层状结构,两种

不同形式的 $Fe^{II}(TCNE)^-$ 弯曲层由 $[C_4(CN)_8]^{2-}$ 配体连接起来。Fe^{II} 与 6 个 N 成键形成一个倾斜的八面体，$(Fe^{III})Cl_4$ 基团类似一个孤立的分子。CH_2Cl_2 作为溶剂分子在晶体中无序排列，并且沿着晶体的 c 轴有一个大的线状通道。最近的自旋极化光电子谱（PES）实验表明 Fe-TCNE 在费米能级处具有 23% 的自旋极化率（Caruso et al.，2009）。

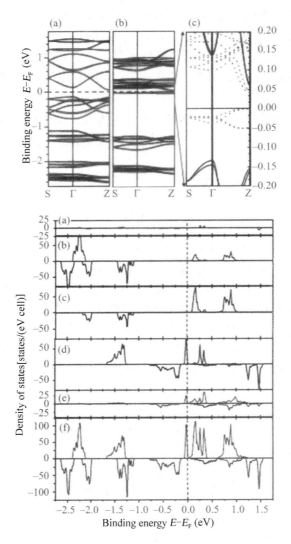

图 7.16　计算的 Fe-TCNE 的电子结构。上面一组图是自旋极化的能带结构：（a）自旋向下，（b）自旋向上，（c）沿着两个高对称方向放大的费米能级附近图像。（---）代表自旋向上，（——）代表自旋向下。下面的一组图，总态密度和分态密度：（a）MeCN，（b）Cl，（c）Fe^{III}，（d）Fe^{II}，（e）TCNE，（f）total（细节参见原始文献）

基于 LSDA 近似的自旋极化 OLCAO 方法已经被用于探测 Fe-TCNE 晶体的电子结构。计算使用全基组，包括 Fe 的原子轨道（[Ar]3d,4s,4p,5s,5p,4d），N(1s,2s,2p,3s,3p)，C(1s,2s,2p,3s,3p)及 H(1s,2s,2p)。为了提高计算精度，在不可约布里渊区选取 90 个 $\vec{k}$ 点。计算的自旋极化能带结构和 DOS 如图 7.16(a)和 7.16(b)所示。从图中可以看出 Fe-TCNE 接近一个半金属，费米能级靠近由 Fe^{II} 贡献的自旋向上的态，而自旋向下的能带有一个小的带隙。这与实验上的自旋极化 PES 观测到费米能级处高的自旋极化一致。因为计算是在绝对零度下进行的，热效应可能会降低半金属电子结构的 100% 自旋极化率。计算也表明了在这个晶体中 Fe^{II}、Fe^{III}，以及 N 和 C 原子（在次要程度上）是反铁磁耦合的。

这些都是初步的计算结果，没有考虑原子内强关联作用。预期可以跟第 6 章所介绍的 YIG 晶体类似，使用 LSDA＋U 方法重复上述的计算。

7.4.3　Herapathite 晶体

Herapathite(HPT)是一个卓越的线性二向色性的复杂有机晶体。自从 1852 年被发现(Herapath,1852)，它已经吸引了科学家对其长达 150 多年的研究兴趣。由于它的极化性能，HPT 中强线性二向色性和相关的结构已被发现有各种各样的应用。HPT 的电子结构并不清楚，这是由于直到最近，HPT 复杂的晶体结构还尚未完全确定(Kahr et al.,2009)。HPT 具有斜方单胞，其中包含一个化学分子式单元 $4QH_2^{2+} \cdot C_2H_4O_2 \cdot 3SO_4^{2-} \cdot 2I_3^- \cdot 6H_2O$（空间群 $P22_12_1$，No.18，$Z=4$），这里 $Q=C_{20}H_{24}N_2O_2$（奎宁）。六个水分子分布在八个可能的位点，乙酸分子($C_2H_4O_2$)分布在两个可能的位点。图 7.17 显示了它的晶体结构。三碘化链沿着由奎宁分子形成的包合物通道。

计算一个单胞中包含 998 个原子的 HPT 晶体对于计算化学与计算物理都是一个很大的挑战。HPT 的电子结构和线性光学性质是采用 OLCAO 方法计算的(Liang et al.,2009)。图 7.18 给出了计算的总态密度和组分投影分态密度：三碘化物，奎宁，硫酸，乙酸和水。所计算的 HOMO-LUMO 的带隙在 0.40～8 eV，这取决于晶体中水和乙酸分子的分布。在接近 HOMO-LUMO 能隙的 $-1.2～2.0$ eV 范围内，只存在与 I_3^- 和奎宁相关的态。图7.19 显示计算的 $\varepsilon_2(\hbar\omega)$ 高达 6 eV。其中的小图显示在远紫外区域平均光谱达到 40 eV。在 1.76 eV 和 1.56 eV 处平行于晶体的 b 轴方向有两个很大的峰（用 A,B 标记），而垂直方向的吸收被忽略。在正交方向上的吸收幅度比例（或者线性二向色性）接近 350！尽管 HPT 晶体中的各向异性吸收由它的发现者描述过，从头算则是根据电子结构为该性质提供了基础。在 15 eV 处的宽峰起源于奎宁、硫酸和溶剂分子的跃迁。

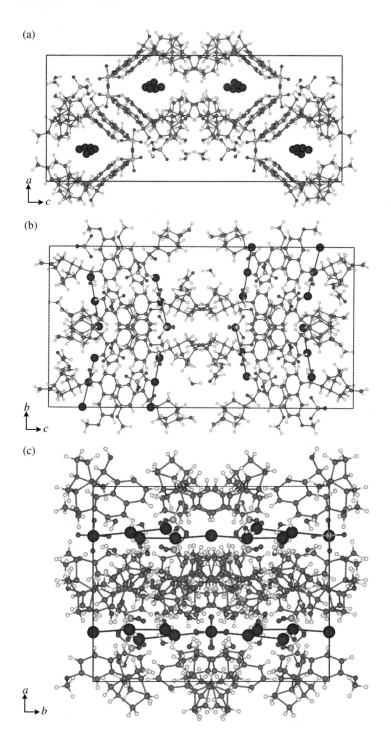

图 7.17　HPT 晶体结构：(a)[010]方向；(b)[100]方向；(c)[001]方向

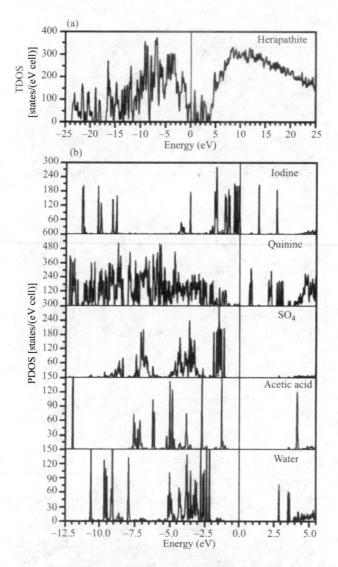

图 7.18 计算 HPT 晶体中(a)总态密度和(b)不同组分的分态密度(三碘化物,奎宁,硫酸,乙酸和水)

HPT 中巨大的光学各向异性可以用它的电子结构来解释。需要考虑三个因素来做出合理的解释:第一,在两个 I_3^- 离子之间有很强的相互作用,打破了对称性,因此简单基于 $C_{\infty h}$ 对称性的 I_3^- 分子轨道解释是不够的。第二,两个 I_3^- 离子不是严格线性的,它们的轴向偏离 z 方向(b 轴)$\pm 12^\circ$。第三,I_3^- 离子和奎宁分子仅仅是弱相互作用,奎宁分子和其他非 I 化合物混合。通过找出 2 个 I_3^- 离子的所有 22 个分子轨道(MOs)(44 个电子)以及它们波函数的组合,可以总结出图 7.19 中的强跃迁峰 A 和 B 源于在 -0.39 和 $-0.18\,\mathrm{eV}$ 处的两个 σ 态,它们对应的跃迁能分别是 1.76 和 $1.56\,\mathrm{eV}$。由于两个 I_3^- 离子相互作用时 σ 轨道分裂成两个,从而在图 7.19 中产生了双峰。因为在计算中两个 I_3^- 的轴向与笛卡儿 z 方向不一样,它们主要由 $5p_z$ 轨道贡献,并混合了一些 $5p_y$ 轨道占据。这种混合允许在轴方向上,I_3^- 的初态和 σ 末态最大程度的重叠,导致了强线性二向色性。

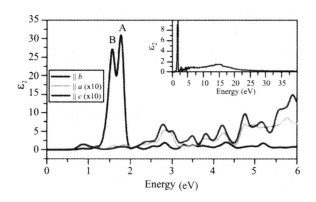

图 7.19　计算 HPT 平行和垂直于 b 轴组分的 $\varepsilon_2(\hbar\omega)$,
嵌入的小图显示了达到 40 eV 的平均谱

研究还计算了 HPT 上的每一个离子的有效电荷 Q^*。对于这六个晶体中非等价的 I_3^- 离子,六个碘原子(I1,I2,I3,I4,I5,I6)上的电荷分别是 -0.322,-0.071,-0.487,-0.382,-0.060,-0.431 个电子,所以对于三碘化链(I1 - I2 - I3 或者 I4 - I5 - I6)用 I_3^- 离子描述非常准确。中心的碘原子(I2 和 I5)有很少的电荷,这对于 I_3^- 的 3 中心 4 电子(3c,4e)成键是典型的情况(Landrum et al.,1997)。但是,在链内 I_3^- 离子之间的相互作用是不可忽略的,因为我们可以认为 HPT 中 I_3^- 单元沿晶体的 b 轴形成 I 原子无限一维链。

7.5　生物陶瓷晶体

大部分的生物陶瓷是磷酸盐。它们一般以非常复杂的晶体结构著称。非化学计量比、大量缺陷、杂质污染都是常见的情况。在这一节,我们描述了 OLCAO 方法在磷灰石和三钙磷酸盐两类生物陶瓷晶体上的应用。

7.5.1　钙磷灰石晶体

氟磷灰石(FAP)和羟基磷灰石(HAP)是两个重要的生物陶瓷晶体,属于磷灰石一族(MacConnell,1973)。HAP 是骨骼和牙齿矿物部分的主要成分,因此,作为生物陶瓷材料的一个范例发挥了突出的作用。FAP 作为矿物质晶体,主要用作激光基质材料。由于 HAP 中 F 的含量是生物过程中的一个重要问题,与表面吸收和扩散相关,它们经常被放在一起研究。还有一大部分研究兴趣集中在 HAP 表面吸附的各种蛋白质的结构和性能,及其对不同生物活性的影响(Hench,1998;Koutsopoulos and Dalas,2001)。

磷灰石晶体具有相当复杂的结构,在六角晶胞(空间群是 $P6_3/m$)中有两个化学分子式单元 $Ca(PO_4)_3X(X = F, OH)$。对于 HAP,原胞中有 44 个原子,沿着 c 轴方向 OH 位是半占据的。

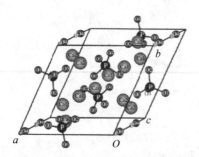

图 7.20　羟基磷灰石晶体结构图

关于 OH 根离子在 HAP 中的取向还没有完全确定,存在一些争议,但是由于 OH 的取向产生的电子结构的差异可以忽略不计。另一方面,FAP 中 F 离子的位置并不存在这样的模糊性。图 7.20 中给出了 HAP 的晶体结构,HAP 和 FAP 中有两个 Ca 位点,Ca1 和 Ca2。四个 Ca1 离子通常标记为柱型 Ca,它们形成了单个原子柱,垂直于基本面。六个 Ca2 离子称为轴向 Ca,它们构成了一个通道,每 3 个 Ca 原子形成的一个平面垂直于 c 轴。这两组 Ca 原子相对于对方有稍微的旋转。通道离子位在 Ca2 三角形中心的 c 轴上。Ca1 松散地与 9 个 O 离子连接,而 Ca2 与 6 个 O 离子连接。PO_4 基团在晶体中是一个紧密结合的四面体。天然磷灰石的两个 Ca 位点可以被碱金属、过渡金属及稀土离子等取代。

OLCAO 方法已经被用于计算四种磷灰石晶体 $Ca_{10}(PO_4)_6X_2(X = F, Cl, Br, OH)$ 的电子结构和光学性质(Rulis et al.,2004)。图 7.21 给出了四种磷灰石晶体的能带结构计算结果。它们都是宽带隙的绝缘体,带系范围从 HAP 的 4.51 eV 变化到 FAP 的 5.47 eV。在价带顶部都有一个非常平的带。价带上部

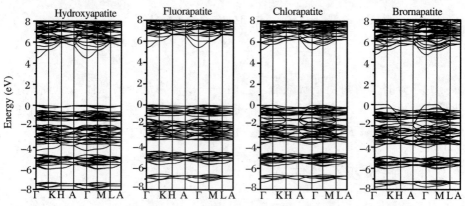

图 7.21　四种磷灰石晶体 HAP,FAP,ClAP,BrAP 晶体的能带结构图

对应四个峰,来源于 O 的 2p 轨道,而价带底部对应很多峰。HAP 与其他磷灰石最大的区别是价带顶对应于一个尖锐的峰,这个尖峰来源于 OH 离子。导带主要由 Ca 离子贡献。马利肯有效电荷和键级分析显示 PO_4 单元具有很强的共价键,在 Ca 和 O 之间有弱的离子键。平均上看,Ca 大概失去 1.2 个电子给周围的离子。PO_4 单元可以被看作一个负离子,带 2 个电子。因此 PO_4 离子价为 -2,不同于正常的 $(PO_4)^{-3}$ 基团。HAP 和 FAP 的光学吸收谱计算结果非常相似。

OLCAO 方法对于 HAP 和 FAP 晶体的计算后面将会扩展到包括(001)表面的形成和 XANES 光谱。这将会在第 9 章给予讨论。

7.5.2　α-和 β-磷酸三钙

$Ca_3(PO_4)_2$ 或 TCP 是生物陶瓷中的一大类,在临床生物医药研究方面有很多优势。TCP 能加速断骨恢复过程,并促进新骨组织的生长,主要是因为它和蛋白质的生物相容性好,有利于体内蛋白质吸附和细胞黏附。由于这个原因,TCP 是发展新一代特殊需求的生物材料和复合材料的首要材料。

TCP 有两个相,α-TCP 和 β-TCP,具有非常复杂的结构,单胞中有几百个原子。纯合成的 TCP 不容易生长,因为它们经常包含 Mg、Zn、Si 等杂质,并且通常是孔状的。体相的 α-TCP 晶体具有单斜晶胞,每个单胞包含 312 个原子或者 24 个 $Ca_3(PO_4)_2$ 单元(空间群是 $P21/a$)。α-TCP 可以被认为包含两种平行于(010)方向的离子列[见图 7.22(a)]。A 支列包含 Ca^{2+} 离子,而 B 支列包含 Ca^{2+} 和 PO_4^{3-}。根据报道,β-TCP[见图 7.23(b)]具有六角晶胞(空间群 $R3c$),每个单胞有 273 个原子或者是 21 个 $Ca_3(PO_4)_2$ 单元。在 β-TCP 中,六个 Ca 位是半占据的,这也暗示了在一个单胞中应该有 3 个 Ca 空位。对于电子结构计算,我们模拟了 β-TCP 结构,在六个半占据的 Ca 位上分布三个 Ca 空位。选择能量最低的一个作为 β-TCP 最具有代表性的结构,用作后续的电子结构研究。

通过 OLCAO 方法计算 α-TCP 和 β-TCP 晶体的电子结构和键合。图7.23 给出了两种晶体的总态密度和分态密度。总的特点和前面讨论的其他生物陶瓷晶体相似。两种晶体都是有大直接带隙的绝缘体,α-TCP 带隙为 4.89 eV,β-TCP 带隙为 5.25 eV。有效电荷计算表明 β-TCP 比 α-TCP 每个 Ca 有稍微少的电荷转移。

后面也研究了 α-TCP(010)表面模型和 β-TCP(001)面。它们将会在第 9 章给予讨论,另外通过 VASP 软件平面波赝势的方法还研究了两种 TCP 晶体的力学性能。

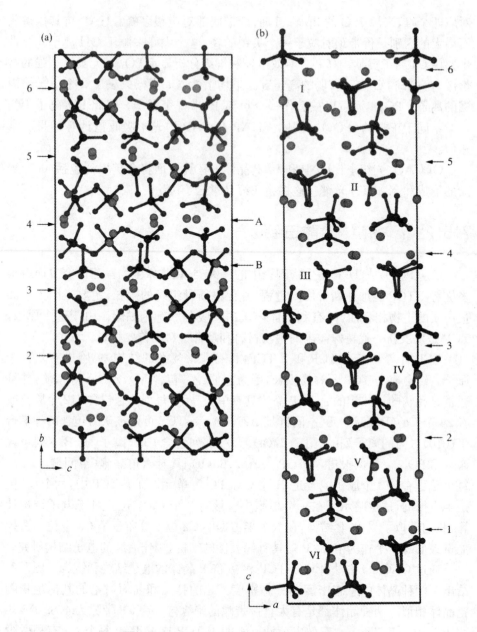

图 7.22 **α**-TCP(a)和 **β**-TCP(b)的晶体结构

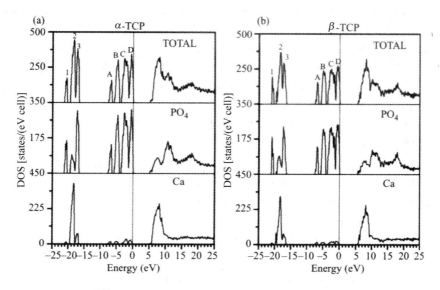

图 7.23　计算的 α-TCP 和 β-TCP 中 Ca 和 PO_4 基团的 TDOS 和 PDOS

参 考 文 献

Abanin, D. A. , Morozov, S. V. , Ponomarenko, L. A. , et al. (2011), *Science*, 332, 328-30.

Barros, E. B. , Jorio, A. , Samsonidze, G. G. , et al. (2006), *Physics Reports*, 431, 261-302.

Caruso, A. N. , Pokhodnya, K. I. , Shum, et al. (2009), *Phys. Rev. B*, 79, 195202

Castro Neto, A. H. , Guinea, F. , Peres, N. M. R. , Novoselov, K. S. & Geim, A. K. (2009),
Reviews of Modern Physics, 81, 109.

Charlier, J. ‐ C. , Blase, X. & Roche, S. (2007), *Reviews of Modern Physics*, 79, 677.

Ching. W. Y. , Huang, M. Z. , Xu, Y. N. , Halter. W. G. , Chan, F. T. (1991), *Phys. Rev.
Lett.*, 67, 2045-48.

Ching, W. Y. , Huang, M. Z. & Xu, Y. N. (1992), *Phys. Rev. B*, 46, 9910-12.

Ching, W. Y. , Xu, Y. ‐ N. & French, R. H. (1996), *Phys. Rev. B*, 54, 13546-50.

Ching, W. Y. , Xu, Y. ‐ N. , Jean. Y. C. & Lou, Y. (1997), *Phys. Rev. B*, 55, 2780-83.

French, R. H. , Meth, J. S. , Thorne, J. R. G. , Hochstrasser, R. M. & Miller, R. D. (1992),
Synthetic Metals, 50, 499-508.

French, R. H. , Parsegian, V. A. , Podgornik, R. , et al. (2010), *Reviews of Modern Physics*,
82, 1887.

Gîrtu, M. A. , Wynn, C. M. , Zhang, J. , Miller, J. S. & Epstein, A. J. (2000), *Physical Review
B*, 61, 492.

Greenwood, D. A. (1958), *Proceedings of the Physical Society*, 71, 585.

Hebard, A. F. , Rosseinsky, M. J. , Haddon, R. C. , Murphy, D. W. , & Glarum, S. H. (1991), *Nature*, 350, 600.

Hench, L. L. (1998), *Journal of the American Ceramic Society*, 81, 1705-28.

Her, J. - H. , Stephens, P. W. , Pokhodnya, K. I. , Bonner, M. , & Miller, J. S. (2007), *Angewandte Chemie International Edition*, 46, 1521-24.

Herapath, M. B. (1852), *Philos. Mag.*, 3, 161.

Huang, M. Z. , Xu, Y. N. , & Ching, W. Y. (1992a), *J. Chem. Phys.*, 96, 1648-50.

Huang, M. Z. , Xu, Y. N. , & Ching, W. Y. (1992b), *Phys. Rev. B*, 46, 6572-77.

Huang, M. Z. , Ching, W. Y. , & Lenosky, T. (1993a), *Phys. Rev. B*, 47, 1593-606.

Huang, M. Z. , Xu, Y. N. , & Ching, W. Y. (1993b), *Phys. Rev. B*, 47, 8249-59.

Huang, M. Z. & Ching, W. Y. (1994), *Physical Review B*, 49, 4987.

Iijima, S. (1991), *Nature*, 354, 56.

Jain, R. , Kabir, K. , Gilroy, J. B. , Mitchell, K. a. R. , & Wong, K. - C. (2007), *Nature*, 445, 291.

Kahr, B. , Freudenthal, J. , Phillips, S. , & Kaminsky, W. (2009), *Science* (*Washington, DC, United States*), 324, 1407.

Kelty, S. P. , Chen, C. - C. , & Lieber, C. M. (1991), *Nature*, 352, 223.

Koutsopoulos, S. & Dalas, E. (2001), *Langmuir*, 17, 1074-9.

Kroto, H. W. , Heath, J. R. , O'brien, S. C. , Curl, R. F. , & Smalley, R. E. (1985), *Nature*, 318, 162.

Kurmaev, E. Z. , Shamin, S. N. , Xu, Y. N. , et al. (1999), *Phys. Rev. B*, 60, 13169-74.

Landrum, G. A. , Goldberg, N. , & Hoffmann, R. (1997), *Journal of the Chemical Society, Dalton Transactions Inorganic Chemistry*, 3605-13.

Lenosky, T. , Gonze, X. , Teter, M. , & Elser, V. (1992), *Nature*, 355, 333.

Liang, L. , Rulis, P. , Kahr, B. , & Ching, W. Y. (2009), *Phys. Rev. B*, 80, 235132.

Liang, L. Rulis, P. , & Ching W. Y. (2010), *Acta Biomaterialia*, 6, 3763-71.

Lou, Y. , Lu, X. , Dai, G. H. , Ching, W. Y. , et al. (1992), *Phys. Rev. B*, 46, 2644-7.

Macconnell, D. (1973), *Apatite: Its Crystal Chemistry, Minerology, Utilization and Geological Occurrences* (New York: Springer-Verlag).

Mackay, A. L. & Terrones, H. (1991), *Nature*, 352, 762.

Manriquez, J. M. , Yee, G. T. , Mclean, R. S. , Epstein, A. J. , & Miller, J. S. (1991), *Science*, 252, 1415-17.

Mcmillian, W. L. (1968), *Physical Review*, 167, 331.

Miller, J. S. (2007), *MRS Bulletin*, 32, 549.

Miller, R. D. , Hofer, D. , Rabolt, J. , & Fickes, G. N. (1985), *Journal of the American Chemical Society*, 107, 2172-4.

Novoselov, K. S. , Geim, A. K. , Morozov, et al. (2004). *Science*, 306, 666-9.

O'keeffe, M. , Adams, G. B. , & Sankey, O. F. (1992), *Phys. Rev. Lett.*, 68. 2325.

Patnaik, S. S. & Farmer, B. L. (1992), *Polymer*, 33, 4443-50.

Popov, V. N. (2004), *Materials Science and Engineering: R: Reports*, 43, 61-102.

Rosseinsky,M. J. ,Ramirez,A. P. ,Glarum,S. H. ,et al. (1991) ,*Phys. Rev. Lett.* ,66, 2830.

Rulis,P. ,Ouyang,L. ,& Ching,W. Y. (2004) ,*Phys. Rev. B* ,70. 155104/1-155104/8.

Saito，R. ，Sato，K. ，Oyama，Y. ，Jiang，J. ，Samsonidze，G. G. ，Dresselhaus，G. ，& Dresselhaus,M. S. (2005) ,*Physical Review B* ,72,1 53413.

Schellenberg,F. M. ,Byer,R. L. ,French,R. H. ,& Miller,R. D. (1991) ,*Physical Review B* , 43,10008.

Schwarz,H. A. (1890) ,*Gesammelte Mathematische Abhandlugen* (Berlin:Springer).

Sohmen E. ,Fink,J. ,& Krätschmer,W. (1992) ,*Europhys. Lett.* ,17,51.

Tanigaki,K. ,Ebbesen,T. W. ,Saito,S. ,Mizuki,J. ,& Tsai,J. S. (1991) ,*Nature* ,352, 222.

Townsend,S. J. ,Lenosky,T. J. ,Muller,D. A. ,Nichols,C. S. ,& Elser,V. (1992). *Physical Review Letters* ,69,921.

Tycko,R. ,Dabbagh,G. ,Rosseinsky,M. J. ,Murphy,D. W. ,Fleming,R. M. ,Ramirez, A. P. ,& Tully,J. C. (1991) ,*Science* ,253,884-6.

Vanderbilt,D.& Tersoff,J. (1992) ,*Phys. Rev Lett.* ,68,511.

Williams，J. M. （1992），*Organic Superconductors （Including Fullerenes），Synthesis，Structure ,Properties and Theory* (Eaglewood Cliffs,NJ:Prentice Hall).

Xu,Y. N. ,Huang,M. Z. ,& Ching,W. Y. (1991) ,*Phys. Rev. B* ,44,13171-4.

Xu,Y. N. ,Huang,M. Z. ,& Ching,W. Y. (1992) ,*Phys. Rev. B* ,46,4241-5.

Xu,Y. N. ,Ching,W. Y. ,Jean,Y. C. ,& Lou,Y. (1995) ,*Phys. Rev. B* ,52,12946-50.

Zabel,H.& Solin,S. A. (eds.) (1992) ,*Graphite Intercalation Compounds Ii ,Transport and Electronic Properties* ,New York:Springer-Verlag.

Zheng,M. ,Jagota,A. ,Strano,M. S. ,et al. (2003) ,*Science* ,302,1545-8.

第 8 章　在非晶固态和液态体系中的应用

本章主要介绍了 OLCAO 方法在非晶态体系和无定形材料(包括冷冻液体)体系中的应用。需要强调的是对这类体系的处理是 OLCAO 方法发展的出发点。当这种方法进一步发展到包含自洽的势能,很明显它可以很容易地处理复杂晶态体系。从计算的角度来说,处理一个大的复杂晶体和处理一个非晶固体的超胞模型没有什么区别。在我们介绍更多最新的应用之前,我们先简单回顾一下 OLCAO 方法对于无定形半导体、绝缘体和金属玻璃的一些早期应用。近期的对非晶态材料的应用需要扩展的结构模型,这些模型经常是从其他从头算方法获得。最后两部分是关于熔盐和混凝土模型,它们是刚刚兴起的课题。

8.1　无定形 Si 和 a-SiO$_2$

8.1.1　无定形 Si 和氢化 a-Si

无定形 Si(a-Si)是低成本的光电材料,被用于太阳能板。从 20 世纪 70 年代初持续到现在人们对其一直有极大研究兴趣。OLCAO 方法在无定形 Si(a-Si)的首次应用是建立了一个 61 个原子形成的周期性的连续随机四面体网格(CRTN)的 Henderson 模型(Ching and Lin,1975;Ching et al.,1976)。在早期,当每个 Si 只有 4 个轨道(3s,3p$_x$,3p$_y$,3p$_z$)被使用时,实现维度 244×244 矩阵方程的对角化被认为是一个很大的成就。在模型中采用周期性边界条件会避免人为造成的表面效应,而当用有限的原子团簇模拟无定形材料时总是会存在这种效应。不管势能的粗糙性,截断基组的使用,以及只在 4 个 $\vec{k}$ 点获得解的事实,计算所得的 DOS 实际上与 X 射线光电效应数据是相当一致的。在使用正交化方案之后,进行了重复计算并获得显著的改善(Ching et al.,1976)。类似的计算被用于另外的周期性的 CRTN 模型,54 个原子的 Guttmann 模型,它有更小的键长和键角扭曲(Ching et al.,1977)。有趣的是,在这些研究中使用的 CRTN 模型比在这一时期研究的复杂晶体要小。这些工作导致对许多非晶态固体的 OLCAO 计算一直延续到现在,主要差别是,现在用来模拟无限大的固体的周期性模型更大、更加实际,在一些例子中可以达到成千上万个原子。

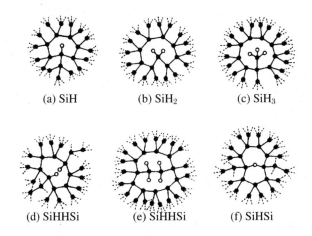

(a) SiH　　　(b) SiH$_2$　　　(c) SiH$_3$

(d) SiHHSi　　(e) SiHHSi　　(f) SiHSi

图 8.1　a-Si 结构模型的二维示意图:显示了六种不同的 H 键配置

无定形 Si 的电子结构的计算扩展到氢化的无定形 Si 的模型(Ching et al.,1979;Ching et al.,1980)和含有缺陷的模型,比如含 O 和 F 的结构(Ching et al.,1980a;Ching et al.,1980b)。众所周知,真正的无定形 Si 包含许多内部缺陷和断键,这些断键可以通过掺入 H 元素来修复以提高太阳能电池的效率。为此,团簇型的模型被手动建立起来并用 Keating 势进行弛豫(Ching et al.,1979;Ching et al.,1980)以代替周期性的 CRTN 模型。如图 8.1 所示,特定的成键构型建立在团簇的中心部分。这些包含有一氢化的 Si-H,二氢化的 SiH$_2$,三氢化的 SiH$_3$,饱和断键模型(SiHHSi),聚合物模型(SiH$_2$)$_2$,和桥接模型(SiHSi)。在断键模型中计算得出的 H 原子价带局域 DOS 图与光电效应实验很好地吻合,这表明对于在氢化的 a-Si 中掺入 H,断键模型是最有可能形成的结构。因为使用了团簇模型,LCAO 方法而不是 OLCAO 方法被采用。在这里,基组中团簇原子的外壳层只包含芯态,并且没有价态来缓冲以使表面效应最小化。相比于团簇模型,周期性 CRTN 模型应该更为适合,但是因为 Si-Si 共价键的取向性,其缺陷构型很难维持周期性边界条件。

8.1.2　无定形 SiO$_2$ 和 a-SiO$_x$ 玻璃

对无定形 Si 的 CRTN 模型的研究自然导致了对于无定形 SiO$_2$ 玻璃(a-SiO$_2$)的研究。在周期性模型 a-Si 的每一个 Si-Si 对中插入桥接的 O 原子,缩放到玻璃密度,并用简单的 Keating 势弛豫结构,那么就可以构建出关于 a-SiO$_2$ 的理想的周期性的连续随机网格模型(CRN)。此模型构建过程避免了含有方向键的体系模型维持周期性的困难（Ching，1982a）。这个模型没有 Si-Si 键或者悬挂键 Si-O 键，是最适合基础研究的理想玻璃网格结构。OLCAO 方法被应用于由 Guttmann 模型产生的 162 个原子的 a-SiO$_2$ 模型（Ching，1981；Ching，1982b）。结果显示计算出的 DOS 和晶状石英（α-SiO$_2$）DOS 十分相似，并和实验有很好的一致。这个模型足够大能让我们估计基于电子态的波函数的局域化指数（LI）。一个令人惊奇的发现是处于价带边缘的态是高度局域的（跟预想的一样），而那些处于非占据 CB 边缘的态则不是局域的，这与当时的理念恰恰相反。这个模型后来被用于研究体积压缩达到 20% 的 a-SiO$_2$ 的电子和振动结构（Murray and Ching，1989）。尽管计算的模型中力是相当粗糙的，其得到的结果却与实验定性地符合。

上述的在 a-Si 模型中的 Si-Si 键中插入 O 原子的策略被用来制作 a-SiO$_x$（$x=0.5,1.0,1.5$）模型，因为这是在当时引起很大兴趣的课题，这些模型后来被用来模拟 Si-SiO$_2$ 界面（Ching，1982a）。构造了两种类型的 a-SiO$_x$ 模型：随机键模型和随机混合模型。在随机键模型中，a-SiO$_x$ 中的 Si-O 和 Si-Si 键是随机分布的。在随机混合模型中，Si-O 键和 Si-Si 键分别被局限在相互之间没有断键的小团簇中。就像 a-Si 和 a-SiO$_2$ 那样，两种模型都是用 Keating 势来弛豫的。计算了随机键模型和随机混合模型的电子结构，并根据不同的局域成键结构详细计算了 DOS（Ching，1982c）。通过与实验测得的光电效应数据的对比，得出随机键模型比较适合描述 SiO$_2$ 和 Si 的界面处的 a-SiO$_x$ 的结构。

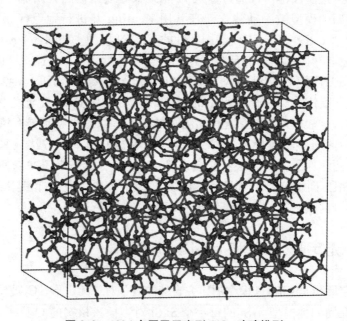

图 8.2　1296 个原子无定形 SiO$_2$ 玻璃模型

上述的 a-SiO$_2$ 的 CRN 模型进一步发展成一个更大的包含 1296 个原子的

模型,并用几个不同的、更准确的势能来弛豫(Huang and Ching,1996;Huang et al.,1999)。结果是一个近乎理想的拓扑无序 CRN 模型,没有断键,在 Si-O 键长和 O-Si-O 键角中有小的扭曲,Si-O-Si 桥接角度的分布接近于实验。此模型如图 8.2 所示。随着计算能力的提高,这个模型的电子结构和振动谱得到详细的研究。计算表明低能振动模式包含多于 10 个原子的软驱运动,这对玻璃中的两能级隧穿模型有一定的影响(Huang et al.,1999)。在那个时候,OL-CAO 方法的自洽版本被充分发展,并被应用于大的体系。图 8.3 表示的是此模型计算得出的 DOS 与 α-石英的 DOS 对比。从计算的局域指数来看,估算的 VB 边的迁移率边小于 0.06 eV,比更小的模型得出的迁移率边要小。并且还可以看到 CB 边缘有完全非局域态(见图 8.4)。

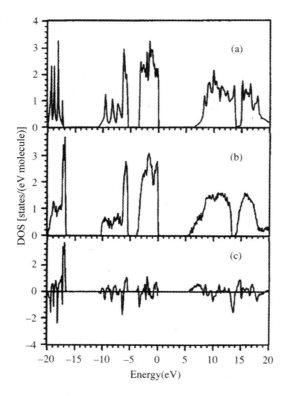

图 8.3 总 DOS:(a)α-石英,(b)a-SiO$_2$,(c)(b)与(a)的差分

8.1.3 其他玻璃体系

早期基于周期性模型的 a-SiO$_2$ 玻璃研究很快地被延伸到更加复杂的碱金属掺杂玻璃比如(Na$_2$O)$_x$(SiO$_2$)$_{1-x}$(Murry and Ching,1987;Murry et al.,1987),还有掺杂 CaO 的硅酸钠玻璃(Veal et al.,1982)。这些是相当小的模

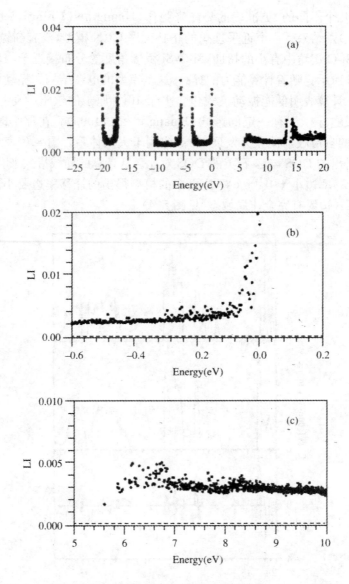

图 8.4 a-SiO$_2$ 电子态的局域指数：(a)整个范围的态，(b)VB顶的态，(c)CB边缘的态。水平虚线对应 $1/N = 0.00013$

型，但是碱金属离子的离子键在键结构中提供了必要的弹性从而使周期性边界条件容易满足。另外还计算了这些硅酸盐模型的 DOS、PDOS、有效电荷和局域指数。尽管这些早期的非自洽的计算使用了一个相当粗糙的原子势重叠模型，但是得出的结果对于解释实验数据是十分有用的。这些研究展示了这个方法的前景，并直接导致今天采用 OLCAO 方法对这些复杂体系进行更加精确的计算。

人们自然质疑,对于像无定形 Si_3N_4(a-Si_3N_4)这样的一种强共价键玻璃,是否能够建立一个类似的近乎完美的 CRN 模型来模拟。事实证明,当施加周期性边界条件时,对 Si 维持四面体键、对 N 保持三配位的平面成键的刚性要求过于严格。尽管采取了不同的尝试和策略(Ouyang and Ching,1996),对于 a-Si_3N_4 并没有实现一个近乎完美的 CRN 模型。通过对 Si_3N_4 结晶相进行修饰而产生的模型保留了一些结晶顺序。这就意味着也许不可能形成完美的 Si_3N_4 CRN 模型,更合理的期待是在这样的材料中存在一些没有理想局域键的缺陷结构。这个经验后来激励我们用分子动力学方法去获得初始的无序或者非晶结构,再进一步改善结构,进行电子结构计算。

8.2　金　属　玻　璃

金属玻璃构成另一种非晶固态,并有许多应用。与氧化物玻璃相反,金属玻璃的历史相对较短,对它们的结构和电子性质缺乏足够的研究。因为金属键是非定向的,金属玻璃比 a-SiO_2 和 a-Si_3N_4 更容易构建大的周期模型。这种观点在 20 世纪 80 年代早期很快被实现,那时如上所述的各种各样的 a-SiO_2 和 a-SiO_x 模型正在被研究。构造金属玻璃模型需要不同的策略,并在它们的电子态上投注不同的焦点。在这一节,将会描述一些金属玻璃体系的此类应用。

8.2.1　Cu_xZr_{1-x} 金属玻璃

OLCAO 方法第一次在金属玻璃(MGs)上的应用是研究 Cu-Zr 体系。这是最常见的 MGs 之一,它们有广泛报道的实验数据但是几乎没有理论计算。对于富含 Zr 的玻璃 $Cu_{13}Zr_{26}$ 的计算开始用了只有 39 个原子的小的晶胞(Jaswal et al.,1982),对于富含 Cu 的玻璃 $Cu_{65}Zr_{35}$ 用了 100 个原子(Jaswal and Ching,1982)。所用的晶胞的尺寸是由样品的测量质量密度决定的。然后此模型用 Lenard-Jones 势的 Monte Carlo 方法进行弛豫(Metropolis et al.,1953)。Lenard-Jones 势适用于描述金属玻璃的随机堆积硬球模型。将此模型的径向分布函数与实验数据进行对照,结果令人满意。在这些计算中采用了一个简单的原子势叠加模型。计算所得的 DOS 与实验上的 X 射线光电效应数据保持很好的一致性,但是与同样成分的晶体相表现出很大的不同。研究的焦点主要放在模型的可行性上。判断基于二元 MG 的径向分布函数和 Cargill 和 Spaepan 定义的短程有序系数 η_{AB}(Cargill Ⅲ and Spaepan,1981),计算所得的 DOS 的形状及其在费米面 E_F 处的值。计算被扩展到一个更大的 90 个原子的

周期性晶胞 $Cu_x Zr_{1-x}$(Ching et al.,1984)。以今天的标准来看,这些早期的关于 $Cu_x Zr_{1-x}$ MGs 的计算是非常粗糙的。很快这些计算被延伸到其他具有更大的模型和更精确的势的 MGs 中。

8.2.2 其他金属玻璃

除了 $Cu_x Zr_{1-x}$,$Ni_{1-x} P_x$ 是另一个被仔细研究过的 MG。特别地,对 $Ni_{75} P_{25}$ (Ching,1985)和 $Ni_{1-x} P_x$($x = 0.15,0.20,0.25$)(Ching,1986)进行了 100 个原子模型的电子结构计算。Mulliken 电荷分析指出,平均来看:对于不同的 x 值 ($x = 0.25 \sim 0.15$),P 原子从 Ni 获得 $0.4 \sim 0.8$ 个电子。在 $Ni_{1-x} P_x$ 中高的电阻率可能与费米能级处相对局域化的态的存在及与实验值有很好一致性的 E_F 处的计算 DOS 值有关。

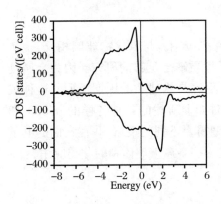

图 8.5 a-Fe 的 200 个原子模型的自旋极化 DOS 图:上半(下半)部分对应自旋向上(自旋向下)态

在无定形 Fe(a-Fe)(Xu et al.,1991;Zhong and Ching,1994)和 a-$Fe_{80} B_{20}$ (Ching and Xu,1991)的磁性计算中采用 200 个原子的超大模型,用 OLCAO 方法的自旋极化版本进行研究。这个模型的构建和弛豫与其他的 MGs 相似,但是自旋极化的计算使它更具挑战性。图 8.5 显示的是 a-Fe 的 200 个原子模型自旋极化 DOS 图。多数自旋带在 -0.5 eV 时有个峰值而少数自旋带在 1.5 eV 时有峰值。少数自旋带在费米能级处的 DOS $N(E_F)$ 是多数自旋带的 3 倍。图 8.6(上面)显示的是 a-Fe 模型中 200 个 Fe 原子磁矩的直方图分布。磁矩范围从 $1.68\mu_B$ 到 $3.56\mu_B$,最大值在 $2.25\mu_B$ 处,平均值大约在 $2.46\mu_B$,比由体心立方晶体 Fe 算出来的值 $2.15\mu_B$ 要大。a-Fe 中 Fe 原子自旋磁矩 M_s 的增加与图 8.5 所示的 a-Fe 中更大的交换劈裂有关。

除了 M_s,200 个原子模型的 a-Fe 的轨道磁矩也由自旋极化波函数计算 (Zhong and Ching,1994)。就像在第 4 章中所述那样,自旋轨道耦合项被加入哈密顿量。计算所得的 Fe 原子的轨道磁矩的分布如图 8.6(下面)所示。它们广泛地分布在 0.0 到 $0.026\mu_B$ 范围之间,平均值只有 $0.01\mu_B$,比由晶体 Fe 计算出的 $0.09\mu_B$ 要小。在 a-Fe 中比较低的平均轨道磁矩值表明在无定形情况中有一个强烈淬火效应,意味着局部自旋磁矩或许没有任何的优先方向,这就导致在金属玻璃中局部磁矩的随机取向。这个事实对自旋玻璃的基态有很大的影响。

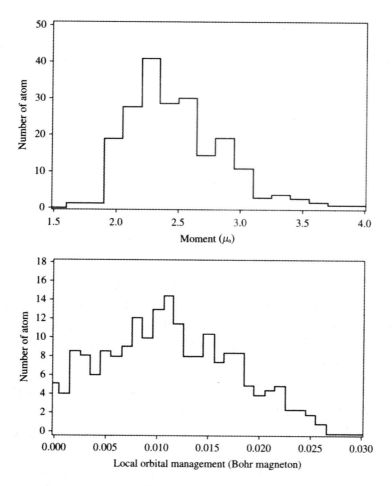

图 8.6 **a-Fe** 的 **200** 个 **Fe** 原子模型自旋磁矩 M_s（上面）和局域轨道磁矩（下面）

自旋极化的 OLCAO 方法也被应用在 a-Fe$_{80}$B$_{20}$ 玻璃中，这种玻璃在第 6.1.2 小节有简单介绍。每个 Fe 原子的平均磁矩只有 $1.67\mu_B$，小于 a-Fe 中的磁矩。B 原子带有相反的磁矩，平均值大概在 $-0.21\mu_B$。Fe 磁矩的计算值与图 8.7 所示的测量值有很好的一致性。图中也包括在第 6.1.2 小节讨论的晶体 Fe、FeB、Fe$_2$B 和 Fe$_3$B 的 Fe 磁矩计算值。

8.2.3 金属玻璃的输运特性

在非晶固体中载流子的输运特性是一个十分有趣和重要的课题（Mott and Davis，1979）。在金属玻璃中，有一些有趣的现象，比如负温度系数、电阻率和热能的 Mooij 关联、电阻率异常、霍尔系数的符号等，吸引了理论工作者们希望能够给出解释（Zhao and Ching，1989）。在解释这些现象中非晶材料的电子结

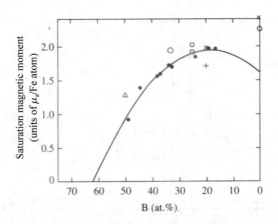

图 8.7 在无定形 Fe-B 薄膜中每个 Fe 原子的平均磁
矩 M_s 与计算值的对比(细节请看参考文献)

构起到重要作用,因为许多理论需要一些特定的参数比如在费米能级处的
DOS、每个原子电荷载流子的数目和弹性散射时间,而这些参数不容易获得。
在一些例子中,参数的选择受到预期结果的影响。因此,非晶固体需要正确的
电子结构,这些电子结构能提供可靠的参数或者至少基于严格的量子力学方法
为这些参数设置边界。

上面描述了在 20 世纪 80 年代晚期,应用超胞模型,通过 OLCAO 方法对
几个金属玻璃的电子结构和输运特性进行了研究。三个具有不同特性和实验
值的 MG 体系被选作输运特性计算的对象(Ching et al.,1990;Zhao and
Ching,1989;Zhao et al.,1990):(1)a-Ni,一个单成分亚稳态的过渡金属 MG;
(2)a-Mg$_{1-x}$Zn$_x$,自由电子相的 MG;(3)a-Cu$_{1-x}$Zr$_x$,高电阻率的强散射的
MG 体系。这些计算的步骤描述见第 4 章的方法部分。计算的主要物理量是
MG 电导函数 σ_E[式(3.31)],由此可以估测出在费米能级附近电子的弹性散射
产生的直流电导率[式(3.32)]。进一步可估算出对费米能级附近的 σ_E 的曲率
敏感的热电动势 $S(T)$。令人惊奇的是,尽管用了相当小的超胞代表无定形结
构,计算得出的这三个不同种类的 MGs 的输运特性与有限的实验数据很好地
相符(Zhao et al.,1990)。图 8.8 表示计算得出的 σ_E 和平均的电子迁移率
$|D(E)|^2_{av}$(近似定义为⟨σ_E⟩ = $|D(E)|^2_{av}[N(E)]^2$,$N(E)$ 是在 a-Ni 费米面附
近的 DOS)。在 σ_E 中费米能级位于极小值处。在 200 K 时计算出的电阻率
110 $\mu\Omega \cdot cm$ 和报道的实验值接近(Zhao et al.,1990)。图 8.9 表示在 a-Mg$_{70}$
Zn$_{30}$ 和 a-Mg$_{75}$Zn$_{25}$ 中计算出的温度和电阻率的关系。对于 a-Mg$_{70}$Zn$_{30}$ 和
a-Mg$_{75}$Zn$_{25}$,计算得到的在 2K 温度下的电阻率分别是 68 和 67.8 $\mu\Omega \cdot cm$,和
实验数据一致。对于强散射的 a-Cu$_{1-x}$Zr$_x$ MG,这个结果相当鼓舞人心。对
于 a-Cu$_{60}$Zr$_{40}$ 和 a-Cu$_{50}$Zr$_{50}$,计算出的电阻率分别是 197 和 192 $\mu\Omega \cdot cm$,这与

在 180～250 $\mu\Omega\cdot$cm 范围内的测量值相当一致。更重要的是,在 a-Cu$_{1-x}$Zr$_x$ 中电阻率数据表现出负梯度的变化,与实验观测一致(Zhao et al.,1990)。

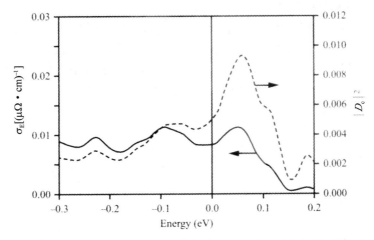

图 8.8　对于 a-Ni 100 个原子模型计算出的介电函数 σ_E(左边)和平均迁移率 $D(E)$(右边)

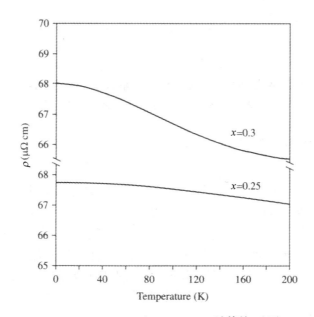

图 8.9　a-Mg$_{70}$Zn$_{30}$ 和 a-Mg$_{75}$Zn$_{25}$ 计算的 $\rho(T)$

用同样的步骤,OLCAO 方法被应用于研究另一个非晶固体。无定形石墨型碳的 Townsend 模型在 7.1.2 节中简单地介绍过。1160 个原子 Townsend 模型完全不同于上述讨论的 MG 模型。这个体系包含纯的 s 和 p 电子。计算表明 σ_E 在 $E=0$ 处没有最小值,获得了正的温度系数。计算也展现了在低温下体系有正的热电动势以及在 0 K 及 95 K 处分别具有 1160 和 1235 $\mu\Omega \cdot$ cm 的高电阻。因为 Townsend 模型是假设的石墨网络结构,在自然界中或许有,或许没有,没有实验数据进行对比。

在 Townsend 模型中,因为带间与带内跃迁没有区别,对于线性光学性质的超胞计算的一个重要方面就是能在非常低的跃迁能量处获得吸收曲线(见图 8.10)。通过在低能处 Drude 表达式的拟合,在非晶固体模型中估算弛豫时间 τ 是可能的。对于 Townsend 模型,估算出费米速度和电子平均自由程分别是 2.61×10^4 m/s 和 0.63 Å。

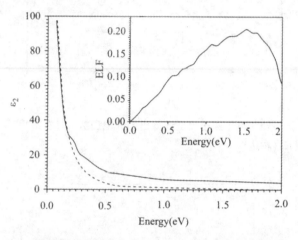

图 8.10　石墨碳模型计算出的虚拟介电函数。虚线表示的是 Drude 模型。插图表示由复杂介电函数获得的能量损失函数

8.2.4　金属玻璃最新进展

正如更早提到的,金属玻璃是一类特殊材料,具有有趣的性质和越来越多的应用。一个基本的观点是,短程有序(SRO)和中程有序(IRO)使这一类材料在非晶固体中相当独特(Sheng et al.,2006)。最近的工作甚至揭示在金属玻璃中有长程拓扑有序(Zeng et al.,2011)。最近有许多尝试去探索 IRO 的本质和它在材料性质上起的基本作用(Liu et al.,2010),尤其在玻璃成形能力和力学性能方面。通常认为在金属玻璃中剪切带的形成至少可以部分解释成一些 IRO 形式的特殊的原子排序(Peng et al.,2011)。当前大部分研究似乎主要集中在对 IRO 中包含原子的几何排序的分类。有许多不同的十分先进的模型来模拟共边、共角和自由体积封闭的原子团簇,这些团簇通过在径向分布函数上微小的但是可识别的特征区分。这些努力确实提供了有用的信息,任何材料的性质最终应该与基于量子力学的原子间相互作用相关。这可由在多种组分的金属玻璃中添加少量的其他元素就能很大地改变玻璃成形能力和特性的事实

证明。在这方面,基于一个好的金属玻璃模型的第一性原理电子结构计算是非常重要的。

因为 OLCAO 方法的灵活性和高效率,它非常适合研究大尺度的金属玻璃的电子结构。因为可以处理高达几千个原子的大模型,应用 OLCAO 方法可以在能够容纳不同组分和原子种类的金属玻璃中发现不同类型的中程有序的存在。图 8.11 表示一个包含 512 个原子的立方晶胞 $Cu_{0.5}Zr_{0.5}$ 的金属玻璃模型,下面是部分 DOS 结果。这个模型先由经典分子动力学建立,再用 VASP 进行结构优化。当前这个模型的电子结构正用大基组 OLCAO 方法进行研究。根据计算得到的部分 DOS 图,原子团或每个原子上的有效电荷,和与模型中原子排序构型分析相关的键级值的变化图像,一定会对体系基本性质有更深入的理解。

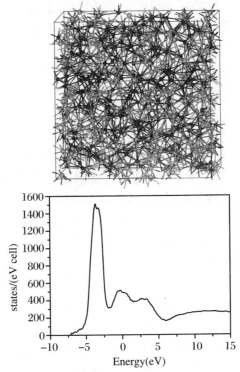

图 8.11 512 个原子无定形 $Cu_{0.5}Zr_{0.5}$ 和它的 DOS

8.3 晶间玻璃薄膜

在结构陶瓷中最常见的一种缺陷特征,比如在氮化硅和碳化硅家族中,是由高温下液晶相烧结引起的多晶颗粒间晶间玻璃薄膜(IGFs)的存在。这些

IGFs 一般有 1~2 nm 的厚度,在玻璃三重连接处互相连接。玻璃相包含不同比例的 Si、O、N 离子,呈现出比晶体部分更加复杂的局域键结构。在烧结助剂中添加稀土元素可以彻底改变 IGFs 的结构和性能。因为 IGFs 控制整个结构陶瓷的力学性能,在器件应用中起着关键作用,所以在实验上和理论上对于研究 IGFs 的结构和性能都有很大的兴趣。

我们考虑的 IGFs 是陶瓷材料中具有复杂微结构的一种类型,属于此章中所讨论的非晶体系。如同前面讨论的绝缘玻璃和金属玻璃,IGFs 的电子结构需要大的超胞。不像纯的玻璃模型,包含 IGFs 的周期性超胞的构建更具挑战性。在这章中我们讲述 OLCAO 方法在 β-Si$_3$N$_4$ 中依赖晶面方向的三种不同的 IGF 模型上的应用。这三个模型中玻璃相分别以三明治式方式夹在两个 (0001) 基面,两个 (10-10) 棱柱面以及六方 β-Si$_3$N$_4$ 晶体的一个基面和一个棱柱面之间。尽管 IGF 模型中力学和弹性性能是非常重要的,是研究的主要动机,在这章中我们仅关注与 IGF 模型电子结构和键有关的结果。

8.3.1 基底模型

包含基底的 IGF 模型最初是由使用了多原子势的经典分子动力学模拟 (MD)获得的(Xu et al.,2005)。在 IGF 区域原子的成对分布函数的分析表明,在1.63 Å时有第一个峰和在 1.73 Å 时有第二个小点的峰对应于玻璃区域的 Si-O 和 Si-N 对。这与实验发现一致。这个初始模型进一步用 VASP(Vienna *ab initio* simulation package)弛豫获得更加改善的结构。最终的周期模型有 22.62 Å×13.04 Å×29.87 Å 的尺寸和 798 个原子(322 个 Si,336 个 N,和 140 个 O),被称为 basal-798 模型。basal-798 模型有大约 10 Å 的 IGF 厚度,方向垂直和 z 方向(见图 8.12)。basal-798 模型的一个特殊的特征是处于结晶区域和玻璃区域之间的两个相间边界不是明确界定的并且是尖锐的。这一部分是因为在使用 MD 构建初始模型的同时保持周期性边界条件和确保结构稳定性的困难。所以,在接近于相边界的结晶层有缺陷原子,结晶层甚至包含几个 O 离子。在这个不是准确定义的 IGF 区域,有 76 个 Si、112 个 O 和 50 个 N,这 31% 的有效的 N/(N+O) 比例与在真实样品中发现的是相应的。

basal-798 模型有着一个合理的尺寸,所以 OLCAO 方法可以被有效地应用于研究它的电子结构和键(Xu et al.,2005)。图 8.13 中表示的是在体相晶体区域和 IGF 区域计算得到的原子总态密度(TDOS)和分态密度(PDOS)。也表示出在 VB 和 CB 边缘的 TDOS 和 PDOS。basal-798 模型是一个带有相当大的 3 eV 的 LDA 能隙的绝缘体。体相区域原子的 PDOS 和 β-Si$_3$N$_4$ 的一样,IGF 区域的原子的 PDOS 和晶态 Si$_2$N$_2$O 相像。主要的不同是可以反映 IGF 玻璃本质的一条比较宽的 O2s 带。相间边界的缺陷结构导致在带边缘出现一些缺陷态[图 8.13(b)]。在 VB 边缘以上 0.1 eV 一个浅的受体能级可以追溯到界面上只有短的 Si-N 键的两重成键的 N 原子。在 CB 底部有至少 3 种缺陷相关的态,这与接近体相区域三重成键的原子有关,另一个在 IGF 区域与一个 N 和两个 O 离子成键的低配位硅原子。所有这些表明 OLCAO 方法能够找出像 IGF 这样的微结构中的特殊态的原子来源。

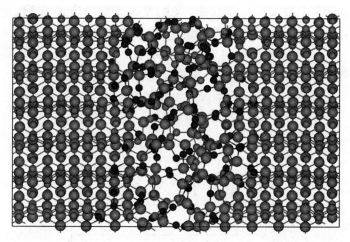

图 8.12　在 β-Si$_3$N$_4$ 中的 IGF 的 basal-798 模型示意图

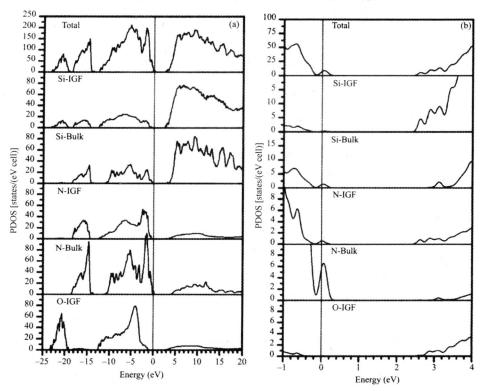

图 8.13　图 8.12 中基底模型的 DOS 和 PDOS(细节可见原始文献)

　　为研究 IGFs 中的稀土掺杂效应,研究了在 basal-798 模型中掺杂 Y 的结果。实验证明稀土元素离子大部分喜欢留在晶体/IGF 边界附近。在建立的几个模型中,16 个 Si 原子(IGF 每边 8 个)由 16 个 Y 原子取代,同时 16 个 O 取代 16 个 N 以保持电荷中性,所以在 IGF 区域产生 N/(N + O)及 Y/(N + O)的比例分别是 0.22 和 0.10。这些模型用 VASP 充分弛豫,有最低能量的模型作为 Y 掺杂 IGF 模型的代表。进一步研究这个 Y 掺杂模型的电子结构和力学性能 (Chen et al.,2005),结果显示 Y 掺杂很大地提高了 IGF 的力学性能。更加有趣的是,通过 Y 掺杂提高了穿过薄膜的静电势差(见图 8.14)。这些计算提供了一些关于微结构陶瓷上的空间电荷模型问题的有用见解。

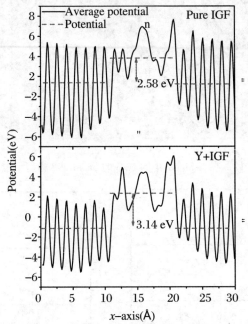

图 8.14　在 0 张力下穿过基底 IGF 的静电势:(a)纯
IGF;(b)Y 掺杂 IGGF(细节见原始文献)

8.3.2　棱柱模型

　　第二个 IGF 模型是棱柱模型。实验上高分辨率的 TEM 图片显示 β-Si_3N_4 大部分针状的多晶粒在(001)方向更容易生长,这意味着它更容易形成 IGFs 的棱柱面。一个新的基于多步模拟退火的方案被用来建立棱柱模型,此模型中包含的缺陷位比 basal-798 模型少很多,并且有明确的相间边界(Ching et al.,2010)。这个新的 907-原子模型(或称作 prismatic-907 模型)的尺寸是 14.533 Å ×15.225 Å×47.420 Å,IGF 区域大约是 16.4 Å 宽(见图 8.15)。晶体部分和 IGF 部分之间的边界确定为顶端 Si 和最接近于 IGF 薄膜的 N 层之间的线。利

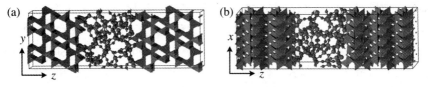

图 8.15 **β-Si₃N₄** 的 IGF 的 907 - 原子棱柱模型的两个方向

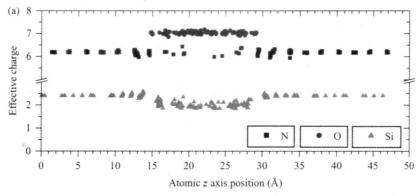

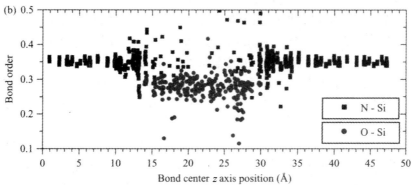

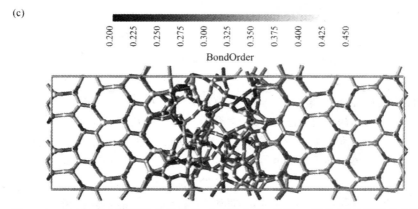

图 8.16 棱柱 IGF 模型的电子结构:(a)Si、N 和 O 沿 *z* 轴的马利肯有效电荷 Q^*;(b)沿 *z* 轴和 *x-y* 平面的平均键级;(c)与(b)相同但是用配色方案 来阐明(细节见引用文献)

用这个合理标准,IGF 部分包含 72 个 Si 原子,32 个 N 原子,124 个 O 原子,它的 N/(N+O)的比例是 0.21。在 IGF 中,多数 Si 原子是与 4 个 O(Si-O$_4$)或者 3 个 O 加一个 N(Si-NO$_3$)四重成键的。还有其他四重成键的 Si 原子,以 Si-N$_2$O$_2$,Si-N$_3$O 和 Si-N$_4$ 形式,还有很少数的未饱和成键 Si(Si-NO$_2$,Si-N$_2$O)和过饱和成键 Si(Si-O$_5$)。对于阴离子,有 7 个双重成键的 N 原子,只有 2 个 O 与 Si 三重成键,一个 O 是悬挂键。值得注意的是在阴离子之间(N-N、N-O 和 O-O)没有键,所以 IGF 区域的结构与有缺陷的连续随机网络模型相像。

用与 basal-798 模型例子中相似的 OLCAO 方法研究 prismatic-907 模型的电子结构和键(Ching et al.,2010)。针对这种尺寸非晶模型的全自洽计算是相当有挑战性的。总态密度和分态密度的计算表明在 VB 顶和 CB 底存在缺陷诱导的占据态。这些缺陷态可以追溯到在 IGF 区域未完全配位和过配位的原子。LDA 带隙(~4.0 eV)比 basal-798 模型中的大,与晶体 β-Si$_3$N$_4$ 的相近。图 8.16 所示的是在 prismatic-907 模型中所有原子上的马利肯有效电荷 Q^* 和所有对之间键级的计算。体相晶态区 Si 和 N 平均 Q^* 值分别是 2.41 和 6.19 个电子,而在 IGF 区域分别有 2.02 和 6.18 个电子。在 IGF 中 O 的有效电荷是 7.03 个电子。这些数据表明 IGF 比体相晶态部分更趋向离子化。IGF 中 Q^* 的变化是相当大的,表明玻璃区域无序的本质。图 8.16 也显示了 BO 的计算值,这些数值反映所有的最近邻成键原子对键长。在 IGF 中,存在依赖于键长及键角的非常强和非常弱的键。Si-O 键通常比 Si-N 键弱。非常弱的键的存在对在拉伸应力下的 IGF 的力学性能和断裂行为有影响,(Ching et al.,2009)和(Ching et al.,2010)中有讨论。

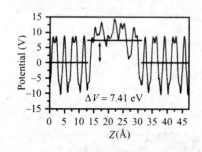

图 8.17　prismatic IGF 模型沿 z 轴和 x-y 平面的平均静电势的计算。零电势设为体相区域的平均势能。水平线表示的是 IGF 区域的平均值

prismatic-907 模型中静电势差的研究使用自洽势,这种自洽势是通过在 50×50×300 的密网格上进行 OLCAO 计算获得的。在 x-y 平面内平均,沿 z 轴方向的静电势显示在 IGF 区域的平均势能比在体相晶态区域的高出 7.41 eV(见图 8.17)。这远远高于在图 8.14 中的 basal-798 模型。这清晰地表明 IGF 和晶态间的静电势差取决于晶态方向和 IGF 中的化学组成。

OLCAO 方法另一个重要应用是计算 IGF 模型的光谱学性质。图 8.18 给出方向分辨的 prismatic-907 模型的介电函数的实部和虚部计算并和晶体 β-Si$_3$N$_4$ 相比较。

对 IGF 模型,在 xx 组分中在 9.0 eV 有尖锐的峰。同样的峰出现在沿着六方晶胞 c 轴的 β-Si$_3$N$_4$ 晶体的 zz 组分中。这是与 prismatic-907 模型 z 轴同样的方

向。所以在 IGF 模型中强的各向异性不是因为 IGF 层的存在。它与体相
β-Si$_3$N$_4$ 的晶体取向有关。相似的结论可以由 prismatic-907 模型的纵波声速的
计算得到(Ching et al.,2010)。

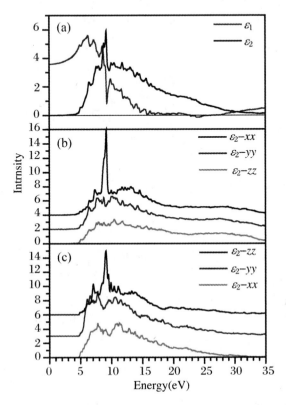

图 8.18 Prismatic IGF 模型和晶体 β-Si$_3$N$_4$ 光学介电函数的计算:(a)实部
$\xi_1(\hbar\omega)$ 和虚部 $\xi_2(\hbar\omega)$;(b)IGF 模型 $\xi_2(\hbar\omega)$ 在 3 个方向(x,y,z)上
的分辨;(c)晶体 β-Si$_3$N$_4$ $\xi_2(\hbar\omega)$ 在 3 个方向(x,y,z)上的分辨

除了 prismatic 模型中的线性光学吸收,IGF 区域所有原子的 XANES/
ELNES 光谱(Si-K,Si-L,N-K 和 O-K 边)也被研究。这给出了对于统计分析足
够大的光谱样本(Rulis and Ching,2011),将在第 11 章中讨论。

8.3.3　棱柱-基底模型(Yoshiya 模型)

基底和棱柱 IGF 模型都有同样的缺点。因为要保持周期性边界条件,它们
在 IGF 的两边都有同样的晶体取向。高分辨率的 TEM 图像清楚地表明在
IGF 每边的多晶颗粒有不同的取向。Yoshiya 等人利用经典 MD 技术建立了
一个大的 IGF 模型(Yoshya et al.,2002),在 IGF 的一边是基面,另一边是棱

柱面（称作 Yoshiya 模型）。为了维持周期性边界条件，在模型中需要建立两个相反方向的 IGFs，使这个模型大约是以上讨论的基底或者棱柱模型的四倍大。Yoshiya 模型显示在图 8.19 中，尺寸是 23.022 Å×23.028 Å×82.359 Å，总共包括 3864 个原子。IGF 区域（它们中的两个）的宽度大约是 18.0 Å，含有 313 个 Si，244 个 N 和 504 个 O 原子，N/(N+O) 比例是 0.33。在这个模型中悬挂键的出现是最少的，并且在多晶氮化硅中它代表了更加真实的 IGF 模型。

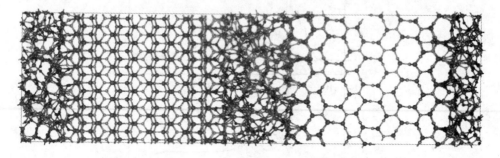

图 8.19　Yoshiya 棱柱-基底 IGF 模型

　　因为计算能力的限制，对于这样大的 IGF 模型，目前还不可能用从头算方法来做结构弛豫或者用 OLCAO 方法做自洽计算。然而，我们采用另一个可能最好的方法研究它的电子结构和键。在模型的晶体部分，我们使用由 β-Si_3N_4 中自洽计算得来的格位分解的 Si 和 N 势能。在 IGF 区域，我们用正交晶系 Si_2N_2O 晶体计算的 Si、N 和 O 的势能。在 8.1 和 8.2 节，这个策略早前被用来研究绝缘体和金属玻璃。因为在 OLCAO 方法中，所有的势能和电荷密度以原子为中心的形式表达，利用这个简化势得到的结果是高度可靠的（见第 3 章）。结构的局域变化引起的原子间相互作用在计算中得到充分反映，这并不适用于晶态结果的近似与相互作用参数在同一个量级的情况。对于基组，我们用包括 O 和 N 的 3s 和 3p 轨道和 Si 的 3d 轨道的增强最小基组。这又是一个十分合理的近似，因为我们感兴趣的是有效电荷、键级值以及接近带隙区域的电子态。即使是用这个近似，Yoshiya 模型在芯正交化之后要求解的久期方程，也是 38832×38832 的。它的完全对角化是个艰巨的任务。另一方面，它也论证了 OLCAO 方法的灵活性和高效性，表明它有能力解释一些最复杂的材料结构。

　　图 8.20 显示的是 Yoshiya 模型的态密度和穿过 z 轴的有效电荷的分布图。模型显示在导带和价带边缘的缺陷态中存在 3～4 eV 的带隙。原子有效电荷的分布在 IGF 中呈现一定范围的离散值，而从 IGF 到体相区域的中心这一变化范围逐渐减小。如果 Yoshiya 模型进一步用 *ab initio* 方法弛豫，这些结果可能会稍微地改变，但是预计结果的基本特征保持不变。

　　Yoshiya 模型电子结构和键的计算可能是 OLCAO 方法到目前为止所应用的最大模型。明显地，它还可以进一步应用于其他相似的或者甚至有不同特

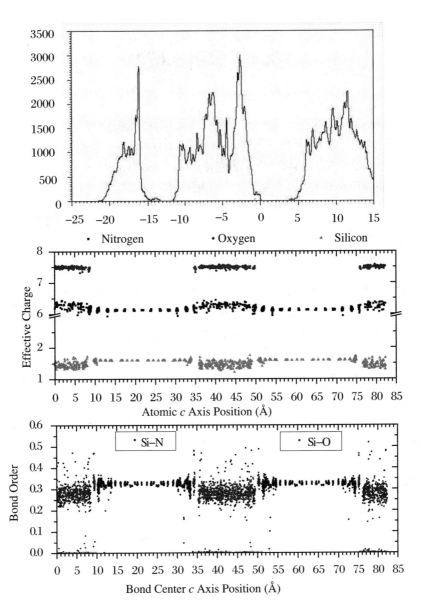

图 8.20 Yoshiya 模型 DOS(上面),有效电荷(中间)和 BO 值(下面)

征和不同的稀土掺杂量的更大的 IGF 模型。这些计算在过去是幻想,但现在可以实现。用相似的策略,OLCAO 方法能被用于研究有几千个原子或者更多原子的纳米颗粒和纳米结构大模型。对这样的体系模型已足够大,使得结构接近于实际情况。

8.4 体相水模型

在地球表面的很大一部分凝聚态物质是以液体形式存在的,液体代表了凝聚态理论中一个重要部分。冷冻的液体可被认为是无定形固体,这很像是玻璃由液态冷却成固体。液体的电子结构是很重要的课题,与固体十分不同。在这一节,我们简单地讲述 OLCAO 方法在模拟水的应用,水大概一直是研究得最充分的液体。

水是在地球上最常见和最有趣的物质之一,但是远没有被完全理解。水中网状结构的存在是一个还没有被完全解答的基本问题。一直存在争议的是氢键(HBs)的本质,它通过分子间的相互作用决定了网状结构局域构型(Lyakhov and Mazo,2002)。基于实验上的中子散射和 X 射线近边吸收(XANES)光谱数据的解读,考虑到水的网状结构的特点,人们提出了几种彼此之间相矛盾的模型。主要的争论点是水分子形成的网状结构是由四面体氢键结合的 H_2O 组成,还是由一维纤维结构组成。

用不同的模拟方法包括经典和从头算 MD、模拟退火结合 VASP 精确弛豫,构建了足够大的体相水模型(Liang et al.,2011)。通过多步过程产生了过冷体相水的最终模型($a = 21.6641$ Å,密度:1gm/cc)。它包含 340 个水分子,O-H 键长和 H-O-H 键角有很小的变化,所以它们的均值和标准偏差分别是 1.00 ± 0.006 Å 和 $106.31° \pm 2.528°$。对 O-H、H-H 和 O-O 计算的径向分布函数(RDF)与由中子衍射实验得到的数据一致。最终弛豫得到的球棒式水模型显示在图 8.21 中。

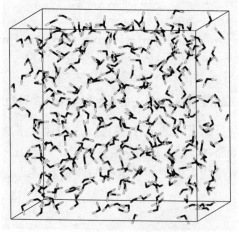

图 8.21 340-H_2O 分子的体相水模型

　　包含了 20 个原子的体相水模型的电子结构已经用 OLCAO 方法获得。图 8.22 表示计算的 DOS 和 PDOS。这个模型有 4.51 eV 的 HOMO-LUMO 带隙，由于使用 LDA 近似，带隙可能被稍微低估。原子分辨的 PDOS 表明在 H_2O 分子中 O 和 H 之间的键有强共价键特性。它由 O 孤对电子在 -1.15 eV 的一个尖锐的峰和其他两个在 -6.64 和 -18.68 eV 的峰表征。如第 4 章所述 [式 (4.5)]，在模型中所有原子对之间的键级用马利肯方案计算得到。

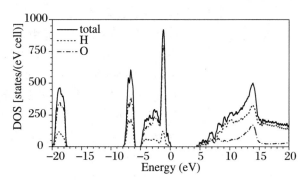

图 8.22　体相水模型的 TDOS 和 PDOS

　　液态水中的 HBs（表示为 O···H）比分子中 O-H 共价键弱很多，但是它已经足够强，可以影响分子间相互作用。通常有几个不同的标准被用来定义 HBs，包括用势能曲线中的局域极小作为上限，基于不同集合的原子构型参数的几何截断，近邻氢和氧准则，键级（BO）值的使用等。BO 值表征两个原子之间键的强度，因为是由量子力学波函数直接推导得来的，它远远比其他纯粹基于几何参数的标准精确。图 8.23 展示的是距离小于 3.5 Å 的 (O, H) 对的 BO 分布。显然，图中左边 BOs 小于 0.1 的键被认为是 HBs。在右边 BOs 大于 0.225，以 0.27 为中心有一个窄峰，它们是 H_2O 中的共价键。根据这个分布，HBs 是 BO 值中心近似在 0.05，范围是 0.015 到 0.1 的 O···H 对。分布图的左端组成弱的 HBs，右端代表比较强的 HBs。

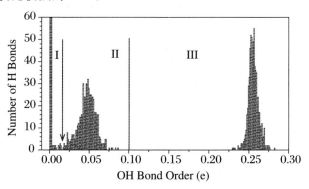

图 8.23　水模型中 H 键的分布（细节见引用文献）

根据模型中所有原子的 BO 计算值,340 个水分子可以被分为带有 2、3、4 和 5 个 HBs 的四个组,在这些组里施主和受主的氢键都被计数。由四个 HBs (两个施主和两个受主)组成的是完全成键组,占所有 HBs 的 85%。在这些分子中的四个 HBs 都趋向于有相似的 HB 强度。其他有 2 个(1 个施主和 1 个受主或两个施主没有受主,3.2%)或者 3 个(2 个施主和 1 个受主或 2 个受主和 1 个施主,10.3%) HBs 的很少,它们经常被认为是断键。最少的是带有 5 个 HBs(2 个施主和 3 个受主,1.5%)的组,被称为过饱和键组,有相对较弱的 HBs。每个分子上的平均 HB 数是 3.85,明显支持在体相水中的四面体 HB 网络模型的观点。图 8.24 表示与距离 ($r_{\infty'}$)和角度($\angle O'OH$,标记为 α)相关的四种类型的 HBs 的散布图,$r_{\infty'}$ 和 $\angle O'OH$ 分别表征 HBs 的键长和角度。可以清楚地看到,$r_{\infty'}$ 被限制在 2.6~2.8 范围内而 α 被限制在 1°~15°范围内。这是比先前提到的更加严格的标准(Wernet et al.,2004)。

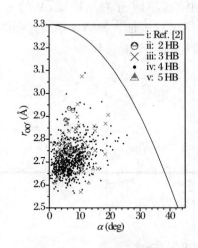

图 8.24 氢键的不同组的散布图 (细节见引用文献)

上面基于 OLCAO 方法对体相水的从头算计算表明,这种方法在扩展到液相体系时的有效性。基于键级计算给出了更严格的氢键定义,水的网络结构倾向于四面体配位模型,平均每个 H_2O 分子上的氢键数目是 3.85 HBs。此外,模型中 340 个 O 原子 XANES 光谱(O-K 边)也被计算,并根据 HBs 的数目进行分组。它们与实验数据一致(Myneni et al.,2002;Wernet et al.,2004)。这将会在 11 章中进一步讨论。这一小节的工作清楚地证明了基于 BO 值准则定义弱的氢键是准确和有效的,是可以被用在更加复杂的液体、水泥水合物、生物分子体系等中的。

8.5　熔融盐模型:NaCl 和 KCl

作为 OLCAO 方法应用于液体的另一个例子,我们简单地讨论两个熔融盐 NaCl 和 KCl 的电子结构和介电函数。这个研究的出发点是求解熔融盐的介电函数。熔融盐是指对其组分进行特定的混合使其作为特定纳米颗粒稳定悬浮的媒介,在 VdW 力的吸引和排斥部分平衡时可以获得。这种可能性已经通过实验在溴化苯液体媒介中硅负载的金纳米颗粒体系中证明（Munday et al.，2009）。这当然是一个相当大胆的想法，值得尝试。这样的估算的第一步是以与上述讨论的水模型同样的方式建立足够大的熔融盐超胞模型。为此，对一个具有真实的盐密度，包含 216 个原子颗粒的模型进行 MD 模拟（来自与 V. B. Somani 的私人通信）。接下来用 VASP 弛豫该模型获得稳定的结构。弛豫结果是冷冻液体的一个瞬时快照模型。然后应用 OLCAO 方法于这些模型以获得电子结构和光学性质。这样的熔融盐模型不难建立。可以从在晶态 FCC 晶格（NaCl 结构）上以相同比例随机混合 Na（K）和 Cl 开始。然后在高温下进行 MD 模拟，需要足够的长时间。因为熔融盐和金属玻璃的情况不一样，没有方向键，这样结构上的要求就没有那么严格。如果实验上存在，模型的 RDF 必须和实验测量值对比。然后采用一个快照构型，用 VASP 充分弛豫。用 OLCAO 方法计算电子结构和介电函数。理想情况下，结果应该是几个模型或者快照的平均。

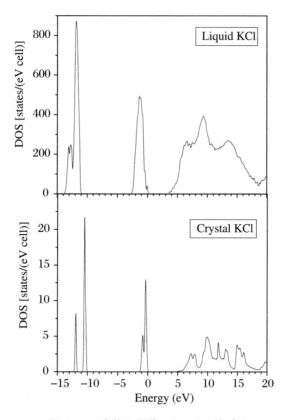

图 8.25　液体和晶体 KCl DOS 的对比

图 8.25 对比了熔融盐 KCl 包含 216 个原子模型的 DOS 与晶体 KCl 的 DOS。可以清楚地看到，液相的 DOS 是晶态相的加宽版本，有更宽的带宽和更

小的带隙。在 -10.5 和 -11.5 eV 的两个峰对应的是 K-3p 和 Cl-4s 的态。这两个峰在熔融盐 KCl 中合并在一起,但是他们的来源可以被清楚地分辨。带隙大约减少 1.5 eV。

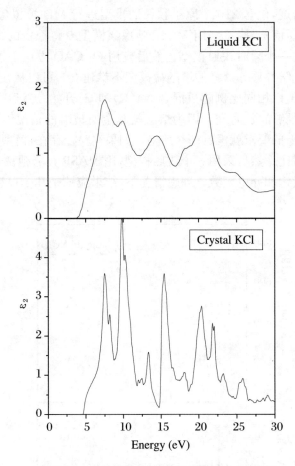

图 8.26　对比液体和晶体 KCl 虚部介电函数

图 8.26 对比了 30 eV 范围内晶态 KCl 和熔融盐 KCl 中复介电常数的虚部 $\xi_2(\hbar\omega)$。可以看出两者不仅在峰的位置,而且在峰的相对强度(尤其在能量起始处)都有很大的不同。相似的计算显示熔融盐 NaCl 与熔融盐 KCl 相比,$\xi_2(\hbar\omega)$ 的结构有很大的不同。介电函数的虚部可以用来估算介质的 Hamaker 系数。特定几何形状的熔融盐颗粒之间的 VdW 力能用 Lifshitz 理论估算出(Parseigian,2005)。$\xi_2(\hbar\omega)$ 多大程度上的不同会影响 VdW 力的符号和大小并不清楚。

上述熔融盐的结果是个例证。在更加严格的计算中,需要更大的模型和几个模型的平均构型。为寻找合适的介质估算 VdW 力,将这种计算推广到其他液体是可能的。这些将在第 12 章中进一步讨论。

8.6　混凝土模型

混凝土是由水泥水合物或钙硅酸盐水合物(CSH)组成,可能是世界上使用最多的基建材料。在对能源和环境问题有显著影响的工业中被广泛地用作建筑材料。提高混凝土的寿命周期性能对可持续发展和能源利用有深远的影响。为了能够有效地提高混凝土的性能和耐久性,有必要理解 CSH 的纳米级结构和特性。尽管被材料科学家和工程师研究了很长时间,CSH 的原子结构仍然存在争议,大部分结构信息不为人知。过去的研究表示水泥浆中的 CSH 是由密切相关的矿物微晶组成,形成一种超晶体结构。近期 Pellenq 等人的理论研究(Pellenq et al.,2009)表明 CSH 结构更加复杂和无序,但是它仍然保持 SiO_4 四面体单元的短程有序性。他们提出在水泥水合物模型中 Ca/Si 比例是 1.7,物理密度是 2.6 gram/cc,与真实的水泥样品一致。这个模型包含 672 个原子,其组分为 $(CaO)_{1.65}(SiO_2)(H_2O)_{1.75}$,为三斜晶系并满足周期性边界条件。这个模型不是晶体的,而是像在冷冻液体中的无定形的。图 8.27 给出了一个结构示意图,显示出这个材料异常复杂的结构特征。

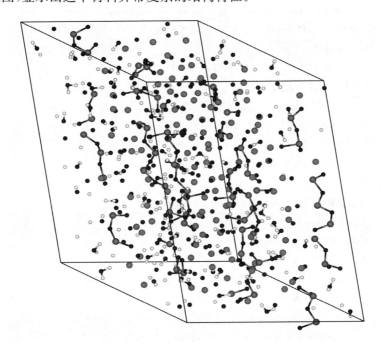

图 8.27　CSH 的 Pellenq 模型(细节见引用文献)

　　结合了很多原子模拟的方法细致地构建了 Pellenq 模型。所用能量最小化方法包括使用经典对势（Gale，1997）的 General Utility Lattice Program（GULP）方法和通过在稀有矿产雪硅钙石的结晶相平面之间嵌入合适数量的水分子的 Grand Canonical Monte Carlo 方法（Nicholson and Parsonage，1982）。根据这个模型计算的径向分布函数与中子散射数据有很好的一致性，计算的力学强度与水泥材料一致。力学性能是指材料对拉伸和压缩的灵活响应。这被认为是对于 CSH 最真实的模型。然而到目前为止电子结构的计算还没有被尝试。OLCAO 方法对于研究 Pellenq 模型和别的类似模型的电子结构和成键是一种理想的方法。特别是，在水泥中氢键的作用很少被讨论。我们已经在 8.4 节表明在体相水的网状结构中氢键起关键作用。它必定影响水泥的黏聚力和力学性能。在 CSH 中除了 Pellenq 模型，一些具有不同大小的孔洞和含水量的其他模型和 *ab initio* 计算将是非常需要的。这些计算将使我们对 CSH 材料有更深入的理解，进而改进水泥材料的各种应用。

参 考 文 献

Cargill Ⅲ，G. S.& Spaepen，F.（1981），*Journal of Non-Crystalline Solids*，43，91-97.

Chen，J.，Ouyang，L.，Rulis，P.，Misra，A.，& Ching，W. Y.（2005），*Phys. Rev. Lett*.，95，256103/1-256103/4.

Ching，W. Y. & Lin，C. C.（1975），*Phys. Rev. Lett*.，34，1223-26.

Ching，W. Y.，Lin，C. C.，& Huber，D. L.（1976），*Phys. Rev. B*，14，620.

Ching，W. Y.，Lin，C. C.，& Guttman，L.（1977），*Phys. Rev. B*，16，5488-98.

Ching，W. Y.，Lam，D. J.，& Lin，C. C.（1979），*Phys. Rev. Lett*.，42，805-8.

Ching，W. Y.（1980a），*J. Non-Cryst. Solids*，35-36，61-66.

Ching，W. Y.（1980b），*Phys. Rev. B*，22，2816-22.

Ching，W. Y.，Lam，D. J.，& Lin，C. C.（1980），*Phys. Rev. B*，21，2378-87.

Ching，W. Y.（1981），*Phys. Rev. Lett*.，46，607-10.

Ching，W. Y.（1982a），*Phys. Rev. B*，26，6610-21.

Ching，W. Y.（1982b），*Phys. Rev. B*，26，6622-32.

Ching，W. Y.（1982c），*Phys. Rev. B*，26，6633-42.

Ching，W. Y.，Song，L. W.，& Jaswal，S. S.（1984），*J. Non-Cryst. Solids*，61-62，1207-12.

Ching，W. Y.（1985），*J. Non-Cryst. Solids*，75，379-84.

Ching，W. Y.（1986），*Phys. Rev. B*，34，2080-87.

Ching. W. Y.，Zhao，G. L.，& He，Y.（1990），*Phys. Rev. B*，42，10878-86.

Ching，W. Y.& Xu，Y. N.（1991），*J. Appl. Phys*.，70，6305-7.

Ching. W. Y.，Rulis，P.，Ouyang，L.，& Misra，A.（2009），*Applied Physics Letters*，94，

051907-3.

Ching,W. Y. , Rulis, P. , Ouyang, L. , Aryal, S. ,& Misra, A. (2010), *Physical Review B*, 81,214120.

Gale,J. D. (1997), *Journal of the Chemical Society*, *Faradar Transactions*,93,629-37.

Huang,M. − Z.& Ching,W. Y. (1996), *Phys. Rev. B*,54,5299-308.

Huang. M. − Z. ,Ouyang,L. ,& Ching,W. Y. (1999), *Phys. Rev. B*,59,3540-50.

Huang,M. Z.& Ching,W. Y. (1994), *Physical Review B*,49,4987.

Jaswal,S. S.& Ching,W. Y. (1982), *Phys. Rev. B*,26,1064-66.

Jaswal,S. S. ,Ching,W. Y. ,Sellmyer,D. J. ,& Edwardson,P. (1982), *Solid State Commun.*, 42,247-49.

Liang,L. ,Rulis,P. ,Ouyang,L. ,& Ching,W. Y. (2011), *Physical Review B*,83,024201.

Liu,X. J. ,Xu, Y. , Hui, X. , Lu, Z. P. , Li, F. , Chen, G. L. , Lu, J. ,& Liu,C. T. (2010), *Phys. Rev. Lett.* ,105,155501.

Lyakhov,G. A.& Mazo,D. M. (2002), *Europhys. Lett.* ,57,396-401.

Metropolis,N. ,Rosenbluth,A. W. , Rosenbluth, M. N. , Teller, A. H. ,& Teller,E. (1953), *J. Chem. Phys.* ,21,1087-92.

Mott,N. F.& Davis,E. A. (1979), *Electronic Process in Non-Crystalline Materials* (Oxford: Clarendon).

Munday,J. N. ,Capasso,F. ,& Parsegian,V. A. (2009), *Nature*,457,170-73.

Murray,R. A.& Ching,W. Y. (1987), *J. Non-Cryst. Solids*,94,144-59.

Murray,R. A. ,Song,L. W. ,& Ching,W. Y. (1987), *J. Non-Cryst. Solids*,94,133-43.

Murray,R. A.& Ching,W. Y. (1989), *Phys. Rev. B*,39,1320-31.

Myneni,S. , Luo, Y. , Näslund, L. Å. , Cavalleri, M. , et al. (2002), *J. Phys: Condens. Matter*,14,L213.

Nicholson,D.& Parsonage,N. G. (1982), *Computer Simulation and Statistical Mechanics of Adsorption* (New York: Academic Press).

Ouyang,L.& Ching,W. Y. (1996), *Phys. Rev. B*,54,R15594-97.

Parsegian,V. A. (2005), *Van Der Waals Forces: A Handbook for Biologists, Chemists, Engineers, and Physicists* (New York: Cambridge University Press).

Pellenq,R. J. − M. ,Kushima,A. ,Shahsavari,R. ,et al. (2009), *Proceedings of the National Academy of Sciences*,106,16102-7.

Peng,H. L. ,Li,M. Z. ,& Wang,W. H. (2011), *Phys. Rev. Lett.* ,106,135503.

Rulis. P.& Ching,W. (2011), *Journal of Materials Science*,46,4191-98.

Sheng,H. W. , Luo, W. K. , Alamgir, F. M. , Bai, J. M. ,& Ma,E. (2006), *Nature*, 439, 419-25.

Veal,B. W. ,Lam,D. J. ,Paulikas,A. P. ,& Ching,W. Y. (1982), *J. Non-Cryst. Solids*, 49, 309-20.

Wernet,P. ,Nordlund,D. ,Bergmann,U. ,et al. (2004), *Science*,304,995-99.

Xu,Y. N. ,He,Y.& Ching,W. Y. (1991), *J. Appl. Phys.* ,69,5460-62.

Xu,Y. N. ,Rulis,P. ,& Ching,W. Y. (2005), *Phys. Rev. B*,72,113101/1-113101/4.

Yoshiya, M. , Tatsumi, K. , & Tanaka, I. (2002), *Journal of the American Ceramic Society*, 85, 109.

Zeng, Q. , Sheng, H. , Ding, Y. , et al. (2011), *Science*, 332, 1404-6.

Zhao, G. L. & Ching, W. Y. (1989), *Phys. Rev. Lett.*, 62, 2511-14.

Zhao, G. L. , He, Y. , & Ching, W. Y. (1990), *Phys. Rev. B*, 42, 10887-98.

Zhong, X. F. & Ching, W. Y. (1994), *J. Appl. Phys.*, 75, 6834-36.

第 9 章 在掺杂、缺陷和表面体系中的应用

在材料研究和应用中普遍存在的一个问题就是晶体缺陷。晶体缺陷会严重影响材料的性质和应用。在各类材料中,局域缺陷、扩展缺陷、杂质以及表面都已被广泛地研究。运用从头算方法利用周期性边界条件研究材料的缺陷问题中所采用的超胞应足够大,以使得缺陷与缺陷之间的相互作用最小化,并达到或接近实际材料中真实的缺陷浓度。在表面的计算中,一般采用平板几何构型,两个表面之间需要有足够厚的真空层隔开,以使表面与表面之间的相互作用弱到可以忽略不计。OLCAO 方法是一种高效的计算方法,因此适用于这些计算量较大的体系。在本章,我们讨论了 OLCAO 方法在空位、杂质、表面以及界面中的应用。晶界在晶体中可以看作是一种扩展的缺陷,因此在本章中也会被考虑。缺陷的存在会影响完美晶体中局部的原子排列,因此在进行任何电子结构计算之前必须先进行几何结构优化或弛豫。OLCAO 方法关于缺陷的理论计算大多基于其他从头算方法(如 VASP)中的结构优化。

9.1 孤立空位和取代杂质

9.1.1 孤立空位

孤立的空位缺陷是最常见的晶体缺陷。由于去掉原子通常会引起较大的晶格畸变,所以相对于取代杂质,利用从头算方法研究空位缺陷会遇到更多的困难。正是由于这个原因,使用经典对势的半经验方法处理含空位缺陷的体系可以更有效地解释实验观测的结果。另外对于离子化合物,由于置换一个带电原子有可能同时产生其他缺陷来进行电荷补偿,所以空位缺陷通常伴随其他缺陷如杂质。更为复杂的缺陷将在后面的小节中讨论。在 OLCAO 方法之前,Si 已得到广泛关注,各种计算方法都做过测试,因此,早期的 OLCAO 计算研究了 Si 的孤立空位缺陷。1986 年,Ching 和 Huang 运用半从头算方法,分别取 16,

54,128 个原子的超胞,研究了含有一个 Si 原子空位的金刚石结构 Si(Ching and Huang,1986)。测试表明要实现相邻超胞之间最小的缺陷-缺陷相互作用至少需要一个包含 222 个原子的超胞。

最早应用 OLCAO 方法研究空位缺陷的工作是计算蓝宝石(α-Al$_2$O$_3$)中孤立的氧空位(V_O)。计算中采用包含 120 个原子的六方晶格超胞。这是一个非常重要的研究,因为氧空位存在于大多数氧化物,而在器件的应用中,氧空位对材料的输运性质有重要影响。由于周期性边界条件,该计算中最小的氧空位的间距是 9.535 Å。4 个最近邻(NN)的 Al 原子和 12 个次近邻(NNN)的 O 原子经过弛豫,或者靠近或者远离氧空位。计算表明,最近邻的 Al 远离 V_O 大约 16% 的距离,而次近邻的 O 朝向空位迁移 8% 的距离,缺陷的形成能为 5.83 eV。图 9.1 给出含有氧空位和不含氧空位的 α-Al$_2$O$_3$ 的 DOS。图中 S 表明存在一个双占据的深能级 F 中心。位于导带的边界处的缺陷态标记为 P1、P2 和 P3,另外两个明显的杂质带分别出现在略低于 O-2s 占据轨道所贡献的能带处和更深的价带处,对应的能级分别为 -20.3 eV 和 -7.8 eV。图 9.2 给出 F 中心处波函数模的平方,以及三维的超胞中氧离子和铝离子周围 S 态的等电荷面。从图 9.2 可以看出,S 态从周围的铝离子和氧离子吸收电荷。电荷的分布并非高度局域,在超胞的边界处甚至存在一定的电荷分布,这说明计算中所取的超胞不够大。对于缺陷态的详细分析都可以通过从头算的方法获得。

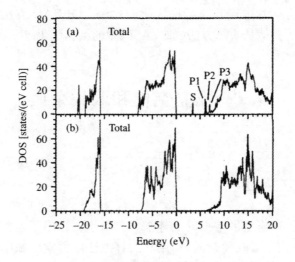

图 9.1 α-Al$_2$O$_3$ 的态密度分布:(a)存在 V_O;(b)不存在 V_O。S、P 分别表示处于禁带的杂质态

当缺陷态 S 态被一个电子占据时,F 中心转化为 F$^+$ 中心。为了保持超胞的电中性,总价电子数减一,同时背景正电荷也减一。计算表明 F$^+$ 或 S$^+$ 态的能量比 S 态低 0.25 eV,与光学实验的结果一致。考虑到 LDA 近似有可能会低估带

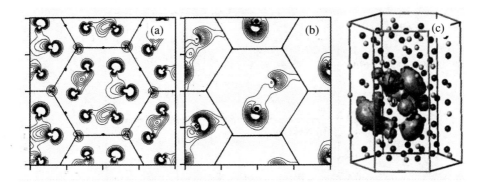

图 9.2　图 9.1 中 S 态波函数模的平方等势面：(a)垂直于 c 轴且包含氧离子的切面；(b)位于空位上方且靠近铝离子的切面；(c)三维等电荷面

隙，或者会对非占据的杂质态产生一个迁移，OLCAO 方法计算的从 F 和 F^+ 态到非占据杂质态的光跃迁与实验观测相符。

9.1.2　单掺杂

晶体中的单掺杂以 Y 取代的 $\alpha\text{-}Al_2O_3$ 为例。Y 在 $\alpha\text{-}Al_2O_3$ 的溶解度非常低，然而它的存在以及在晶界或其他界面处的析出是结构陶瓷中的重要课题。众所周知，微量的 Y 掺杂就会对 $\alpha\text{-}Al_2O_3$ 的性质和微观结构产生影响，并且会增加所有铝合金中氧化膜的黏附性，这就是所谓的 Y-效应。虽然 Y 在 $\alpha\text{-}Al_2O_3$ 中与 Al 等电子，但是一般被看作是给体掺杂。因此，对于氧化铝中的 Y 掺杂可以用从头算方法做一个清楚的研究。

用从头算 OLCAO 方法研究与之前研究氧空位类似的包含 120 个原子的六方晶格 $\alpha\text{-}Al_2O_3$。一个 Y 原子取代一个 Al 原子，基于总能进行结构的弛豫（Ching et al.，1997）。计算的缺陷形成能高达 4.79 eV，这一数值可能被高估，原因是结构优化比较粗糙，但是这也反映了 Y 在氧化铝中极低的溶解度。计算表明，最近邻 O 原子向远离 Y 位置的方向移动 8%，次近邻的 Al 原子朝向 Y 位置移动 5%。这主要是因为 Y 离子具有更大的尺寸引起的。PDOS 图表明 Y 掺杂会在靠近导带边界的禁带引入三个空态，因此判断 Y 掺杂属于施主掺杂。轨道分解态密度表明，较低的能带由 Y-4d$(3z^2 - r^2)$分量贡献，其他两个空带（双重简并）由 Y-4d 的 xy, yz, zx 和 $x^2 - y^2$ 分量贡献。图 9.3 还表明最近邻的 O 和次近邻的 Al 与 Y 杂质之间的强的相互作用，因为掺杂后的 PDOS 与体相晶体的 PDOS 有很明显的偏离。马利肯有效电荷分析和键级的计算表明相对于 Al-O 键，Y-O 对形成更多、更强的共价键，这主要是由于有 Y-4d 电子的参与。这个分析可以解释 Y 掺杂氧化铝的增强 Y-效应。

羟磷石灰（HAP）是重要的生物陶瓷，因为它与哺乳动物的骨骼和其他硬组

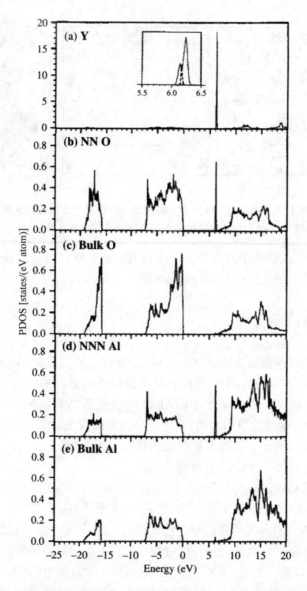

图 9.3 Y 掺杂 α-Al_2O_3 超胞每个原子的 PDOS：(a) Y 原子(插图表明峰由三
个缺陷能级导致)；(b) 最近邻 O 原子；(c) 体相 O 原子；(d) 次近邻 Al
原子；(e) 体相 Al 原子

织的矿物成分有关。它具有生物活性，通常被用于生物陶瓷涂层(例如在金属
植入物中)和骨填充物。HAP 易于吸附杂质，所以理想配比的 HAP 不常见。
对晶态 HAP 进行金属离子掺杂会涉及许多与健康有关的问题。HAP 原子级
别掺杂引起的电子结构和物理性质的改变是一个相当重要的课题。不掺杂
HAP 晶态的计算在第 5 章讨论。这里我们用 OLCAO 方法讨论 HAP 中两种

最常见的金属掺杂,Mg 和 Zn。假设两种金属都是取代 Ca,在 Ca1 位置或者在
Ca2 位置。这些都是最近的计算研究,采用了包含 384 个原子的 2×2×2 六角
形超胞。如上所述,为了获得准确的缺陷构型需要精确的弛豫,计算所用的模
型取自于 Matsunaga 等人的工作(Matsunaga,2008;Matsunaga,2010)。他们
计算了理想配比的 HAP 含有一个掺杂离子(Zn,Mg,Sr,Cu,Ni,Ba 或 Cd)的结
构和形成能。超胞包含 384 个原子,掺杂位在 Ca1 或者 Ca2。他们还研究了在
Ca1 位置有一个空位,并且附近伴随着质子的模型。基于 VASP 优化的结构,
OLCAO 方法被用于获得掺杂 HAP 的电子结构和成键的信息。图 9.4 显示了

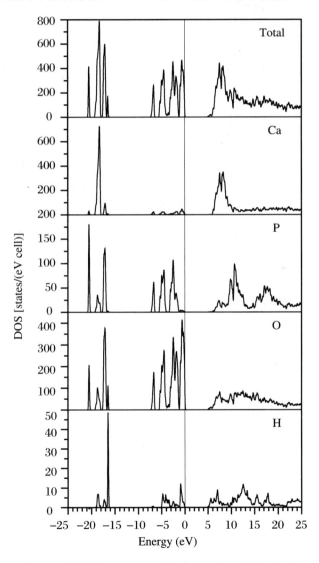

图 9.4　羟磷石灰 2×2×2 超胞中 Ca,P,O,H 的 PDOS

384个原子的超胞中 Ca, P, O, H 的 PDOS。这将与掺杂 Mg 和 Zn 的 HAP 的
PDOS 在同一个能量范围内对比。Mg 和 Zn 在 HAP 中 Ca 位掺杂所对应的
PDOS 如图 9.5 所示。PDOS 显示 Ca 位掺杂的 Mg 或 Zn 都没有在禁带或者
禁带的边界引入缺陷能级。对比不掺杂 HAP 的 PDOS, Mg 或 Zn 的 PDOS 反
映出 Mg 或 Zn 与周围原子的相互作用, 以及在 Ca1 位掺杂和在 Ca2 位掺杂的
差别。价带中 Mg(Zn)占据的能级在价带顶的四段有主要贡献。在OLCAO方

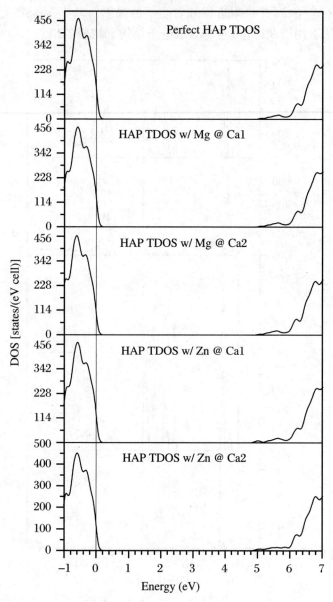

图 9.5　Mg 和 Zn 掺杂的羟磷石灰 $2 \times 2 \times 2$ 超胞中 Ca, P, O, H 的 PDOS

法中,很容易将 DOS 分解成单个原子或者轨道的 PDOS,因此可以具体说明 Mg(Zn)与周围原子的相互作用。通过计算总能,不论是 Mg 还是 Zn 都更倾向于替代 Ca1,不过替代 Ca1 和 Ca2 位置的总能相差很小。Mg 掺杂对应的总能差为 0.316 eV,Zn 是 0.226 eV。这意味着这两种几乎具有相同 PDOS 的取代掺杂方式都是可能的。

　　这些计算清楚地说明 OLCAO 方法可以很好地在原子尺度分析复杂体系的缺陷结构。对质子补偿的 Ca1 空位将会在第 9.3 节中进行讨论。

9.2　MgAl₂O₄(尖晶石)中的空位和杂质

　　下面我们将讨论在具体的化合物 $MgAl_2O_4$ 或尖晶石中的缺陷问题以及它与光学性质的关系。这个例子将说明从头算方法可以得到有用的信息,指导实验工作以产生新的或者更好的应用。具有高折射率的光学材料在专业仪器中具有非常重要的应用。特别地,具有高折射率和特殊波段(例如,波段在 193 nm)传输性质的光学材料尤其引人注目。尖晶石就是这些材料中的一种,在第 5 章已有简单的介绍。它是一种宽带隙,具有高力学强度、高折射率(1.72)的材料。然而,位置反转和缺陷污染的问题也同样常见。评估由缺陷引起的电学效应和光学性质是非常实际和重要的问题。OLCAO方法非常适合研究这样的问题。下面我们将以尖晶石为例进行这一类问题的讨论。

9.2.1　方法

　　所有的尖晶石的计算都需要取一个足够大尺寸的超胞。我们所取的立方体超胞相对较小,包含 56 个原子,命名为 $(Mg_8)[Al_{16}]O_{32}$。计算超胞的能带结构和光学性质可以作为一个基准,用于与含缺陷的情况做对比。图 9.6 是包含 56 个原子的立方超胞和包含 112 个原子的 2×

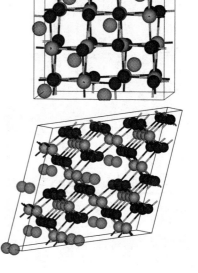

图 9.6　$MgAl_2O_4$ 结构示意图:包含 56 个原子的立方超胞(上面);包含 112 个原子的 2×2×2 的原胞(下面)

2×2原胞的结构示意图。图9.7所示是计算的立方大元胞的能带结构、DOS和光吸收[以频率相关的介电函数虚部 $\varepsilon_2(\hbar\omega)$ 的形式]。结果与用原胞计算得到的结果一致。因为LDA计算会低估绝缘体的带隙,并且带隙中缺陷引入的杂质能级的位置也会影响结果和实验数据对比,我们引入一个比例因子 f_g,至少能部分地考虑带隙的低估问题。f_g 定义为实验的带隙 $E_g(\exp)$ 和计算的带隙 E_g 之比,即 $f_g = E_g(\exp)/E_g$。在尖晶石中,实验上测得的带隙为 7.8 eV(Bortz and French,1989),计算得到的带隙为 5.55 eV,得到 $f_g = 1.41$,这是一个近似值,因为 $E_g(\exp)$ 和 E_g 都有一些不确定性。为了和特定波长的跃迁具有可比性,所有计算得到的缺陷能级(相对于价带顶)都通过 f_g 进行了缩放。所以,使用 $E_{scal} = E_{cal} \cdot f_g$ 是很方便的,这里 E_{scal} 和 E_{cal} 分别是缩放的和计算的能级。例如,如果我们感兴趣的是 $\lambda = 193$ nm(光子能量 $E_{scal} = 6.43$ eV),就是以水作为入射液体折射率为 1.44 时的频率,我们应该寻找在 $E_{cal} = 4.56$ eV 附近的谱线。我们进一步假设在低浓度缺陷时,并没有改变整体带隙和既定的比例因子 f_g。为了和实验数据建立一个直接的联系,我们特别关注在 $E_{scal}(\hbar\omega)$ 的吸收系数 $\alpha = \varepsilon_2(\hbar\omega)/E_{scal}$(单位 1/cm)。与频率相关的折射率 $n = \sqrt{\varepsilon_1(\hbar\omega)}$ 在大多数情况下也可以获得。

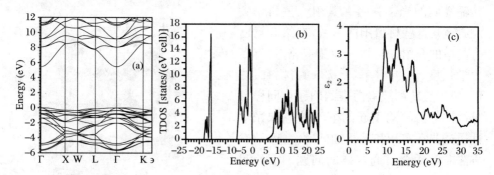

图 9.7　计算的 $MgAl_2O_4$ 56 个原子超胞的(a)能带结构,(b)总态密度,和(c)介电函数的虚部

9.2.2　反位缺陷的影响

包含一个或者更多反位对 (Al, Mg) 的超胞计算也被研究。56 个原子超胞的正型尖晶石可以写成 $(Mg_8)[Al_{16}]O_{32}$,()表示四面体位,[]表示八面体位,部分反型尖晶石可以写成 $(Mg_{1-2\lambda}\,Al_{2\lambda})[Mg_{2\lambda}\,Al_{2-2\lambda}]O_4$,或者 $(Mg_{8-16\lambda}\,Al_{16\lambda})[Mg_{16\lambda}\,Al_{16-16\lambda}]O_{32}$。反位参数 λ 表示被 Mg^{2+} 占据的八面体位的比例,计算给出了 λ 从 0 到 0.5 范围的结果。Mg 和 Al 的反位对的数目 n 依赖于反位参数,可以取值 $16\lambda = 1,2,3,4,5,6,7,8$。对于 $n \geqslant 2$,多重的反位结构有很多种可能,最终的结果应该是许多种结构的统计平均。我们对每个 n 都做了不同构型的

研究，并且利用 VASP 进行结构弛豫。对每一个 λ，选择总能最低的一个结构作为代表，利用 OLCAO 方法计算电子结构和光学吸收。

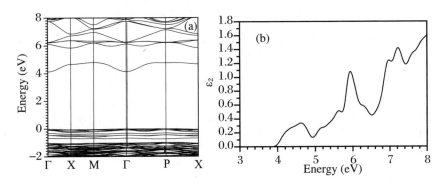

图 9.8　尖晶石里包含一个 (Mg, Al) 反位对，计算的 (a) 能带结构和 (b) $\varepsilon_2(\hbar\omega)$ 曲线

图 9.8 显示了具有一个 (Mg, Al) 反位对的尖晶石的能带结构和 $1\sim8$ eV 的 $\varepsilon_2(\hbar\omega)$ 曲线。得到的结果与图 9.7 所示的正型尖晶石的结果基本一致。其他不同 λ 的反型尖晶石具有相似的结果。平均最小能隙大约 4.7 eV，高于既定的 193 nm 对应的吸收能隙 $E_{scal} = 4.5$ eV。这很明显地表示反位缺陷的主要影响在价带（VB）的顶部，而价带顶是完全占据的，对光学吸收并没有影响，至少对 193 nm 波长附近光子的校准临界能没有影响。反位缺陷的尖晶石本质上是一个无序体系，许多种原子构型都是可能存在的（除了 $n = 1$）。真正的行为应当是大量构型的一个统计平均，尤其是当 $n > 4$ 时。这里的研究仅对限制数目的构型进行。但是，基于已经获得的结果，有迹象表明即使有更大的样本集，反位缺陷的尖晶石也不会有很大的改变。

9.2.3　孤立空位缺陷的影响

接下来我们考虑在 O、Mg 和 Al 位置的孤立的空位缺陷。利用 VASP 对含有 V_O、V_{Mg} 和 V_{Al} 空位缺陷的超胞进行结构弛豫。计算的能带结构和 $\varepsilon_2(\hbar\omega)$ 曲线如图 9.9 所示。V_O 空位缺陷在带隙中引入一个深能级缺陷态，能隙增大到 6.03 eV。这个杂质能带的宽度为 0.22 eV，高于价带顶 2.36 eV。按 $\varepsilon_2(E_{scal}) = 1.15$ 修正能级，在缺陷态有显著的光吸收，这源于缺陷能级和未占据导带之间的跃迁。如果是 V_{Mg} 空位缺陷，引入的杂质能级出现在价带顶，由近邻的氧离子的 p 轨道贡献。最顶端的能带是未占据态（受主类型），使从更低的占据态向它的光跃迁成为可能。然而在能量低于 3.0 eV 和高于 5.0 eV 时存在明显的光吸收，$E_{scal} = 4.5$ eV 的光吸收其实相当小 $[\varepsilon_2(E_{scal}) = 0.04]$。因此，$V_{Mg}$ 空位缺陷对于 $\lambda = 193$ nm 的光吸收可能不会有不良影响。V_{Al} 空位缺陷的结果与 V_{Mg} 空位缺陷的结果类似，缺陷能级处于价带顶和最高未占据能带。从占据态到空的缺陷态之间的光跃迁导致了感兴趣的能量范围内的光吸收。在 E_{scal} 能级，ε_2 的值相当小 $[\varepsilon_2(E_{scal}) = 0.07]$，但是比 V_{Mg} 空位缺陷时的值大。在感兴趣的频率处缺陷引起的对光吸收的不良影响被认为并不严重。

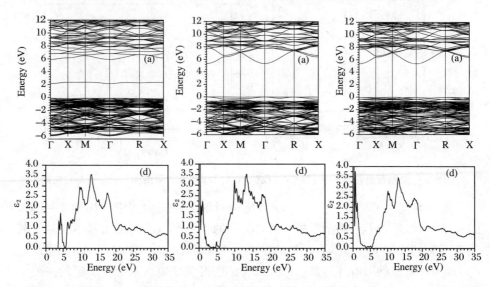

图 9.9　含 V_O（左）、V_{Mg}（中）和 V_{Al}（右）缺陷的 $MgAl_2O_4$ 的能带结构（上）和 $\varepsilon_2(\hbar\omega)$ 曲线（下）

　　为了检验 56 个原子的超胞是否满足计算要求，对于 V_O 空位缺陷的体系，同样研究了如图 9.6(b) 所示的包含 112 个原子的超胞。与 56 个原子超胞的计算结果相比较，这里得到的电子结构略有不同。缺陷能级往稍高的能量处移动（价带顶之上 2.7 eV），缺陷能带更窄（0.14 eV）。因为缺陷浓度不到 56 个原子超胞的浓度的一半，由 V_O 空位缺陷导致的 E_{scal} 能级的光吸收减小到 0.24。这表明对含有缺陷和杂质的晶体，尺寸效应对光吸收的影响是很重要的。用外推法估测更低缺陷浓度下的光吸收应当采用更大的超胞。

9.2.4　Fe 取代效应

　　Fe 是过渡金属离子，作为中性原子时最外层电子组态是 $3d^6 2s^2$。若 Fe 替代的是四面体的 Mg（称 Fe1），Fe 将处于 d^4 的电子组态，即 Fe 的正二价离子态。若 Fe 替代的是八面体的 Al（称 Fe2），Fe 将处于 d^3 的电子组态，即 Fe 的正三价离子态。计算选取包含 56 个原子的超胞，研究了 Fe 的两种替代方式下体系的能带结构和光学吸收性质。不考虑自旋极化的情况下利用 VASP 进行结构弛豫。从计算得到的总能来看，以一个超胞为单位，Fe1 替代方式的能量比 Fe2 替代方式的能量低 1 eV，平均到一个原子，能量差小于 0.02 eV。这个能量差相对较小，而且依赖于浓度。所以可以合理地假设两种 Fe 替代方式都是存

在的。图 9.10 显示了在四面体位和八面体位 Fe 的取代掺杂对应的能带结构
和光吸收曲线。在尖晶石的晶体场作用下,Fe 的 5 个 3d 能级劈裂成一个二重
简并的 e_g 态和一个三重简并的 t_{2g} 态。对于 Fe1 替代的体系,占据态 e_g 比部分
占据能带 t_{2g} 低,能隙为 5.77 eV,比不含缺陷的晶体的能隙稍大一些。对于
Fe2 替代的体系,空的 e_g 态在部分占据的 t_{2g} 态之上。两种情况下发生光跃迁
将通过以下几种途径:(1)占据的价带到非占据的 Fe 3d 态的跃迁,(2)Fe 3d 态
内的占据态到非占据态的跃迁。这将会在所要研究的能量范围内产生很大的
吸收。研究发现,对于 Fe1 取代掺杂,在 E_{scal} 为 193 nm 的光吸收没有 V_O 空位
缺陷情况下的大,$\varepsilon_2(E_{scal}) = 0.38$。对于 Fe2 替代掺杂,吸收存在于带隙区域。
$E_{scal} = 193$ nm 时,$\varepsilon_2(E_{scal})$ 为 0.16,不到 Fe1 掺杂的一半。然而,这种情况下,
在能量稍高于 E_{scal} 的区域光吸收迅速增强。当然,这些值也依赖于超胞的尺寸
和实际样品的缺陷浓度。56 个原子的超胞意味着非常高的缺陷浓度。这里我
们没有讨论 Fe 3d 能级的原子内相关效应的影响,它可能会对临界能处的光吸
收有影响。

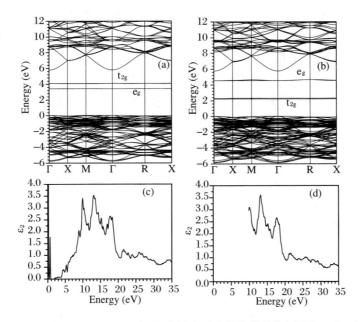

图 9.10　MgAl$_2$O$_4$ 中 Fe1(左)、Fe2(右)取代掺杂对应的能带结构(上)和 $\varepsilon_2(\hbar\omega)$ 曲线(下)

以上对含缺陷和杂质的 MgAl$_2$O$_4$ 光学吸收性质的研究表明,某一些缺陷体
系对特定频率的光吸收不能会有不利影响。最严重的就是存在 V_O 空位的体
系,而 V_O 空位在尖晶石中是除 Mg-Al 反位对以外最有可能出现的缺陷。另一
方面,V_{Mg} 和 V_{Al} 空位的影响是非常弱的。不同于空位缺陷,Fe 杂质,以及很可
能的其他缺陷,在带隙中会产生深能级局域态,可能会也可能不会影响特定频
率的光吸收,这主要是因为不同情况下光跃迁的途径不一样。在这里的研究中

E_{scal}处发生了一定程度的光吸收,有很多种可能的跃迁来源。如果考虑更大的超胞,即更低的杂质浓度,那么预期光吸收将会大打折扣。对比含有 V_O 空位缺陷的 56 个原子的超胞和 112 个原子的超胞,可以看出尺寸效应的影响是很大的。利用较小的超胞研究会高估特定频率下的光吸收。以上的计算表明,用 OLCAO 方法建立的理论模型可以有效地研究光学晶体中缺陷的影响,而用其他方法处理这个问题往往比较困难。

9.3　杂质空位复合缺陷

　　上面讨论的单空位和孤立杂质属于晶格缺陷中最理想的情况。实际材料中,非等电子的杂质取代通常会导致其他的电荷补偿型缺陷,尤其是在离子晶体中。因此,根据复杂性分类,需要进一步讨论的晶格缺陷就是杂质空位复合型缺陷。这里我们将讨论一些新的例子。第一个例子就是在 LiF 晶体中,V^{2+} 离子在 Li 位的取代式掺杂,伴随着另一个近邻的 Li 位产生一个空位(Harrison et al. ,1981)。同样,还研究了 Cu^+ 在 LiF 中的取代式掺杂(Harrison and Lin,1981)。这些计算工作是在 30 年前用更原始的 LCAO 方法完成的,但是基本的思想与现在的计算方法是类似的。不做晶格弛豫,用更简单的势函数。无论如何,早期的计算开创了用第一性原理方法处理复合型缺陷的先河。对于 V^{2+} 掺杂的 LiF,研究发现 3d 到 4s 的跃迁和 3d 到 4p 的跃迁与实验观察到的结果符合得很好。如配位场理论假设的一样(McClure, 1959;Simonetti and McClure,1977),波函数并不是局域在 V^{2+} 离子附近。这个工作提出了一个研究晶体缺陷的新方法。

　　第二个复合型缺陷的例子是利用充分发展的 OLCAO 方法处理 YAG($Y_3Al_5O_{12}$)晶体中的 Cr^{3+} 和 Cr^{4+} 掺杂(Ching et al. ,1999)。传统研究激光晶体中过渡金属的光吸收和光激发是运用晶体场中自由电子方法(Powell,1998)。单离子的光谱项和多重峰在使用实验输入的可调参数确定。虽然这个理论分析方法在研究固态激光器运转时很成功,但是它有局限性。例如,大多数情况下,可靠的实验数据较难获得,得到正确的参数是很具有挑战性的。涉及多个离子共掺杂的情况,用来研究晶体中单个离子掺杂的方法就不再适用。因此促使人们尝试利用单电子模型下的从头算方法来研究问题。OLCAO 方法被用来研究 YAG 中 Cr^{3+} 和 Cr^{4+} 的杂质态,选取包含 160 个原子的 YAG 的立方晶胞(Yen et al. ,1997)。根据 Cr 替代的是八面体位的 Al 还是四面体位的 Al,可以判断是产生 Cr^{3+} 还是 Cr^{4+} 离子。如果是 Cr^{4+} 离子还需要考虑邻近的 Y 被 Ca 替代的共掺杂($Cr^{4+} + Ca^{2+}$)。这在 160 个原子的晶胞内很容易实现。计算要求完全自洽，以便于准确地研究晶格杂质的相互作用。得到的波函数可以估计各个单电子杂质能级间的跃迁的振子强度（Yen et al.，1997）。不考虑 Cr 和 Ca 附近的晶格弛豫，以及自旋轨道耦合。尽管做了这些简化，通过计算还是能得到一些有意义的信息。图 9.11 显示了通过计算得到的 Cr^{3+}、Cr^{4+} 以及 $Cr^{4+}+Ca^{2+}$（三种不同构型）在 YAG 带隙之中的能级。因为所有的 $Cr^{4+}+Ca^{2+}$ 缺陷能级都处于 YAG 的能隙中（YAG 的计算能隙为 4.7 eV），所以对于由 LDA 近似导致的 YAG 能隙的低估（实验测得的能隙 6.5 eV）未做调整。如图 9.11 所示，一个孤立的 Cr^{3+} 离子会引入三个缺陷能级（A，B，C），Cr^{4+} 离子会引入四个缺陷能级（A，B，C，D）。当和 Ca^{2+} 共掺杂时，Cr^{4+} 的四个缺陷态能量会降低，并且它们的相对分离与 Ca^{2+} 的位置无关。缺陷能级间的相对位置与之前报道的 YAG 中 Cr^{4+} 的吸收峰和发射峰一致。这对利用单电子方法计算激光晶体中的缺陷态给予一定的支持。基于用缺陷态波函数计算的跃迁强度，对于包括激发态吸收（ESA）（Hercher，1967）到非占据导带的饱和吸收提出了另外的模型。这个模型后来被光电导率测量部分地验证了（Brickeen and Ching，2000）。

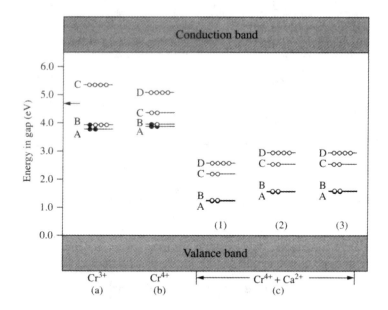

图 9.11　在 YAG 能隙中，Cr^{3+}、Cr^{4+} 以及（$Cr^{4+}+Ca^{2+}$）共掺杂三种构型对应的能级（详细内容见于引用的参考文献）

　　上面关于激光晶体中复合型缺陷的计算表明，如果可以纳入单离子多重态的计算，那么就可以对激光晶体的缺陷态做更准确的分析，这将会是一个很有前景的方法，有利于推动这个领域的发展（Ogasawara et al.，2000）。

　　第三个关于多重缺陷的例子就是 HAP 中质子化的 Ca 空位（V_{Ca}）。HAP

晶体通常由 Ca/P 的比例来标志。理想的 HAP 晶体 Ca/P 的比为 1.67。实验室的 HAP 样品,Ca/P 的比一般介于 1.5 到 1.67 之间,这就意味着样品中 Ca 不足。Matsunaga 等曾经构建了一个热力学稳定的缺陷模型,Ca1 位存在一个 Ca 空位,通过质子化补偿电荷(Matsunaga,2010)。取一个大的超胞,利用 VASP 做完全弛豫。利用 OLCAO 方法研究模型的电子结构和价键性质,如 9.1.2 节中讨论的单金属离子掺杂一样。我们可以研究空位附近的化学键,以及引入的质子的作用。结果表明与理想晶体电子结构的偏差基本可以忽略,而且能隙中不存在缺陷态。图 9.12 中对比了理想晶体中 H 和 Matsunaga 的 V_{Ca1} +H 模型的 DOS 和 PDOS。唯一的差别就是附加的质子在价带深处 -8.6 eV 和 -7.24 eV 处引入两个 H 的能级。这种化学键结构意味着很稳定,因此为 HAP 样品中容易出现 Ca 不足提供了一个合理的解释。

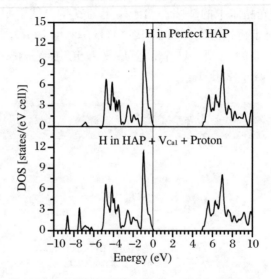

图 9.12 H 在理想晶体中的 PDOS(上),羟基磷灰石中 V_{Ca1} + 质子缺陷的 PDOS(下)

9.4 晶 界 模 型

晶界(grain boudary,GB)在晶体中通常被认为是一些拓展的缺陷。它们的结构复杂,但是又非常重要,因为它们会影响体相材料的性质(Sutton and Balluffi,1995)。对晶界的从头算研究和模拟,尤其是在陶瓷材料中,历史相对较短,因为计算上需要大尺寸的模型。这主要是由于晶界的复杂性和它们的低对称性。然而,近些年关于复杂的晶界的从头算模拟取得实质性进展。最近的很多研究工作都致力于 α-Al_2O_3 的晶界（Fabris and Elsässer, 2003；Marinopoulos and Elsässer, 2000）。实际上，很多人认为，在 8.3 节讨论的多晶陶瓷的晶间玻璃膜是一种更复杂的内部晶界。在这一节，我们将介绍几个 OLCAO 方法在晶界结构中应用的例子。

9.4.1 α-Al_2O_3 中的晶界

最早利用 OLCAO 方法研究的晶界是 α-Al_2O_3 中 $\Sigma 11$ a 轴倾斜晶界，基于 Kenway 构建的模型（Kenway, 1994）。Kenway 模型最接近实验观测（HR-TEM 方法）到的氧化铝中低能量 $\Sigma 11$ 晶界，它存在 $0.7°$ 的取向差。Kenway 模型具有 72 个 Al 原子和 108 个 O 原子，是非周期性结构，因为它是采用对势通过静态晶格计算构建的。为了评估 Kenway 模型中人为引入的表面，同样构建了具有相同原子数目和类似尺寸的体相 α-Al_2O_3 晶体周期性模型。用 OLCAO 方法研究具有表面和没有表面的体系。计算表明 $\Sigma 11$ 附近的晶界没有引入能隙态，缺陷态出现在 O-2p 贡献的价带和 Al-3s 贡献的导带附近。有效电荷和键级的计算表明，在晶界区域由于 Al-O 键键长减小，以及原子配位数降低，Al 原子到 O 原子的电荷转移增强。关于 Kenway 模型的电子结构和化学键的计算扩展到光学性质的研究，同样显示与体相晶体的差别较小（Mo et al., 1996b）。

最近，关于 α-Al_2O_3 中晶界的模拟被大大地扩展。这里我们将介绍三个满足化学计量比的晶界，它们按照纯的或者 Y 掺杂的模型制备，这三种晶界分别是 $\Sigma 3$，$\Sigma 37$ 和 $\Sigma 31$。这些工作进一步证明了综合多种模拟方法的重要性，可以得到与实验观测相关的结果。第一个例子是包含 $(01-10)/[2-1-10]/180°$（$\Sigma = 3$，或 $\Sigma 3$）晶界的模型，具有 220 个原子（132 个 O，88 个 Al）（Chen et al., 2005a）。对于任何满足周期性边界条件的晶界模型，超胞须包含两个相反方向的晶界。对于 Y 原子掺杂的体系，四个 Y 原子替代晶界区域的四个 Al 原子，或者说每个晶界有两个 Y 离子。实际的取代位以及 Y 离子的位置由能量最小化决定。当 Y 掺杂到晶界中时，关于 $\Sigma 3$ 晶界研究的一个重要部分就是理论拉伸实验，用来研究系统的失效行为。对于第 8 章简单提到的 IGF 模型，进行了类似的拉伸测试。图 9.13 显示了理想晶体、未掺杂的 $\Sigma 3$ 晶界以及 Y 掺杂的 $\Sigma 3$ 晶界的理论拉伸实验得到的应力-应变曲线。Y 掺杂晶界里失效点的应力和应变值是外延得到的，表明 Y 掺杂增强了晶界。OLCAO 计算以键级、电荷密度图以及 PDOS 的形式，被用于理论实验和 Y 掺杂引起强度增加的机理。

第二个例子是 $(01-18)/[04-41]/180°$ 晶界，即 α-Al_2O_3 晶体中 $\Sigma 37$ 晶界。选取的超胞包含 760 个原子（456 个 O 原子，304 个 Al 原子）。对未掺杂和 Y 掺杂的模型进行分子动力学模拟（Chen et al., 2005），采用经典 Born-Myer-Hugging 势与附加的角度项（Blonski and Garofalini, 1997）。对于 Y 掺杂前和

掺杂后计算得到了不同的预熔和熔化温度。这从另一个方面证明了 α-Al_2O_3 晶

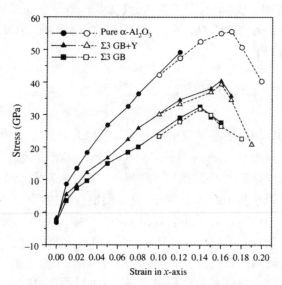

图 9.13　三个模型(α-Al_2O_3晶体,Y 掺杂的 Σ3 晶界,未掺杂的 Σ3 晶界)
在理论拉伸实验下的应力-应变曲线(细节见参考文献)

体中晶界的 Y 型强化。尽管没有用 OLCAO 方法对此晶界进行分析,但是我们希望得到与 Σ3 晶界类似的结果。对于研究大和复杂的晶界结构,重要的信息就是应该知道将动力学模拟和从头算 OLCAO 方法相结合是可行的。在 8.3.3 节中讨论的 Yoshiya IGF 模型已经证明了这一点。基于这种组合的方法,得到瞬时构型的电子结构和化学键,可以对与温度相关的性质以及熔化过程有个基本的理解。

　　第三个例子是 α-Al_2O_3晶体中复杂的Σ31 晶界(Buban et al.,2006)。在这个工作中,模拟方法结合了实验上的高分辨率 Z-contrast STEM 图像。初始模型由 GULP 静态晶格模拟构建,超胞包含 1240 个原子,形成周期性结构(两个晶界)以后包含 700 个原子。利用 VASP 对模型进行完全弛豫,得到晶界的形成能为 $3.93\ J/m^2$。晶界核附近原子的成键构型可以清楚地从 Z-contrast STEM 图像获得(Buban et al.,2006),是一个 7 原子环的 Al 的纵列排布,并且这个结构也存在于模型中。引入 Y 离子之前和引入 Y 离子之后,晶界核附近原子的化学键的结构通过电荷密度分布图和原子配位进行了分析。图 9.14 所示是晶界核处 7 原子环中原子的局域的配位作用。得出的结论是,Y 离子替代 7 原子环中心的 Al 原子导致晶界的力学强度增强,是由于 Y-O 键的增加和化学键的增强。如同上面对 Σ3 晶界的讨论一样,可以通过 OLCAO 方法进行有效电荷和键级的计算来进一步确认键的增强。

9.4.2 钝化缺陷

在共价晶体（例如 Si 和 SiC）中有一些特殊形式的缺陷。这些缺陷会引起键长和键角的微小失真，或者引入不同类型的共价键，但这些共价键并未对整体的电子结构引起大的微扰。这些缺陷在实验上很难检测，一般被称为钝化缺陷。尽管钝化缺陷对电子结构的影响微乎其微，在高灵敏度的实验中，它们对器件的性能仍有微妙的影响。在本节，我们将介绍两种这样的钝化缺陷的模型。利用超胞 OLCAO 方法，这两个模型主要用于 XANES/ELNES 计算。由于它们的钝化特性，其他类型的方法不能很有效地检测。但是，电子结构和键是光谱计算的先决条件，所以我们将在这里讨论这两个模型。第一个模型是晶体 Si 中 {113} 晶面扩展的平面缺陷（Chen et al.，2002）。采用含有 90 个 Si 原子的特别设计的原胞（Kohno et al.，1998）。周期性模型如图 9.15 所示，包含八元环、七元环、六元环和五元环。键级的计算表明只有

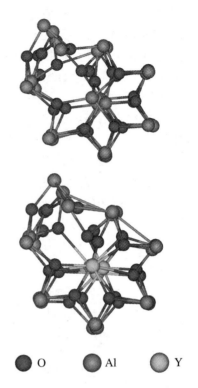

○ O ● Al ● Y

图 9.14 α-Al_2O_3 晶体中 $\Sigma31$ 晶界核处 7 原子环上原子的局域配位方式。上（下）未掺杂（掺杂）Y 离子

与八元环和五元环相关的 Si 原子出现非常小的偏离，键角的扭曲大于平均值。原子分辨的 PDOS 显示电子结构发生非常小的偏差，没有预期的能隙态出现。另一方面，单个原子的 XANES/ELNES 光谱的差异却更引人注目，这个问题将会在第 11 章进行深入的讨论（Rulis et al.，2004）。这个模型可以作为基于 ELNES 光谱计算的光谱成像技术的测试。

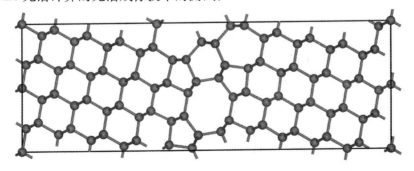

图 9.15 含 {113} 晶面平面缺陷的晶体 Si 周期模型，原胞具有 90 个原子，包括八元环、七元环、六元环和五元环

　　另一个钝化缺陷模型是 β-SiC 晶体中 {122} 晶面 Σ9 晶界。在这个晶界中，由于五元环的存在，所谓的 Si-Si 或者 C-C"错键"将会被引入。Kohyama 和同事构建了两个这样的周期性结构，具有 64 个原子（Kohyama，1999；Kohyama，2002；Kohyama and Tanaka，2003）。在极性模型中，包含两个取向相反的晶界，具有不同的错键。一个晶界具有两个 Si-Si 键，另一个晶界具有两个 C-C 键。在非极性的模型中，每一个晶界都含有一个 Si-Si 错键和一个 C-C 错键。如图 9.16 所示。由于 Si-Si 错键和 C-C 错键与 β-SiC 晶体中 Si-C 键一样强，对极性和非极性晶界的 β-SiC 的整体电子结构的微扰很小，并且在能隙中不会引入任何深能级。虽然主要关注的是 ELNES/XANES 光谱，但是电子结构和化学键仍用 OLCAO 方法研究（Chen et al.，2002）。得出的结论是，不论在极性晶界还是非极性晶界中，对键角扭曲产生的影响比对键长改变产生的影响大。这些计算对探测各种动力学构型实时改变下形成不同类型键而引起的微妙失真很有价值。OLCAO 方法将会是探测这样变化的理想方法。

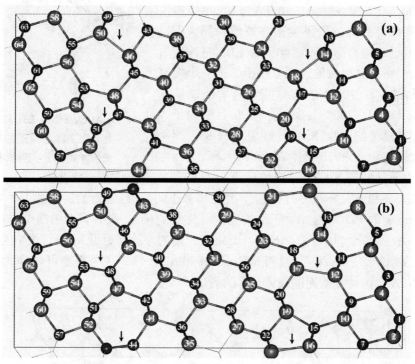

图 9.16　β-SiC 晶体中非极性（上）和极性（下）的 {122} 晶面 Σ9 晶界模型，箭头表明错键位置

9.4.3　SrTiO₃中的晶界

　　早期的晶界（GB）计算，不是 Kenway 模型中 Al_2O_3 的 Σ11 晶界，而是

SrTiO$_3$ 中 $\Sigma = 5\{210\}\langle 001 \rangle$ 晶界（McGibbon et al.，1994）。SrTiO$_3$ 是一个重要的氧化物功能材料，晶界会严重影响它的电学性能（Imaeda et al.，2008；Shao et al.，2005）。对两个 $\Sigma = 5$ 晶界模型利用平面波赝势方法进行弛豫（Mo et al.，1999）。一个包含 50 个原子，另一个包含 100 个原子，并且每个周期性结构包含两个取向相反的晶界。50 个原子的模型在 c 方向取两个周期得到 100 个原子的模型，这更接近实际情况，因为在晶界核存在扭曲的 Sr 列。与更近的研究比较，这些模型相对较小。OLCAO 方法用来研究模型的电子结构和键的性质，结果将与体相的计算结果相对比。晶界模型计算的 DOS 表明，与体相相比，只在导带底部出现小的差异。键级的计算说明晶界区域 Ti-O 键和 Sr-O 键比晶体的键弱。问题的关键是弄清楚晶界在 SrTiO$_3$ 中是否改变。利用从头算波函数得到的电荷密度分析可以证明在 $\Sigma = 5$ 晶界处没有电荷的积累，并且在带隙或者带隙附近没有引入缺陷态。这里还不清楚这些小的化学计量的模型是否对应于实验观察到的真实的晶界。

为了获得更详细的 SrTiO$_3$ 中晶界的电子结构和电荷分布的图像，上面对 $\Sigma = 5$ 晶界的研究扩展到更大的超胞，具有 960 个原子，如图 9.17 所示。在这个尺寸，两个晶界之间的相互作用可以忽略，获得的数据更加可靠。模型利用 VASP 进行完全的优化，利用 OLCAO 方法进行电子结构的计算。图 9.18 显示了模型的总态密度分

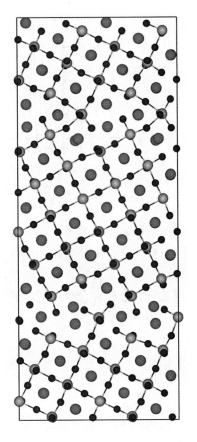

图 9.17　包含 960 个原子 SrTiO$_3$ 晶体 $\Sigma = 5$ 晶界模型。连接原子为 O 原子和 Ti 原子，孤立圆球为 Sr 原子

布。结果与原模型的结果稍微有差异，但是比之前（Mo et al.，1999）报道的结果更准确。这个模型将被用来研究晶界核处氧空位 V_O 的位置（Kim et al.，2001）。在晶界核不同位置引入 V_O，如（Kim et al.，2001）建议的，通过总能的计算发现能量的差别非常小，这意味着 V_O 可能出现在任何位置。OLCAO 被用来研究这些含缺陷的晶界模型。结果显示在导带底附近出现一个施主能级。因此在 SrTiO$_3$ 中 $\Sigma = 5$ 晶界处氧空位的出现将会很显著地影响材料的电子性质。这个模型同样被用来计算 O 原子在晶界和氧空位附近的 O-K 边，从而作

为一种手段帮助确定 $SrTiO_3$ 实际样品的缺陷结构。这个研究使我们与研究 $SrTiO_3$ 中埋藏缺陷的像差校正 STEM 实验的最新发展建立了一个更紧密的联系(Krivanek et al.,2010;Zhang et al.,2003)。

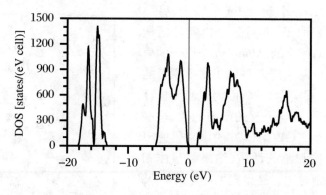

图 9.18 包含 960 个原子的 $SrTiO_3$ 晶体中晶界模型的 DOS

本节中给出的晶界计算的例子说明 OLCAO 方法可以非常有效地研究晶界以及其他复杂的微观结构的电子性质和光谱性质。前一章中讨论的 IGF 模型可以看作是一种特殊的复杂晶界。这些应用不局限于氧化物或氮化物,还可以用来研究金属和合金中的晶界。

9.5 表　　面

表面物理是材料科学中最活跃的领域之一。表面可以被看作是晶面和真空的界面,周期性仅在垂直表面方向的二维平面内存在。OLCAO 方法自发展初期就被用来解决表面问题(Mednick and Lin,1978)。相对于研究复杂体相材料来说,现代的 OLCAO 方法应用在表面问题的研究比较少。在这一节,我们将介绍两个生物陶瓷晶体表面计算的例子,羟基磷灰石(HAP)和磷酸三钙(TCP)。这些材料体相的电子结构和键的研究在第 5 章已经讨论过。第一个应用就是研究磷灰石(FAP)和 HAP 氧终端的(001)表面。计算中选取的超胞的几何结构如图 9.19 所示。计算表明 FAP 和 HAP 氧终端的(001)表面更加稳定,计算的表面能分别为 0.865 和 0.871 J/m^2。在 FAP 中,两个表面是对称的。HAP 中,OH 基团的方向沿着 c 轴降低了对称性,以至于上表面和下表面不再对称。表面和次表面附近的原子发生明显弛豫,尤其是 HAP。最大的弛豫是次表面处氧离子的侧移。表面模型的电子结构通过一层一层的所有原子的分态密度显示出从表面到体相系统的变化。不同类型的原子的马利肯有效电荷分析和阳离子(Ca,P)和阴离子(O,F)之间的键级计算显示了与体相不同的电荷转移和键强度的变化。电子电荷密度计算表明,由于表面处 Ca 离子的存在,FAP 和 HAP 晶体表面大多是正电荷。图 9.20 所示是沿着 z 轴方向的总电荷密度(垂直于表面,x-y 平面内积分)$\rho(z)$,以及同样位置处相对于中性原子电荷的偏差 $\delta\rho(z)$。可以看出 HAP(001)表面的上表面和下表面是非对称的,这是由于(OH)基团的取向。较低的表面(OH 基团中的 H 指向 z 轴负方向)具有略多的正电荷。正电荷表面暗示,在含水环境中磷灰石表面对水和其他有机分子具有一定的吸附,这对它的生物活性具有重要意义。

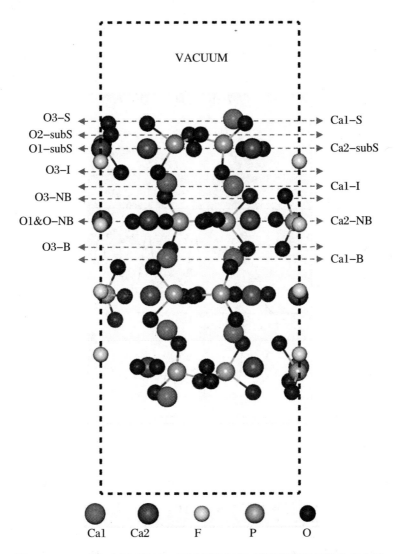

图 9.19　FAP(001)表面模型。原子层被标记,说明见所引用的参考文献

表面模型所有离子的 XANES/ELNES 光谱同样被研究(Rulis et al.,

2007），并且在第 11 章会被进一步讨论。同一种元素，其在表面的原子、表面附近的原子，以及体相中的原子之间具有明显差异。

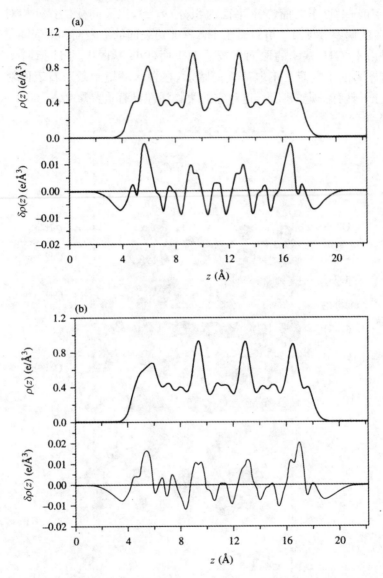

图 9.20 体相和表面的电子电荷密度分布 $\rho(r)$ 和 $\delta\rho(r)$：(a) FAP(001)，(b) HAP(001)

磷酸三钙的晶体结构具有两个相，α-TCP 和 β-TCP，它们的电子结构在第 7.5 节已经介绍。这里我们只讨论它们的表面，方法与研究 FAP 和 HAP 表面的方法一样（Liang et al.，2010）。TCP 是主要的生物陶瓷之一，具有很多生物医学方面的应用。已经有据可查 TCP 可以加快断骨恢复，并且最终会成为新的骨组织的一部分。TCP 的生物活性和生物相容性与其表面的化学性质和形貌有密切关系，它们会强烈影响体内蛋白质的吸附、细胞黏附以及来自宿主的响应。新一代生物材料发展的目标是增强所需功能和性质，比如说表面修饰，以促进特定蛋白质的吸附或者制造胶原或明胶的混合复合材料。TCP 表面电荷分布对决定这些功能发挥着重要作用。

利用 OLCAO 方法，选取板结构模型研究 α-TCP 的(010)面和 β-TCP 的(001)面(Liang et al.，2010)。超胞模型通过沿着体相 α-TCP (β-TCP)的 b(c)轴在六个不同的位置切割得到，真空层设为 15 Å。弛豫以后的表面模型的原子位置如图9.21所示。由于真空层的存在，表面区域原子发生大幅度的移动。但是，在表面以内的体相区域，β-TCP 中原子的移动比 α-TCP 中原子的移动幅度大，这主要是由于 β-TCP 中存在 3个 Ca 空位导致其中一个 Ca 位是半占据的。计算得到 α-TCP 的(010)表面和 β-TCP 的(001)表面的表面能分别是 0.777 J/m^2 和 0.841 J/m^2。其表面能的值非常接近 HAP 和 FAP

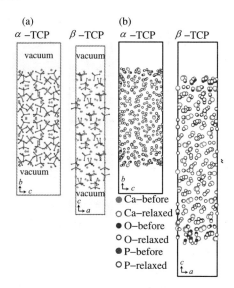

图9.21 (a)弛豫的 α-TCP 的(010)表面和 β-TCP 的(001)表面，(b)结构弛豫之前和结构弛豫之后原子位置

(001)表面的值。α-TCP 的表面能比 β-TCP 的更低与其表面电荷分布更均匀有关。表面对应的能带出现在价带顶部和导带底部。这可以由波函数的组成有很大一部分来自于表面原子确定。同样还计算了两个表面模型的有效电荷和键级。α-TCP 中的 Ca 原子比 β-TCP 中的 Ca 原子有更大的电荷转移，这与体相的情况类似。并且，表面出现更大的电荷转移意味着当表面存在时材料更具有离子性。

图9.22 所示的是，沿着 α-TCP(β-TCP) b(c)轴方向总的价电子电荷密度分布 $\rho(r)$，及其相对于中性原子电荷的电荷密度偏差 $\delta\rho(r)$。在 $\rho(b)$ 和 $\rho(c)$ 的示意图中出现很大的峰对应于原子集中平面的。表面附近，电子电荷分布衰减到真空区域。通过 $\delta\rho(r)$ 可以看出，表面平均失去电荷带正电。对于 α-TCP，上表面和下表面的电荷分布表明它们是对称的，同预计的一样。对于 β-TCP，两个表面是非对称的，上表面带有更多的正电荷，主要由于顶部表面 Ca^{2+} 离子的浓度更高。电荷密度图也表明两个 TCP 晶体的表面总体带正电，因为表面附近 Ca 离子的存在。

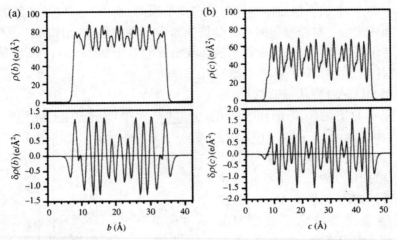

图9.22　电子电荷密度 $\rho(r)$(上)和 $\delta\rho(r)$(下)：(a)α-TCP 的 b 轴；(b)β-TCP 的 c 轴

9.6　界　　面

尽管 OLCAO 方法已经被用于上面讨论的晶界模型和表面模型的研究中，晶界和表面都可看作是一些特殊的界面。OLCAO 方法目前为止还没有被应用于体相晶体间的界面。固体和固体之间的界面不论是在纳米技术、涂层，还是在表面的物理或化学吸附方面都非常重要。最近的一个项目是模拟 Au 和 TiO_2 之间的界面。这个体系有趣的是 Au 纳米团簇在 TiO_2(110)界面会择优取向（Akita et al.，2008）。构建三种模型：符合化学计量比的，Ti 富足的和 O 富足的。因为较大的晶格失配，这几个模型在垂直于表面的方向是非周期性的，会产生人为造成的表面。我们通过采取适当的方法来避免表面引起的虚效应，从而关注模型界面部分。图 9.23 为化学计量的 Au-TiO_2 界面的示意图。

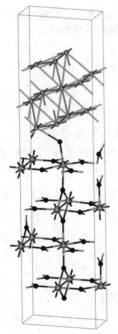

图 9.23　化学计量的 Au-TiO_2 界面

我们希望 OLCAO 方法在研究不同类型界面的电子结构和键的性质中发挥重要作用。这包括纳米团簇与涂层表面之间的界面，以及蛋白质和蛋白质之间或者蛋白质和无机晶体之间的界面。同样感兴趣的是合金表面保护层的研究，来增强极端热力学条件下的力学性能，例如在高温、压力以及腐蚀性的环境下。这样的

OLCAO 计算目前正在计划中。

参 考 文 献

Akita,T. ,Tanaka,K. ,Kohyama,M. ,& Haruta,M. (2008), *Surface and Interface Analysis*, 40,1760-63.

Blonski,S. & Garofalini, S. H. (1997), *Journal of the American Ceramic Society*, 80, 1997-2004.

Bortz,M. L.& French,R. H. (1989),*Applied Physics Letters*,55,1955-57.

Brickeen,B. K.& Ching,W. Y. (2000),*J. Appl. Phys.*,88,3073-75.

Buban,J. P. ,Matsunaga,K. ,Chen,J. ,et al. (2006),*Science*,311,212-15.

Chen,J. ,Ouyang,L. ,& Ching,W. Y. (2005a),*Acta Materialia*,53,4111-20.

Chen,J. ,Xu,Y.－N. ,Rulis,P. ,Ouyang,L. ,& Ching, W. Y. (2005b),*Acta Materialia*,53, 403-10.

Chen,Y. ,Mo,S.－D. ,Kohyama, M. ,Kohno, H. ,Takeda, S. ,& Ching, W. Y. (2002), *Mater. Trans.*,43,1430-34.

Ching,W. Y.& Huang,M. Z. (1986),*Solid State Commun.*,57,305-7.

Ching. W. Y. ,Xu,Y.－N. ,& Ruhle,M. (1997),*J. Am. Ceram. Soc.*,80,3199-204.

Ching,W. Y. ,Xu,Y.－N. ,& Brickeen,B. K. (1999),*Appl. Phys. Lett.*,74,3755-57.

Fabris,S.& Elsässer,C. (2003),*Acta Materialia*,51,71-86.

Harrison,J. G.& Lin,C. C. (1981),*Physical Review B*,23,3894.

Harrison,J. G. ,Lin,C. C. ,& Ching,W. Y. (1981),*Phys. Rev. B*,24,6060-73.

Hercher,M. (1967),*Appl. Opt.*,6,947.

Imaeda,M. ,Mizoguchi,T. ,Sato,Y. ,et al. (2008),*Physical Review B（Condensed Matter and Materials Physics）*,78,245320-12.

Kenway,P. R. (1994),*Journal of the American Ceramic Society*,77,349-55.

Kim,M. ,Duscher,G. ,Browning,N. D. ,et al. (2001),*Physical Review Letters*,86, 4056.

Kohno,H. ,Mabuchi,T. ,Takeda,S. ,Kohyama,M. ,Terauchi,M. & Tanaka,M. (1998), *Physical Review B Condensed Matter and Materials Physics*,58,10338-42.

Kohyama,M. (1999),*Philosophical Magazine Letters*,79,659-72.

Kohyama,M. (2002),*Physical Review B*,65,184107.

Kohyama,M.& Tanaka,K. (2003),*Solid State Phenomena*,93,387.

Krivanek,O. L. ,Chisholm,M. F. ,Nicolosi,V. ,et al. (2010),*Nature*,464,571-74.

Liang,L. ,Rulis,P. ,& Ching,W. Y. (2010),*Acta Biomaterialia*,6,3763-71.

Marinopoulos,A. G.& Elsässer,C. (2000),*Acta Materialia*,48,4375-86.

Matsunaga,K. (2008),*Physical Review B*,77,104106.

Matsunaga,K. (2010),*Journal of the American Ceramic Society*,93,1-14.

Mcclure,D. S. (1959),Electronic Spectra of Molecules and Ions in Crystals Part Ii. Spectra of Ions in Crystals:Part Ii. Spectra of Ions in Crystals. *In*:Frederick,S.& David,T. (eds.) *Solid State Physics*(New York:Academic Press).

Mcgibbon,M. M. ,Browning,N. D. ,Chisholm,M. F. ,et al. (1994),*Science*,266,102-4.

Mednick,K.& Lin,C. C. (1978),*Physical Review B*,17,4807.

Mo,S. − D. ,Ching,W. Y,& French,R. H. (1996a),*J. Am. Ceram. Soc.*,79,627-33.

Mo,S. − D. ,Ching,W. Y. ,& French,R. H. (1996b),*J. Phys. D:Appl. Phys.*,29,1761-66.

Mo, S. − D. , Ching, W. Y. , Chisholm, M. F. ,& Duscher, G. (1999), *Phys. Rev. B*, 60, 2416-24.

Ogasawara,K. ,Ishii,T. ,Tanaka,I. ,& Adachi,H. (2000),*Physical Review B*,61,143.

Powell,R. C. (1998),*Physics of Solid-State Laser Materials*(New York:Springer Verlag).

Rulis,P. ,Ching. W. Y. ,& Kohyama,M. (2004),*Acta Mater*,52,3009-18.

Rulis, P. , Yao, H. , Ouyang, L. , & Ching, W. Y. (2007), *Phys. Rev. B*, 76, 245410/1-245410/15.

Shao,R. ,Chisholm,M. F. ,Duscher,G. ,& Bonnell,D. A. (2005),*Physical Review Letters*, 95,197601.

Simonetti,J.&Mcclure,D. S. (1977),*Physical Review B*,16,3887.

Sutton,A. P.& Balluffi,R. W. (1995),*Interfaces in Crystalline Materials*(New York: Oxford University Press).

Xu,Y. − N. , Gu,Z. − Q. , Zhong,X. − F. ,& Ching,W. Y. (1997),*Phys. Rev. B*,56, 7277-84.

Yen,H. L. ,Lou,Y. ,Xu,Y. N. ,Ching,W. Y. ,& Jean,Y. C. (1997),*Mater. Sci. Forum*, 255-257,482-4.

Zhang,Z. ,Sigle,W. ,Phillipp,F. ,& Rühle,M. (2003),*Science*,302,846-9.

第10章　在生物分子体系中的应用

生物分子体系无疑是已知材料体系中最复杂的体系。在生命科学领域原子分子方法正迅速成为基础研究的标准,因为它能解开许多生物化学反应和生理功能的神秘。对真实生物分子体系的从头算依然是个严峻的任务,包括蛋白质、DNA/RNA 链、脂质双层,胶质病毒分子等等,甚至可以延伸到包含几千个原子的纳米尺度。另外,最有趣和最重要的生物分子体系是处于溶液环境中的,这也增加了研究的复杂性。生物分子体系的绝大多数从头算集中于小的片段结构,或限制到众所周知的结构子单元,而剩余的大尺度的计算则使用分子力学或分子动力学例如 AMBER 方法(Case et al.,2010),采用发展成熟的和更高精度的参数进行。我们相信在不久的将来用量子力学来处理更大尺寸的复杂的生物分子体系,对于解决诸如氢键、电荷转移和分布情况、大范围的静电作用和溶液的影响等问题是必需的。在这些方面,OLCAO 方法适合取得进展,因为它对处理大体系是行之有效的,而且并不局限于特定的结构。本章我们讨论几个例子,第一个例子是维生素 B_{12} 钴胺素,紧接着是单、双链的 B-DNA 的周期性模型。然后我们给出了一种最重要且最普遍的蛋白质——胶原蛋白的一些模型结果。最后,我们预测了一些其他有趣的体系。许多计算还正在进行,这里给出的结果只是初步的。

10.1　维生素 B_{12}

在医学上维生素 B_{12} 是很重要的分子,它能帮助那些患恶性贫血的人,并且是哺乳动物的必需营养品。过去一些关于维生素 B_{12} 的工作,已经被授予不少于 4 次诺贝尔奖。B_{12} 分子结构非常复杂,但 Dorothy Hodgkin 和他的合作者经过数年的 X-射线衍射实验并在计算机技术的帮助下(Bonnett, et al.,1955;Hodgkin et al.,1955)解决了这个问题。目前既然结构已经知道,合成和分析预测化学反应均已成为可能。近年来,人们越来越迫切地想要在原子和电子层面上理解 B_{12} 酶的生物功能。例如,为什么自然界会在 B_{12} 中选择 Co-咕啉单元实现特殊的生物功能,而不是像在其他的生物分子体系中使用 Fe-卟啉。

  B_{12}辅酶因子属于烷基钴胺素（RCbl）的普通类，在这一类中维生素 B_{12} 或 CNCbl 是最有名的。RCbl 的结构有一个悬挂的核苷酸 Co-咕啉，并且此核苷酸占据 Co（三价）的八面体六配位中的五个，第六个位置被 R 组占据，R = 甲基（甲基维生素 B 或 MeCbl）、腺苷（腺苷钴胺素或 adoCbl）或羟基组（羟基组维生素或 OHCbl）。这个结构如图 10.1 所示。CNCbl 在生物上是惰性的，而其他维生素是活性的。我们所知道的所有基于 B_{12} 酶的反应都涉及烷基配位中 Co-C 键的建立或断裂（Banerjee，1999）。特别重要的是 adoCbl，它是很多酶反应的辅酶，反应中氢原子与烷基功能团交换位置。想要理解这个因子如何影响 B_{12} 中 Co-C 键的断裂需要烷基维生素的电子结构和成键的知识。由于缺乏在原子尺度上的维生素的晶体结构的知识，早期的研究是基于简单的模型来模拟维生素 B_{12} 酶。当通过 X-射线同步加速器辐射手段得到准确的高精度的结构数据时（Kratky et al，1995；Randaccio et al.，2000），这种情况就改变了。从这种实验能够得到高精度的数据包括侧链的信息（图 10.1 中的 a～g），这在早期计算 B_{12} 辅酶因子时都是被忽略的。

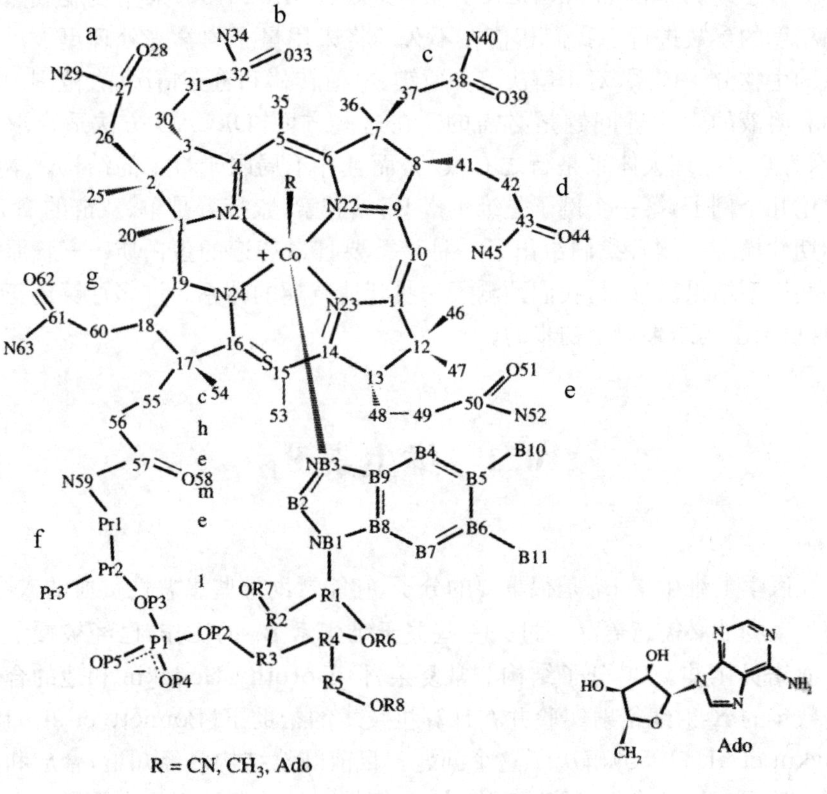

图 10.1　烷基维生素的结构轮廓

  OLCAO 方法被用来研究 CNCbl 的电子结构和成键（Ouyang et al.,

2003)，使用实验上确定的包含所有侧链的晶体结构（Randaccio et al.，2000）。这是第一次用 OLCAO 方法研究复杂的生物分子，研究的焦点是 PDOS。PDOS 根据不同的结构单元、每个原子的有效电荷和原子对的键级值进行分类。计算的 CNCbl 的 PDOS 如图 10.2 所示。PDOS 被分成七个不同的原子组：(1)Co 原子，(2)CN 上的 C 原子，(3)CN 上的 N 原子，(4)芯环(CR)中 sp^2 成键的 C 原子，(5)CR 中 sp^3 成键的 C 原子，(6)CR 中的 N 原子，(7)在苯并咪唑中与 Co 成键的 N 原子(标记为 N3B)。图 10.2 揭示出一些重要的事实，首先 1.96 eV 的 HOMO-LUMO 带隙是由咕啉环中的 C-C 键和 C-N 键相互作用共同决定的。而具有很大的 3d 组分的 Co 则稍稍偏移于 HOMO 和 LUMO 态。CN 中的 C-N 键非常强，峰的位置在 −18.6 eV 和 −2.2 eV 之间。我们预料到在 CR 中 sp^2 和 sp^3 成键的 C 原子有不同的 PDOS。但 CR 中的 N 和 N3B 中的 N 的 PDOS 有显著的差异。计算也显示在 HOMO-LUMO 带隙中的态，源于包括苯并咪唑的侧链 f 的带电的 PO_4 单元。在 CNCbl 中计算了每个原子的马利肯有效电荷和每一对成键原子的键级，并显示在图 10.3 中。由于电荷转移 Co 失去 0.3 个电子给 N，而 CR 中 C-C 和 C-N 间有大的键级值，在氰基

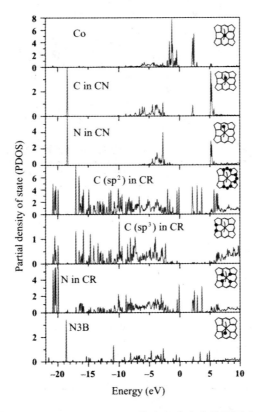

图 10.2 计算的 CNCbl 的 PDOS。里面的小图中占位的原子或原子团为黑点

中 C-N 有最大的键级,在 CN 中 Co 和 C 有 0.25 的键级,比 N 在 CR 中 Co-N 的键级大。

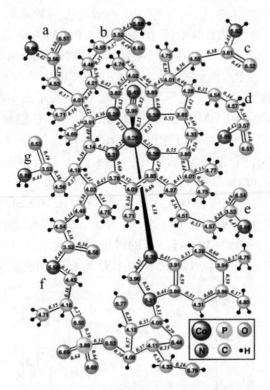

图 10.3   在 CNCbl 中计算的有效电荷和键级

表 10.1   Co 和施主原子的 Q^* 与配位键的键级

	CNCbl[a]	MeCbl[b]	AdoCbl[c]	OHCbl
Q^*(Co)	8.28	8.29	8.29	8.18
Q^*(NB3)	5.35	5.34	5.36	5.34
Q^*(R,6th)	3.99(C)	4.81(C)	4.58(C)	6.81(O)
Q^*(N21-24)[d]	5.30	5.32	5.31	5.32
Q^*(N22-23)[d]	5.36	5.36	5.36	5.34
BO(Co-R,6th)	0.25	0.13	0.15	0.24
BO(Co-NB3)	0.18	0.16	0.15	0.18
BO(Co-Neq)[d]	0.21	0.23	0.23	0.20

OLCAO 方法也被用于对其他的维生素进行相似的计算,也就是 MeCbl、adoCbl 和 OHCbl。在 OHCbl 中,Co 与羟基中的 O 成键。图 10.4 中所示为四

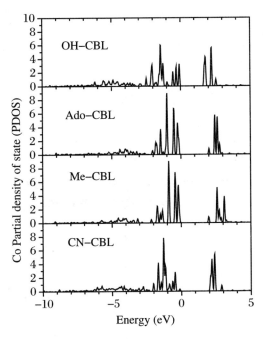

图 10.4　计算的 OHCbl 中 PDOS：Co、O 在第六个配体中，
N 在 CN、NCR 中，N 在苯并咪唑中

种维生素中 Co 的 PDOS 的比较。差异非常明显，尤其在未占据态。在 OHCbl 中从 Co 中劈裂的 t_{2g} 轨道比其他维生素的大。在 OHCbl 和 CNCbl 中的 LUMO 态被 Co-3d 态的出现有效加强，表 10.1 列出了 Co 和那些与 Co 成键原子的计算的马利肯有效电荷 Q^* 以及一些选择的键级值。显然在这四种情况下 Co 都是个阳离子。在 OHCbl 中 Co 比在其他的维生素中多失掉 0.10 个电子，然而在咕啉中 N 的 Mulliken 有效电荷与来自苯并咪唑的 N3B 是相似的。从在 Co 与 R 中的 C 或 OH 中的 O 之间的键级值，我们可以看到在 CNCbl 和 OHCbl 中第六配体的 Co 和 O 的成键比在 MeCbl 和 adoCbl 中更强。这与维生素 B_{12} 是生物惰性的，而 MeCbl 和 adoCbl 是生物活性的是相一致的。

　　我们想要知道的是上述计算的电子结构结果是否可以在某种程度上符合实验数据。图 10.5 给出了 50 年前测量的 CNCbl 光学吸收谱（Hill et al.，1964）与计算中 Co 相关的电子态跃迁的一个比较。两者相当一致，尤其是三个主要的吸收峰 α、β 和 γ。图 10.6 对比了测量的 X 射线发射谱（XES）与占据态中合适展宽的 O、N、Co 的轨道分解 PDOS。理论和实验的结果非常一致，这证明了对维生素的计算是非常有效的。

　　上面关于 B_{12} 的结果都是初步的，而且以验证计算方法为目的。另外进行了高精度的计算，$[PO_4]^-$ 被 Na 离子补偿。这可以消除与未补偿的电荷团相关

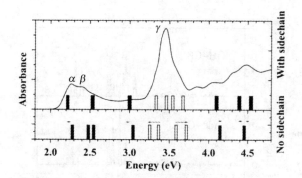

图 10.5　CNCbl 的光学吸收谱，空的垂直条代表包含 Co
　　　　能级的跃迁，实的垂直条表示咕啉的跃迁

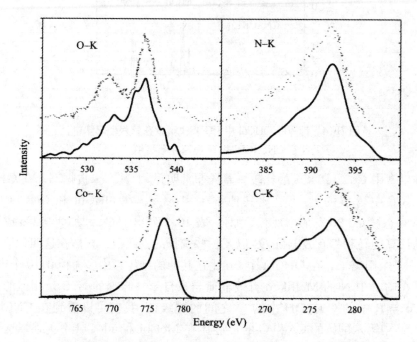

图 10.6　加宽的轨道分解的 PDOS(实线)与测量的软 X 射线发射谱(点)比较，
　　　　分别对应于 CNCbl 中 O-K,Co-K,N-K 和 C-K

的伪带隙态。计算可以扩展到晶体中包含其他分子的整个单胞，很可能同时带
有水分子，而不只是孤立的分子。这个计算可以测试分子间相互作用的效应和
溶剂的效应。大的生物分子激发态的表征提出另一个重要挑战。Co 边的
XANES 谱的计算将在第 11 章讨论。

10.2 *b*-DNA 模型

众所周知,DNA 或脱氧核糖核酸是生命组织的基本骨架(Bloomfeild et al., 2000),研究 DNA 对理解各种领域都是必要的,包括遗传、疾病、药物、农业等。在纳米技术领域,DNA 被简单认为是一个由重复的具有特殊的功能或结构应用(譬如作为三维纳米结构的脚手架)的核苷酸组成的长聚合物。

DNA 的第一个准确的结构模型由沃森和克里克的著名的工作所揭示,它是个双螺旋的结构(Watson and Crick,1953)。磷酸盐-脱氧核糖骨架是由磷酸(P)和糖基(S)交替形成的带有不同碱基分子连接到糖基上的核苷酸链。DNA 中的糖基是带有一个 O 和 5 个 C 原子的戊糖的形式,并与磷酸盐相连形成所谓的磷酸二酯键。四种不同的 DNA 碱基分子分别是腺嘌呤(A),胸腺嘧啶(T),鸟嘌呤(G)和胞嘧啶(C)(见图 10.7)。A 和 G 是由五元和六元环融合称为嘌呤,而 C 和 T 是由六元环组成称为嘧啶。沿着主链的碱基分子的排布序列编码了生物体的基因信息。DNA 碱基的独特性质是双螺旋链的互补碱基对通过氢键来稳定双螺旋(Kool,2001)。A 只与 T 成键,C 只与 G 成键。GC 对有三个氢键(1 个 H-N,2 个 H-O),AT 对有两个氢键(1 个 H-N,1 个 H-O)。这里的 H 键远远弱于主链上的原子间的共价键,但它们在决定分子的物理性质方面起着关键的作用,包括两条链的

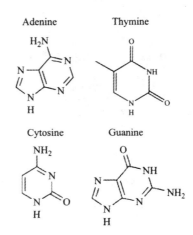

图 10.7 DNA 四种碱基的化学式:A,T,C 和 G

弹性和强度。这样,带有更多 AT 对的双链 DNA(dsDNA)链与链之间的相互作用更弱,更容易分离成单链 DNA(ssDNA)聚合物链。

DNA 存在几种构型,如 *a*-DNA、*b*-DNA, *z*-DNA 等等,依赖于螺旋结构和其他因素。但是,*b*-DNA 在生命细胞条件下是最常见的,因此经常被认为是最重要的。在本章中,我们用 OLCAO 方法来讨论 *b*-DNA 模型的电子结构和成键。图 10.8 是 *b*-DNA 模型,它沿 *z* 轴方向是周期性的,带有 10 个碱基对。dsDNA 分子链很长,包含约 30 亿个碱基对,所以实际的量子力学计算最好使用周期性的模型。弛豫后的 DNA 的双螺旋轴每 10.4 个碱基对绕一圈,因此 10 个碱基对的周期很接近于实际情况。这个周期模型避免了 DNA 链终端的

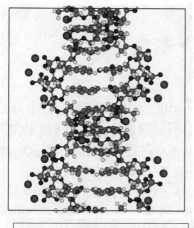

图 10.8 带有 10 个碱基对和补偿的 Na 离子的周期性 DNA 模型，下面的图显示模型的截面

问题，链根据是在磷酸盐基结束还是在糖基结束，分别被标记为 5′ 和 3′ 两种情况。这个模型首先用 Amber 程序来构建，然后在 z 轴方向加入对称性，然后用高精度的 VASP 来完全弛豫这个结构。模拟单胞的 x 和 y 方向的尺寸设置成 20 Å 以保证相邻单胞中的 dsDNA 分子间没有相互作用。为了补偿 $[PO_4]^-$ 基被中和的溶剂效应，20 个 Na 离子被加到这两个模型中，那么最终的平衡结构由随着 z 变化的总能的最小值来决定。这个模型如图 10.8 所示，有 10 个碱基，周期是 3.921 nm，36° 的旋转角，在 AT(GC) 基上有 660 (650) 个原子（图中未显示）。

OLCAO 方法被用来研究带有 10 个碱基对的 AT(CG) 模型的电子结构和光学性质，后面就用 AT-10 和 CG-10 模型来表示。图 10.9 显示了用全基组计算的这两种模型的总的 DOS，它们都是半导体，各自的 HOMO-LUMO 带隙分别为 3.3 eV 和 2.9 eV，最重要的态是最靠近 HOMO 和 LUMO 轨道的态。这些态主要来自于 AT 和 GC 对。图 10.10 是 AT-10 不同官能团分解的 PDOS。Na 的 PDOS 全部都在未占据带，表示它们通过补偿 $(PO_4)^-$ 团而变成离子化的。计算包括模型中每个原子的有效电荷和每对原子间的键级，包括氢键。

用 OLCAO 方法计算的 AT-10 和 GC-10 的光学吸收曲线，图 10.11 显示了这两种模型的依赖于频率的介电函数的虚部，并将其分解为沿着轴向和沿着平面的部分。让人吃惊的是光学谱是各向异性的，在第一个 5 eV 的范围显示吸收，沿着轴的方向完全没有贡献。各向异性在长程 van der Waals 力的计算中有重要的意义，这将在第 12 章进一步讨论。

dsDNA 的弹性通过在超级计算机上进行的理论拉伸实验来研究。用 VASP 在 z 轴方向以每步 0.676 Å 的步长持续拉伸 dsDNA 模型达到最大程度的拉伸，然后使用 OLCAO 方法计算每一步的电子结构和成键。图 10.12 是 AT-10 的总能与 z 轴拉伸的关系，在拉伸应变作用下，这些结果显示有趣的变化趋势，这些变化可能与几何构型的改变和氢键相互作用有关。在高应力下，

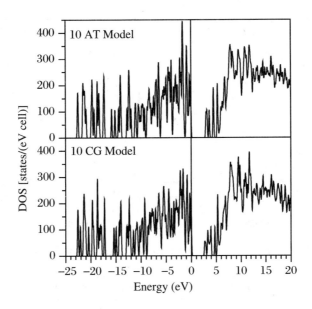

图 10.9　计算的 DNA 的 AT-10 和 CG-10 的 TDOS

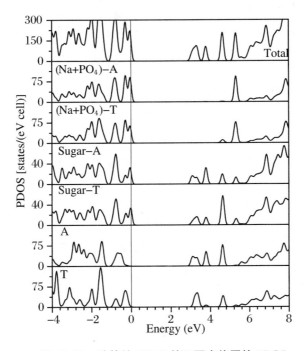

图 10.10　计算的 AT-10 的不同官能团的 PDOS

开环机理或许可以解释 dsDNA 中 DNA 过度拉伸的一些相关实验。

　　上述结果是用 OLCAO 方法得到的 DNA 初始研究阶段的成果,大部分结果正准备发表,我们得到的结果证明了 OLCAO 可有效地用来研究 DNA 分子

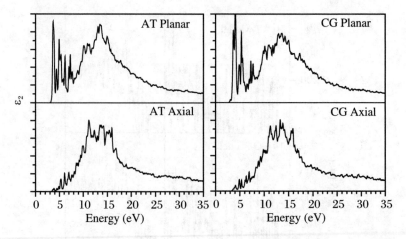

图 10.11 计算的 DNA 模型中 AT-10 和 CG-10 沿轴和沿平面的 $\varepsilon_2(h\omega)$ 值

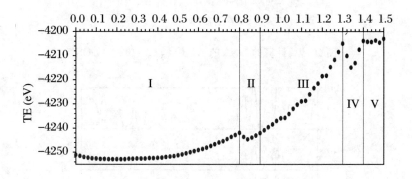

图 10.12 DNA 中 AT-10 中总能关于伸长量的函数

和其他的生物分子。然而,进一步考虑溶剂效应是必要的,这需要将水分子加入到这个模型中,研究电子结构和光学吸收的改变。带有指定碱基对和它们的修饰的 DNA 模型的详细研究可以有助于洞悉并从原子层级上解释 DNA 的特征及其对破坏的响应。另一种研究途径致力于 DNA 与蛋白质的粘结,或利用 ssDNA 缠绕碳纳米管的手段进行不同手性的碳纳米管的分离的可能性(Tu et al.,2009)。将 DNA 链用于纳米技术和溶液中生物体系的自组装是有着广阔前景的新型领域。所有这些课题都需要非常复杂的从头算。

10.3　胶原蛋白模型

在这一节里,我们讨论了 OLCAO 方法在另外一种重要生物分子,胶原蛋白上的应用(Kuhn，1987)。胶原蛋白分子是所有活体动物的主要结构蛋白。连同生物陶瓷，例如羟磷灰石(HAP)、磷酸三钙(TCP)(见第 7 章)，这些大分子共同组成了骨骼和牙齿的主要部分。Ⅰ-型胶原蛋白的三螺旋链的结构和性质仍是一个现在引起人们强烈兴趣的领域，因为胶原蛋白、生物陶瓷与它们周围环境之间的相互作用对人体的健康非常重要但却远未被了解。胶原蛋白有一个复杂的三螺旋结构，由包含很多不同氨基酸的缩氨酸链组成。与 DNA 一样的是，H 键对其结构、性质和功能起着至关重要的作用。

胶原蛋白是一种基于不同氨基酸(或残基)序列的多种形式的复杂多功能蛋白质(Ottani，2001)。最丰富的胶原蛋白分子是Ⅰ-型胶原蛋白，它是一种长程杆状三螺旋结构，由三股交织在一起长约 3000 Å、直径为 15 Å 的多肽链构成。多数Ⅰ-型胶原蛋白是异三聚体$[\alpha 1(I)]_2[\alpha 2(I)]$形式，其中 $\alpha 1(I)$ 和 $\alpha 2(I)$ 是单链分子，此外同三聚体$[\alpha 1(I)]_3$在活的有机体中也是存在的。两种 α-链最基本结构是包含氨基酸序列的一般三联体形式$(Gly-X-Y)_n$。后面的 X 和 Y 可以是任何天然的氨基酸，每一三聚体中甘氨酸(Gly)的存在是正确形成三螺旋结构的先决条件(Ramshaw et al.，1998)。每个 α-链盘绕形成螺旋二级结构，而这三个独立的链再围绕共同的一个轴超盘绕形成螺旋三级结构。胶原蛋白分子排列整齐形成微纤维，再捆绑在一起形成胶原纤维(四级结构)，这是生物矿化的关键。

根据胶原蛋白状的缩氨酸模型的 X 射线晶体学数据(Wess et al.，1998)，人们提出Ⅰ-型胶原蛋白分子有两种结构模型，被称为 7/2 和 10/3 螺旋线。它们的不同之处在于沿着中心轴每绕一圈的残基数量。两种模型中，三个 α-链都经由一个沿着螺旋主轴的残基，以一个围绕着主轴的角度交错排列。图 10.13 是单独一个 $\alpha 2(I)$链结构和三链螺旋结构的 7-2 异三聚体模型。$\alpha 2(I)$的氨基酸序列是：(Gly-Pro-Met)－(Gly-Leu-Met)－(Gly-Pro-Arg)－(Gly-Pro-Hyp)－(Gly-Ala-Ala)－(Gly-Ala-Hyp)－(Gly-Pro-Gln)－(Gly-Phe-Gln)－(Gly-Pro-Ala)－(Gly-Glu-Hyp)。两个 $\alpha 1(I)$链的氨基酸序列是(Gly-Pro-Met)－(Gly-Pro-Ser)－(Gly-Pro-Arg)－(Gly-Leu-Hyp)－(Gly-Pro-Hyp)－(Gly-Ala-Hyp)－(Gly-Pro-Gln)－(Gly-Phe-Gln)－(Gly-Pro-Hyp)－(Gly-Glu-Hyp)。7-2 异三聚体模型总共包含 90 个残基，1129 个原子，3240 个价电子。

胶原蛋白分子的性质与它的结构是密切相关的。第一个三重位置一定是被带有一个氢原子侧链的 Gly 的残基占据，而 X 和 Y 位置的残基通常有不同长度的侧链，而其中的一些具有芳香性。尽管 Gly-Pro-Hyp 三联体在能量上是最稳定的，其他有着大量侧链的残基可以在三螺旋结构中自适应地将侧链取向远离中心轴。这些带电荷的侧链很容易地进入周围溶剂通过氢键形成额外的以水为媒介的分子内桥梁。这些侧链也可以进入环境中的其他分子或生物矿石。因此 X、Y 位置的残基种类决定了胶原蛋白分子的相互作用性质。沿着胶

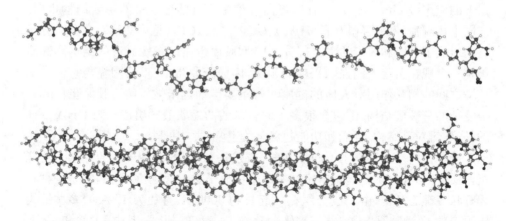

图 10.13 上图是 I‑型胶原蛋白 7-2 异三聚体模型的 α2(I)链一个单链。
下图是三螺旋的三线模型

原蛋白的三螺旋结构,具有高浓度 Pro 和 Hyp 取代物的区域,其残基带有电荷并具有疏水性,经常作为其他分子和蛋白质的吸附位。最终,胶原蛋白与晶态生物陶瓷间的相互作用在很大程度上取决于 X 和 Y 位置的特定残基段以及它对特定表面位的吸引力。胶原蛋白中的特定取代或异常序列与某些疾病是相关的,例如成骨不全症就是因为单 Gly 的取代导致的局部三螺旋的变形。将这种取代后结构与正常结构相对比看其对电子结构的影响,这在确定缺陷如何影响生物体的健康方面将会非常有意义。胶原蛋白分子的电子结构和成键信息将会为理解其中一些有趣的现象铺平道路。

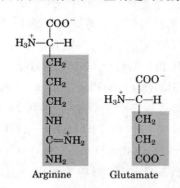

图 10.14 ARG(左边)和 GLU(右边)残基的简图,图中显示了带正电的 N⁺ 位和带负电的 O⁻ 位

理论研究的第一步是要在原子级别上有近似合理的结构模型。这通常始于蛋白质的数据库去建立最初的模型,继而用分子动力学或类似的方法结合与实验观测一致的氨基酸序列的具体特性进行修正(Vesentini et al.,2005)。这种模型一定要足够大到与实际相符,也要足够小到可以用从头算方法计算。即使有了合适的模型,基于 DFT 方法的胶原蛋白分子的电子结构计算还是存在很多的实际困难。最严重的一个就是局部电荷单元的存在。图 10.14 是 α1(I)中两种残基 Arg 和 Glu 的简略图。Arg 有一个正电荷位 NH^+,而 Glu 有一个负电荷位 CO^-,而分子整体是中性的。这种局部电荷单元在有很多自由基

中心的聚合物中是很常见的。如果它们之间的距离约为 20 Å,将在 OLCAO 方

法计算的自洽场势的收敛上造成很大的困难。因此需要一种创新且实际的方法来解决这个问题。这个局部电荷单元的问题是可以避免的,通过将 Glu 中 CO^- 附近加上一个 Na 平衡离子,同时将 Arg 中的 N^+H_2 单元去掉一个 H,这样整体的电子数保持不变,电中性也得以保持。

OLCAO 方法曾被用来计算 7-2 异三聚体模型的电子结构。不仅仅计算了两个单独的链也计算了整体的三螺旋结构的电子结构。在计算中增加一个 Na 离子并减少一个 H 原子来降低前面所介绍的局部电荷单元造成的影响。我们在这里给出一些初步的计算结果。图 10.15 给出了图 10.14 中 7/2 异三聚体的 $\alpha2(I)$ 链单链的总的 DOS 图。这种缩氨酸的 HOMO-LUMO 的能隙是 2.0 eV。$\alpha2(I)$ 链的 TDOS 进一步被分解为 10 个三聚体的 PDOS。从图中可以看出,每一种三聚体的 HOMO-LUMO 能隙都是不同的,这可能与缩氨酸链的相对强度有关。图中包含有丰富的信息,关于每个独立三聚体的电子结构和分子成键。例如,Gly-Pro-Met 三聚体在 VB 顶部有很大的贡献,决定了 HOMO 轨道。而 Gly-Pro-Ala 和 Gly-Glu－Hyp 三聚体有着相似的 PDOS,它们大量的态都紧贴在 HOMO 以下。也可以将 PDOS 更深层次地分解到每个残基或每原子上面以得到更为细致的信息。图 10.16 从马利肯有效电荷 Q^* 计算中给出的同一链中每个独立原子的电荷转移,并用渐变色表示(原来的彩色版本更能清晰说明)。可以看出在不同残基中原子的 Q^* 是不同的。经典模拟是不可能给出这些信息的,但这些信息却在解释不同几何构型方面起着至关重要的作用:不同的几何构型究其原因是分子内相互作用和分子间相互作用的结果。

上述初始数据证明了用从头算方法计算复杂胶原蛋白分子的电子结构是可行的,而对 PDOS 和有效电荷的分析则反映了一些内部细节。H 键的性质和长程电荷相互作用不仅在胶原蛋白的基础研究中,在任何其他生物蛋白的研究中都是非常重要的问题。H 键是分子间吸引力的来源,虽然它一般情况下弱于离子键或共价键,但却在保持胶原蛋白三螺旋结构方面起着主要作用。到目前为止关于胶原蛋白中 H 键的讨论主要是基于纯粹的结构方面的考虑,比如原子间键长和键角,并没有采用从头算量子计算的输入。就像纯粹的水模型和上一节中介绍的 DNA 模型一样,可以用 OLCAO 方法获得大体系的从头算信息。在胶原蛋白中,可以模拟每两个多肽链之间的桥梁,来探究其电子结构,估测不同模型的结合能的差异。在模拟中可以额外加水分子来模拟溶剂效应。也可以计算胶原蛋白在有溶剂和没有溶剂情况下的光学吸收谱。这样的计算都是很容易实现的,它们可以将胶原蛋白和蛋白质的研究推动到更高精度、更复杂的级别。

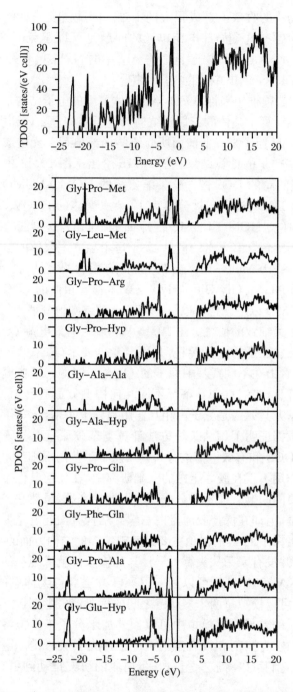

图 10.15 α2(I)中每个三聚体的总 DOS(上图)和 PDOS(下图)。注意不同三聚体不同的 HOMO-LUMO 能隙

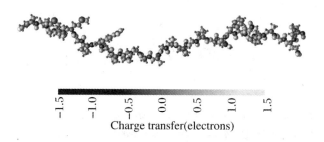

Charge transfer(electrons)

图 10.16　单 $\alpha 2(I)$ 的球棍模型，原子的大小由共价半径来
代表。渐变色表示每个原子的电荷转移量

10.4　其他生物分子体系

上面描述的三个生物分子体系的例子充分说明了 OLCAO 方法研究它们的电子结构和光谱性质的有效性。特别有用的是一种能够简单、直接获得电荷转移，分子内、分子间成键（包括氢键）的方法。用分子动力学是不易获得这种信息的，虽然分子动力学是研究复杂生物分子体系的最主要模拟方法。如果能够同时用图像显示从头算的电荷密度和势能面，那么结果将会特别有说服力。目前的计算还有一定的局限性。能够处理的体系原子数目仅仅只有几千，远远少于真正的蛋白质和生物膜。密度泛函理论所使用的局域密度近似也限制了计算的精度。感兴趣的生物分子体系中特定原子位置的结构模型也不总是那么容易建立。与实验研究的联系也不总是能够建立，这些解释对理解生物功能及其对生物医学应用和基本生物过程的影响都是非常关键的，但却不容易得到。然而相信经过一段时间的积累，我们将获得更多的经验，发展出新的计算方法，从而克服这些局限性。

此时或许适合考虑一些生物相关体系的类似计算。一个很具吸引力的体系是病毒纳米颗粒或蛋白外壳，例如植物病毒 BMV（雀麦草花叶病毒）、CCMV（豇豆褪绿斑驳病毒）、CMV（巨细胞病毒）或者 TMV（烟草花叶病毒），干燥形式的和在液体中的都有。这是一个完全缺少量子力学处理的领域。另外一个领域是不同蛋白质分子之间、蛋白质和生物陶瓷分子之间的相互作用，例如胶原蛋白与羟磷灰石之间的相互作用。另外 XAS 光谱计算应用于生物分子体系也是很有前景的。这一方面的实验研究越来越多，因为它是一种探测生物分子几何结构的有效方法。

参 考 文 献

Banerjee. R. (ed.)1999. *Chemistry and Biochemistry of B*12(New York:J. Wiley & Sons).

Bloomfeild, V. A. ,Crothers,D. M. ,& Tinoco,I. J. (2000), *Nucleic Acids,Structures, Properties, and Functions*(Sausalito:University Science Books).

Bonnett,R. , Cannon, J. R. , Johnson, A. W. , Sutherland, I. , Todd, A. R. & Smith. E. L. (1955), *Nature*,176,328-30.

Case, D. A. , Darden, T. A. , Cheatham, T. E. , et al. (2010), *Amber* 11 (San Francisco: University of California).

Hill, J. A. , Pratt, J. M. , & Williams, R. J. P. (1964), *Journal of the Chemical Society (Resumed)*,5149-53.

Hodgkin, D. C. , Pickworth, J. , Robertson, J. H. , Trueblood, K. N. , Prosen, R. J. ,& White, J. G.(1955), *Nature*,176,325-8.

Kool. E. T. (2001), *Annual Review of Biophysics and Biomolecular Structure*,30.1-22.

Kratky, C. , Faerber, G. , Gruber, K. , et al. (1995), *Journal of the American Chemical Society*,117,4654-70.

Kuhn, K. (1987), *Structure and Functions of Collagen Types*(London:Academic Press).

Ottani, V. ,Raspanti,M. ,& Ruggeri,A. (2001), *Micron*,32,251-60.

Ouyang, L. , Randaccio, L. , Rulis, P. , Kurmaev, E. Z. ,Moewes, A. ,& Ching, W. Y. (2003), *Journal of Molecular Structure:THEOCHEM*,622,221-7.

Ramshaw,J. a. M. , Shah, N. , K.& Brodsky, B. (1998), *Journal of Structural Biology*, 122, 86-91.

Randaccio, L. , Furlan, M. , Geremia, S. , Šlouf, M. , Srnova, I. , & Toffoli, D. (2000), *Inorganic Chemistry*,39,3403-13.

Tu, X. ,Manohar,S. ,Jagota,A. ,& Zheng,M. (2009), *Nature*,460,250-3.

Vesentini, S. ,Fitié,C. F. C. ,Montevecchi,F. M. ,& Redaelli,A. (2005), *Biomechanics and Modeling in Mechanobiology*,3,224-34.

Watson,J. D.& Crick, F. H. C. (1953), *Nature*,171,737-8.

Wess, T. J. , Hammersley, A. P. , Wess, L. , & Miller, A. (1998), *Journal of Structural Biology*,122,92-100.

第 11 章　在原子芯能级谱方面的应用

在过去的四分之一个世纪里，我们见证了利用光子或电子研究固体和分子非占据态相关实验的巨大进展。近边结构 X 射线吸收谱（XANES）和近边结构电子能量损失谱（ELNES）的理论和实验工作得到了充分的开展（Egerton，1996；Stöhr，1992）。这些进展主要是因为世界范围内很多同步辐射加速器中心（SRC）的应用使得高强度 X 光源成为现实，高分辨透射电子显微镜（HR-TEM）和扫描隧道电子显微镜（STEM）结合电子能量损失能谱（EELS）也得到了应用。这些都成为表征许多不同种类材料的有效工具。为了理解潜在物理性质和正确地解释实验数据，基于固体电子结构理论的许多计算机模拟方法也得到发展。计算资源的广泛出现使得更多复杂的体系也能实现计算模拟且精度不断提升。利用各种各样的途径和技巧，针对 XANES/ELNES 的一些计算方法已经很好地建立起来了（Blaha et al. , 1990；Hatada et al. , 2007；Moreno et al. , 2007；Natoli et al. , 1980；Rohlfing and Louie，1998；Schwarz and Blaha，2003；Shirley，1998）。在这一章，我们将集中讨论超胞 OLCAO 方法，这一方法已经被广泛地应用到各种纯的和结构含有缺陷的材料中。我们将呈现最近一些具体进展并讨论将这些计算拓展到更加复杂的体系从而使它们被用作可靠的预测工具的前景。

11.1　超胞 OLCAO 方法的基本原理

固体 XANES/ELNES 计算的一般理论都是基于量子散射理论的（De Groot and Kotani，2008；Egerton，1996）。实验测量的物理量是入射粒子（光子或电子）的非弹性偏微分散射截面：

$$\frac{\mathrm{d}^2\sigma}{\mathrm{d}\Omega\mathrm{d}E} = \frac{1}{(\pi e a_0)q^2}\mathrm{IM}\left\{\frac{-1}{\varepsilon(\vec{q},\hbar\omega)}\right\} \tag{11.1}$$

其中，$\varepsilon(\vec{q},\hbar\omega)$ 是依赖于粒子波矢和频率的微观复介电函数。对于很小的动量转移和能量远高于等离子体频率时，$\varepsilon(\vec{q},\hbar\omega)$ 倒数的虚部（IM）可以近似为不

依赖于 $\vec{q}$ 的 $\varepsilon_2(0,\hbar\omega)$。在偶极近似下,单位时间内内壳层激发跃迁几率 I 可以根据 Fermi 黄金规则(Dirac,1927)简化为下面的表达式:

$$I \propto \sum_n |\langle g | \vec{r} | f \rangle|^2 \delta(E_f - E_g - \hbar\omega) \tag{11.2}$$

其中,g 和 f 分别代表能量为 E_g 的初态和能量为 E_f 的末态。求和是对所有 n 个末态的。初态 g 是固体或分子中目标原子的原子芯状态,而末态 f 为所有导带(CB)的态或非占据分子轨道。在早期的 XANES/ELNES 的计算中,式(11.2)中的矩阵元近似为基态导带的轨道分解的局域或分态密度(PDOS),此时原子芯能级高度局域化,并与末态正交。偶极选择定则限制从 1s 芯态($l=0$)仅能跃迁到导带的 p($l=1$)态而从 2p 芯态($l=1$)也仅能够跃迁到 s 或 d 型的轨道($l=0$ 或 2)。这个近似是很粗糙的,没有考虑因为动量矩阵元对峰强度的调制。而且,未占据分子轨道的导带态通常是非局域的,没有精确的方法对它们进行局域轨道分解。

计算绝缘体的 XANES/ELNES 时另一个重要的问题是芯-空穴效应。当电子从内壳层激发离开后留下一个正电荷的空穴在芯内(芯-空穴),它会与激发到导带上的电子相互作用。这半导体中的激发效应类似。在金属中,芯-空穴效应则显得不那么重要,因为导带电子会有效屏蔽而减小这种相互作用。有两种不同的方案已经被应用于考虑芯-空穴效应。第一种是 $Z+1$ 近似,它假定原子序数为 Z 的原子可以被原子序数为 $Z+1$ 的原子取代以模拟芯-空穴这种存在形式(Robertson,1983)。另一种近似是利用 Slater 过渡方案,它把半个电子从芯轨道转移到最低非占据态上(Tanaka and Adachi,1996)。久期方程的单个对角化可以得到跃迁能量 ΔE 而最终的光谱可以结合 ΔE 与计算的初态和末态间的偶极矩阵元的振子强度获得。两种近似各有各的不足。$Z+1$ 近似在考虑芯-空穴效应时不能区分不同芯能级的跃迁。而 Slater 过渡方案则无法精确地反映芯-空穴和激发电子间的相互作用。

从 OLCAO 方法拓展到超胞 OLCAO 方法已经有超过 10 年的时间,它明确地把目标锁定为实现对 XANES/ELNES 的光谱计算(Mo and Ching,2000)。在这个方法中,要进行吸收边计算的目标原子的芯轨道将会保留,同时超胞中其他原子的芯轨道将通过正交化排除在外。初态和末态的跃迁偶极矩阵元被明显地包括在内,并且选择规则是自动地依照波函数的对称性施加上去的。在超胞 OLCAO 方法中,采用了一个不一样的近似用来解释芯-空穴效应。初态和末态将分开来计算。初态是超胞的基态,在正交化过程中保留了目标原子的芯态,而末态是通过自洽求解将一个芯电子取出并置于最低未占据态的 Kohn-Sham 方程得到的。末态的自洽解可以用来解释多重散射效应与激发电子和芯-空穴的相互作用。激发出来的芯电子进入导带是很重要的,因为它保持了电中性条件。如果没有使用超胞,芯-空穴效应将不能够精确地得到解释。如果使用一个小的超胞,毗邻周期单胞的芯-空穴间的虚相互作用就可能存在。

这个概念可以由图 11.1 说明,超胞的尺寸理
应由相邻单胞芯-空穴之间的最短分散距离
决定。因此,当具有相同的分散距离时,在超
胞内一个立方晶胞的原子数比各向异性的细
长的晶体晶胞的少得多。一般来说,根据所
要研究的体系,目标原子间的分散距离约为
9～10 Å 时就足够了。对于高度各向异性的
晶体或者涉及微结构及界面的模型,所要求
的超胞应大至含有数百个原子。幸运的是,
对于尺寸足够大的超胞,它们的倒空间的布

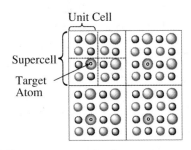

图 11.1　XANES/ELNES 能谱计算的超胞示意图

里渊区很小。因而在做自洽计算时一般只需要单个 $\vec{k}$ 点就行了。

最后用超胞 OLCAO 方法计算 XANES/ELNES 能谱时需要根据方程
(11.2)求得分别计算好的起始的芯态和最终的芯-空穴态之间的跃迁强度。方
程(11.2)中的偶极矩阵元等价于光跃迁计算中的动量矩阵元。在计算
XANES/ELNES 能谱时,明显地包含偶极矩阵是很重要的,因为它提供了更加
精确的光谱特征中的跃迁振幅。FWHM 为 1.0 eV 的 Gaussian 展宽通常被用
来考虑计算光谱中的寿命加宽效应。光谱的展宽既依赖于激发能量也依赖于
检测仪器。这是一个未来发展的课题。用超胞 OLCAO 方法计算 XANES/
ELNES 的具体步骤总结在流程图 11.2 中。

用超胞 OLCAO 方法计算 XANES/ELNES 有几个优点使其得以广泛地应
用。(1)OLCAO 方法计算电子结构的基本理论是坚实地基于 DFT 的。尽管
多体相互作用并未考虑,基态到末态的独立光谱计算是一步到位地超过了单粒
子近似,因为电子-空穴相互作用在末态的计算中被明确考虑到了。(2)OLCAO
方法是一种显含芯态的全电子方法。这个方法中的芯-空穴的物理图像及其
与导带中电子的相互作用是与其他方法完全不同的。在那些方法中,芯只是
由一个有效势来描述。全久期方程对角化获得的全电子态大至高于吸收边
阈值 40～50 eV。当然,对一个复杂体系这么大的久期方程的对角化是很费计
算量的。总的来说,超胞 OLCAO 方法仍然是有优势的,它在复杂体系的应用
中表现得很强大。(3)初态到末态的跃迁偶极矩阵元是由从头算波函数获得并
明显地包含在能谱计算中的。它们自动地加入跃迁选择定则且能被分解为笛
卡儿分量以研究 XANES/ELNES 谱的各向异性。而用 OLCAO 方法可轻易获
得的 PDOS 仅仅用来帮助解释最终的能谱。(4)任一吸收边的跃迁能量 ΔE 可
以由基态(一个 N 电子体系)和末态(一个 $N-1$ 电子体系外加一个导带电子)
的总能之差得到。能把 ΔE 和实验谱结合起来是非常重要的。实验上测得的
晶体中某一种元素的谱是所有的非等价位原子的谱的加权求和。每一位点的
原子都会有轻微不同的局域环境。在计算每个原子的能谱时可以发现不同的

原子存在不同的边界阈值。当这些能谱组合起来时,相比于任意一个单谱,ΔE 上一个小小的差异都会导致总谱明显的不同。这点会在本章后面部分举例加以说明。(5)超胞 OLCAO 方法是非常万能的,能够被应用到几乎所有元素周期表中的元素及其任意深层或浅层的吸收边。它可以应用到几乎所有的材料体系,无论是金属还是绝缘体,无机晶体还是生物分子,开放体系还是致密体系,无论是包含大量的轻元素如 H、Li 还是重元素如 Au 和稀土元素。这种方法避免了在计算的任何部分使用原子半径,而原子半径的使用对于同种元素具有不同局域键合方式的复杂体系是有问题的。(6)如在第 3 章中所介绍的,局域原子轨道的使用和多中心积分的解析计算使得超胞 OLCAO 方法非常高效以至于能应用到大体系中。

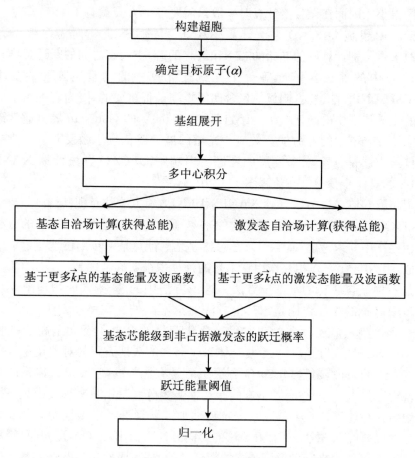

图 11.2   利用超胞 OLCAO 方法计算 XANES/ELNES 的流程图

11.2 选择的范例

11.2.1 简单晶体

在本小节中,我们将讨论超胞 OLCAO 在简单晶体中的应用。自从 Mo 和 Ching 在 MgO、MgAl$_2$O$_4$ 和 α-Al$_2$O$_3$ 的早期研究工作(Mo and Ching,2000)开始,该方法已经被应用到许多其他的晶体。我们精选少数几个并集中在一些特定的点上讨论这个方法的有效性。

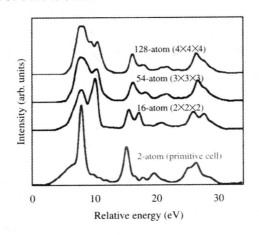

图 11.3 不同超胞尺寸下计算得到的 O-K 吸收边

图 11.3 展示了 MgO 中超胞尺寸对 O-K 吸收边的影响。它清楚地表明了需要足够大的超胞才能避免毗邻单胞芯-空穴间的相互作用。只有超胞为 4×4×4 共 128 个原子时所计算得到的谱图才是和实验测量值一致的。对许多晶体的简单测试总结出这么一条规律——合适的超胞尺寸要求所提供的芯-空穴间的距离值至少为 9~10 Å。具体的标准应依据晶体的形状和所涉及原子的类型而定。

图 11.4 对比了 MgO 和尖晶石 MgAl$_2$O$_4$ 中的 Mg-K 吸收边。这两个 Mg-K 谱图看上去很不同,但是都和实验值符合得非常好。其他的吸收边 O-K、Mg-L$_{2,3}$、Al-K 和 Al-L$_{2,3}$ 也和实验值符合得很好。另一个重要的发现是这个工作中在芯-空穴存在下导带上的激发电子的波函数仅仅中等局域化且和从基态计算获得的导带波函数明显不同。

另一个简单晶格的例子是 α-石英(α-SiO$_2$)和超石英(Mo and Ching,

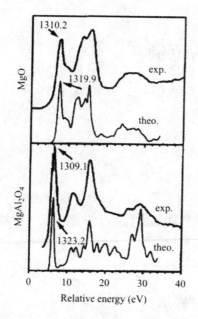

图 11.4 计算和测量得到的 MgO 和尖晶石 MgAl₂O₄ 的 Mg-K 吸收边

2001）。这两种重要的晶体有着非常不同的晶体结构和 XANES/ELNES 谱，特别是 O-K 吸收边。超胞 OLCAO 方法能够重现 O-K，Si-K 和 Si-L$_{2,3}$ 吸收边所有的谱线特征，具体如图 11.5 所示。一般用基态计算得到的导带的轨道分解的 PDOS 来解释并不能令人满意。这个工作导致了之后一篇预测了一种新的石英相 *iota*-相（*i*-SiO₂）中呈现的非常不同的 O-K、Si-K 和 Si-L$_{2,3}$ 吸收边能谱的工作（Ching et al.，2005）。

其他的简单晶体的 XANES/ELNES OLCAO 计算例子还有各种相的 TiO₂、AlN、GaN、InN 和 ZnO（Mizoguchi et al.，2004）。图 11.6 展示了纤锌矿（wurtzite）、闪锌矿（zinc-blend）和盐岩结构的 GaN、AlN 和 InN 中的 N-K 吸收边。和已有的实验数据相比较，结果是很令人满意的。

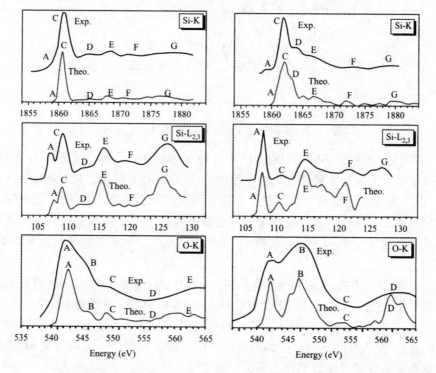

图 11.5 计算和测量得到的 O-K、Si-K 和 Si-L$_{2,3}$ 吸收边（左，α-石英；右，超石英）

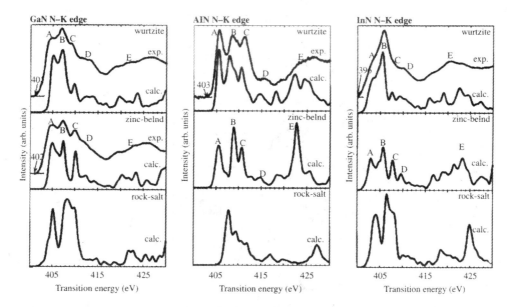

图 11.6　计算和测量得到的纤锌矿、闪锌矿和盐岩结构的 GaN、AlN 和 InN 中的 N-K 吸收边

图 11.7 展示了纤锌矿相 ZnO 的 Zn-K、Zn-L$_{2,3}$ 和 O-K 吸收边的垂直和平行于晶轴 c 方向的分解光谱数据。计算结果和一个偏振 X 射线光源在两个方向上的测量结果是非常一致的，因而证实了该方法研究方向依赖的能谱的可行性。这些和其他多种不同晶体的例子清楚地证明了超胞 OLCAO 方法的精确性和有效性。

　　一个计算 XANES/ELNES 谱的有趣例子是关于不同压力下形成的 AlPO$_4$ 的三个相的工作(Pellicer-Porres et al.，2007)。其中最为人所知的是 α-AlPO$_4$（板磷铝矿），具有三方结构，和 α-石英是等结构体，Al 和 P 都与 O 形成四配位体。在压力为 13 GPa 时，它转变为正交晶相(o-AlPO$_4$)，此时 Al 为八面体的六配位结构而 P 仍保持为四面体的四配位结构。当压力高达 97.5 GPa 时，AlPO$_4$ 转变为单斜晶相(m-AlPO$_4$)，此时 Al 和 P 均为八面体的六配位结构。这是第一次有人报道配位数为 6 的 P。这是一个罕见的例子，几种晶体居然具有同样的化学式、相同数目的不同类型离子，但它们之间却有明显不同的结构单元。按照流行所谓的"指纹"技术的说法，一个离子的 XANES/ELNES 谱可以由局域最近邻配位离子进行预测。然而超胞 OLCAO 计算显示这并不总是成立(Ching and Rulis，2008b)。图 11.8 所示的是对 AlPO$_4$ 的三个相的具有相同局域最近邻配位的 Al、P 和 O 原子的 Al-K、Al-L$_{2,3}$、P-K、P-L$_{2,3}$ 和 O-K 吸收边的计算结果的一对一比较。它们非常地不同而且没有一个比较支持所谓的"指纹"技术解释。我们能标记出来的和与计算值相符的实验数据仅有 α-AlPO$_4$ 的 P-K 吸收边(Franke and Hormes，1995)。

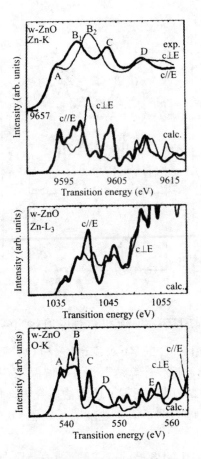

图 11.7　计算和测量的纤锌矿 ZnO 的 Zn-K、Zn-$L_{2,3}$ 和
O-K 吸收边(分解成两个互相垂直的分量)

11.2.2　复杂晶体

超胞 OLCAO 方法的主要优点是它能用来计算有大的单胞和许多非等价位的复杂晶体。这里我们选择性地讨论几个这样的应用例子来说明一下。自从 1999 年立方尖晶石结构的 Si_3N_4(γ-Si_3N_4)成功合成(Zerr et al.,1999),带动了许多理论和实验对尖晶石氮化物的研究。三种二元尖晶石 γ-Si_3N_4、γ-Ge_3N_4 和 γ-Sn_3N_4 已被成功合成出来(Leinenweber et al.,1999;Serghiou et al.,1999;Shemkunas et al.,2002)。超胞 OLCAO 方法许多早期计算就是关于这些物质的。尖晶石氮化物的一个特点是同样的阳离子占据着尖晶石晶格中的四面体 A 位和八面体的 B 位。我们先来说明 γ-Si_4N_4 和具有稍微简单一些结构的其他化合物在谱图上的不同。图 11.9 所示分别为对 γ-Si_3N_4 和六角堆积

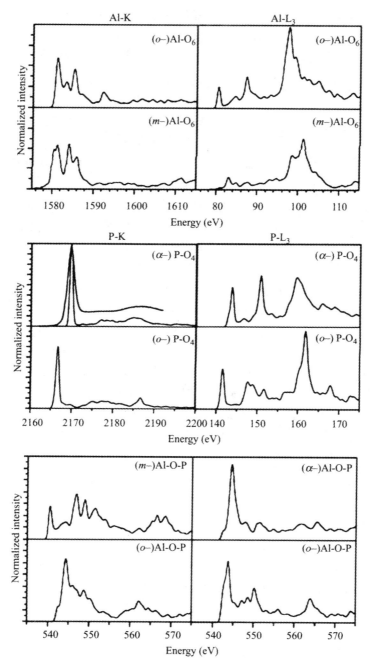

图 11.8　具有不同局域成键构型的 α-AlPO$_4$、o-AlPO$_4$ 和 m-AlPO$_4$ 的
Al-K、Al-L$_{2,3}$、P-K、P-L$_{2,3}$ 和 O-K 吸收边的比较

的 β-Si$_3$N$_4$ 计算得到的 Si-L$_{2,3}$ 的吸收边和测量谱的比较。由图可知,都和实验符合得很好。γ-Si$_3$N$_4$ 的 Si 的吸收边为四面体 Si 和八面体 Si 的加权和。图 11.10 则展示了两种晶体中 N-K 吸收边的比较。这时 β-Si$_3$N$_4$ 中的谱图为两种

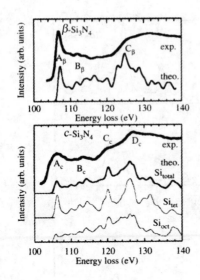

图 11.9　计算和测量得到的 γ-Si$_3$N$_4$ 和 β-Si$_3$N$_4$ 的 Si-K 和 Si-L$_{2,3}$ 吸收边

晶体学非等价位 N 的加权和。同样,计算和实验值符合得很令人满意。图 11.11 所示为五种包含 Si 的不同晶体的 Si-K 吸收边的比较。可以发现,γ-Si$_3$N$_4$ 和其他包含 Si 的不同晶体的谱图是相当不同的。这些结果验证了超胞 OLCAO 方法在此类谱图计算中的准确性。

唯一一个做了相当详细研究的三元化合物是 Si/Ge 作为阳离子的尖晶石氮化物。其中关于 Si 和 Ge 在尖晶石晶格中的更倾向的位置有所争论。XANES/ELNES 谱对于解决这样一些争论是一种有效的手段。为此,有工作使用 OLCAO 方法计算了 γ-Si$_3$N$_4$、γ-Ge$_3$N$_4$、γ-SiGe$_2$N$_4$、γ-GeSi$_2$N$_4$ 四种尖晶石结构氮化物的 XANES/ELNES 谱(Ching and Rulis, 2009)。四种晶体的 N-K 吸收边的计算结果如图 11.12 所示,所计算的四种尖晶石结构晶体中的 N-K 的吸收边有着清晰又明显不同的结构。因为尖晶石氮化物中所有 N 只有一个独特的位置,使用理论上的 N-K 吸收边谱解释实验上测量得到的谱在鉴定尖晶石三元氮化物的正确的相时看起来是有效的。γ-SiGe$_2$N$_4$ 有两个显著的峰 A 和 B 及一个很小的峰 C。而对于 γ-GeSi$_2$N$_4$,在相同的能量范围内则会显示出 4 个明显的峰 A$'$、A、B 和 C,其中 C 最为显著。同时,相对于前者,后者的 N-K 吸收边有着更加陡峭的阈坡。

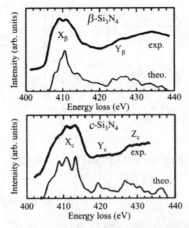

图 11.10　计算和测量得到的 γ-Si$_3$N$_4$ 和 β-Si$_3$N$_4$ 的 N-K 吸收边

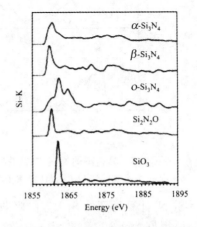

图 11.11　计算得到的五种晶体的 Si-K 吸收边的比较

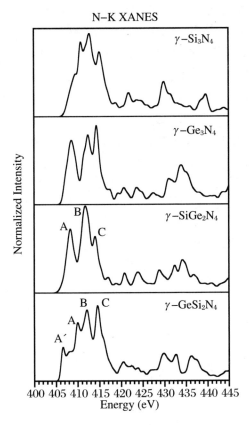

N–K XANES

γ–Si$_3$N$_4$

γ–Ge$_3$N$_4$

γ–SiGe$_2$N$_4$

γ–GeSi$_2$N$_4$

Normalized Intensity

Energy (eV)

图 11.12　计算和测量得到的四种尖晶石氮化物晶体的 N-K 吸收边的比较

复杂化合物晶体 XANES/ELNES 计算的另一个例子是 Y-Si-O-N 体系。使用超胞 OLCAO 方法计算并仔细分析了 6 种二元化合物（α-SiO$_2$、超石英、β-Si$_3$N$_4$、α-Si$_3$N$_4$、γ-Si$_3$N$_4$、Y$_2$O$_3$）、3 种三元化合物（Si$_2$N$_2$O、Y$_2$Si$_2$O$_7$、Y$_2$SiO$_5$）及 3 种四元化合物（Y$_2$Si$_3$N$_4$O$_3$、Y$_4$Si$_2$O$_7$N$_2$、Y$_3$Si$_5$N$_9$O）晶体中的 O-K、N-K、Si-K、Si-L$_{2,3}$、Y-K 和 Y-L$_{2,3}$6 种吸收边（Ching and Rulis，2008a）。计算得到的谱线结构并未能有效地和基于 NN 配位的原子环境联系起来，这意味着简单根据最近邻配位数的"指纹"技术在复杂晶体中并不适用。

最近，新的铍磷氮化物（BeP$_2$N$_2$）在高温高压条件下被成功合成（Pucher et al.，2010）。这种 BeP$_2$N$_2$ 是一种硅铍石结构，是 Be$_2$SiO$_4$ 和 γ-Si$_3$N$_4$ 的同构体。它被归类为一种真正的双氮化物而非铍的氮磷酸盐，因为 Be 和 P 都保持着四配位构型。从头算预测在 24 GPa 压力下 BeP$_2$N$_4$ 可能存在一种尖晶石相。硅铍石结构是一个包含有 42 个原子的斜方元面体原胞，存在 2 种非等价的 P 位（P1 和 P2），而它们都是和 4 个非等价 N（N1、N2、N3 和 N4）相连接的形成四面体配位结构。这个结构可以认为是由共角的 BeN$_4$ 和 PN$_4$ 四面体组成的。而理论预测的尖晶石结构为面心立方结构,晶格常数为 7.4654 Å,其中 Be、P 和 N 的位置由分别占据着尖晶石结构中四面体位和八面体位的 Be 和 P 唯一确定。如图 11.13 所示,用超胞 OLCAO 方法计算得到的 BeP_2N_4 硅铍石(左)和尖晶石(右)结构的 Be-K、P-K、P-$L_{2,3}$ 和 N-K 的吸收边。对于 Be-K,硅铍石相在 118 eV 处有一个距阈边很近的峰,而尖晶石相则在 119.3 eV 处存在一个高于阈边非常尖锐的峰。在 Be-K 吸收边这样一个大的差异可以用作区分这两种相的依据。图 11.13 所示的 N-K 吸收边比较是在尖晶石结构的 N 的单谱和硅铍石结构的 4 个 N 的平均谱间进行的。这 4 种不同的 N 位在谱图上差别很大(Ching et al.,2011),然而在实验上只能观测到它们的平均谱。平均谱和尖晶石结构的 N-K 的单谱相比有着很大的不同。实验上测量得到的硅铍石的 XANES/ELNES 谱应该能够证实理论预测而理论上预测的尖晶石相的谱图可以帮助指认这种尚未合成的高压相 BeP_2N_4。

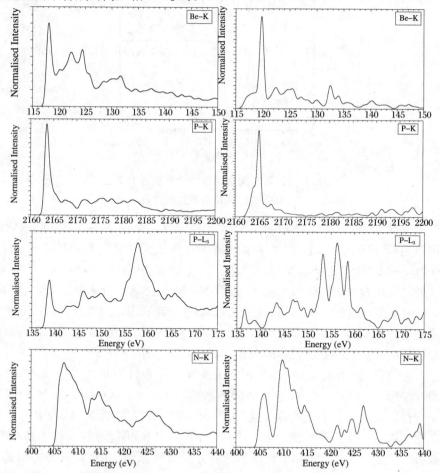

图 11.13　计算得到的 BeP_2N_4 硅铍石(左)和尖晶石(右)结构的 Be-K、P-K、P-$L_{2,3}$ 和 N-K 吸收边

11.2.3　不同局域环境下的 Y-K 吸收边

从计算的角度看,晶体中的缺陷和微结构比如用大的超胞模拟的晶界与一个非常复杂的晶体是没有区别的。

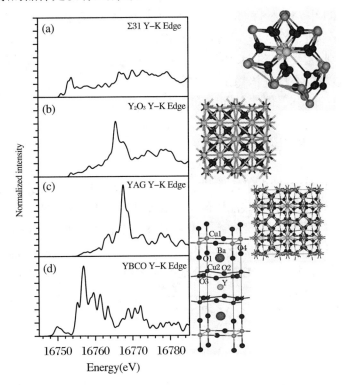

图 11.14　计算得到的四个体系的 Y-K 的比较。(1)处于 α-Al_2O_3 的 $\Sigma31$ GB 晶界芯处的 Y 离子;(2)方锰铁矿结构的 Y_2O_3 晶体;(3)石榴石结构的钇铝榴石(YAG);(4)高 T_c 超导体 $YBa_2Cu_3O_7$(YBCO)。四个结构分别如右侧插图所示

研究同种元素在不同晶体或者不同局域环境中的 XANES/ELNES 谱是一件很有益的事。这里我们以 Y-K 的吸收边作为例子。图 11.14 显示了计算的 Y 离子 4 种不同 Y-K 的吸收边:(1)处于 α-Al_2O_3 的 $\Sigma31$ GB 晶界芯处一个被隔离的 Y 离子;(2)方铁锰矿结构的 Y_2O_3 晶体;(3)石榴石结构的钇铝石榴石(YAG);(4)高 T_c 超导体 $YBa_2Cu_3O_7$(YBCO)中的 Y。所研究的 $\Sigma31$ GB 晶界模型中含有 700 个原子并包含 2 种方向相反的 GB。这些晶体和晶界的电子结构和成键情况已经在前面的章节中提到过。$\Sigma31$ GB 晶界模型足够大,可作为一个超胞来用超胞 OLCAO 方法计算。Y 离子处于 Al 的七元环的中心,可由

扫描隧道电子显微镜(STEM)实验在掺 Y 的双晶 α-Al_2O_3 中观测到(Buban et al., 2006)。用超胞研究的其他三种晶体 Y_2O_3、YAG 和 YBCO 则分别包含有 80、160 和 117 个原子。可以看到,Y 在这 4 种情况下的 Y-K 边吸收是完全不同的,因为 Y 的局域环境完全不同。在 Σ31 GB 中,Y 和周围 6 个 O 成键,Y-O 键长为 2.14~3.00 Å;在 Y_2O_3 中,存在 2 种 Y 位,都是 6 配位,键长稍微有所不同;在 YAG 中,Y 是 8 配位,两种键长分别为 2.30 和 2.43 Å;在 YBCO 中,和 YAG 比较类似,Y 也是 8 配位,两种键长分别为 2.39 和 2.41 Å。这些谱图有着明显区别,尤其是 Σ31 GB 晶界芯处的 Y 离子的情况,突出了离子的能谱对环境的依赖性,不仅仅依赖于 NN 原子的数目、种类和键长,还和超出 NN 的其他原子的存在相关,例如在 YBCO 超导体中的情况。

11.2.4 硼和富硼化合物

硼和富硼化合物的电子性质早在 5.6 节中已经讨论论过,这里我们将讨论用超胞 OLCAO 方法研究这些晶体的 XLNES 和 ELNES 谱。最令人着迷的部分是它们那超乎寻常复杂的带有多个峰的能谱,甚至是对单质晶体 α-B_{12} 也是一样。这主要因为在 B 和富硼化合物中存在的 B_{12} 二十面体,在 α-B_{12} 中包含有 2 种 B 的非等价位(极位和赤道位),分别形成 2 中心 2 电子和 3 中心 2 电子共价

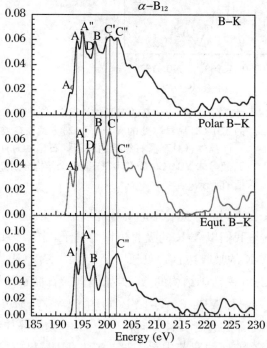

图 11.15 计算得到的 α-B_{12} 中 2 种 B 位(极位和赤道位)的 B-K 吸收边

键。图 11.15 显示了计算得到的 α-B_{12} 中 2 种不同 B 位的 B-K 吸收边。可以看到,每种位都出现了多个峰而且它们的阈边只是稍稍不同。而把 α-B_{12} 中两种位置的 B-K 相加起来后,总的能谱变得更加复杂。令人惊奇的是计算得到的总的能谱和实验数据符合得非常好(Garvie et al.,1997),如图 11.16 所示。类似的计算在其他富硼体系如 B_4C 和 $B_{12}O_2$ 中也有报道。如果忽略它们复杂的能谱结构,计算得到的 B-K 边总的能谱和实验数据有着很好的一致性,通过每个单谱的加权求和得到的总谱几乎所有的能谱结构都能和实验一一对应地重现。因此,对最近发现的 B 的高压相(γ-B_{28}),尚没有可用的测量数据,计算上已经给出了一个预测能谱等待实验的验证(Rulis et al.,2009b)。仍存在着许多的挑战去研究其他硼的单质如 β-硼、四面体硼或者其他富硼化合物的 XANES/ELNES 谱。理论上,计算得到的谱可以作为一个鉴别工具,对大多数难以解读的实验测量是很好的补充。

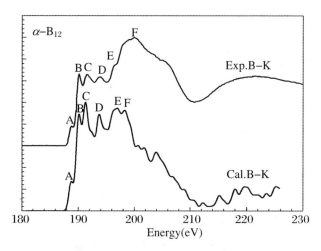

图 11.16　计算和测量得到的 α-B_{12} 的 B-K 吸收边的比较

11.2.5　晶体中的取代缺陷

在超胞 OLCAO 方法计算 XANES/ELNES 的研究中,一个值得注意的例子是 MgO 中的超稀掺杂(Tanaka et al.,2003)。Ga 在 MgO 中的取代掺杂浓度非常的低,少于 1000 ppm。它的指认超出了许多实验探测的极限而且杂质原子(Ga)的局域构型未知。基于一些杂质原子 Ga 在 MgO 中的位置的合理的假定模型和对 Ga-K 吸收边的计算,与实验值符合的模型可以认为是实际的局域构型。图 11.17 显示了基于不同模型计算 XANES 谱得到的 Ga-K 吸收边。模型 1 是简单的 Ga 取代 Mg 空位;模型 2(3)是 2 个 Ga 取代一个 Mg 和最近邻 Mg(次近邻 Mg)。结果显示,模型 3 比模型 2 更符合实验值,而模型 1 则可以被完全排除。这个例子表明可以使用计算 XANES 的方法和实验结合以确认氧化物的超稀掺杂的局部几何构型。

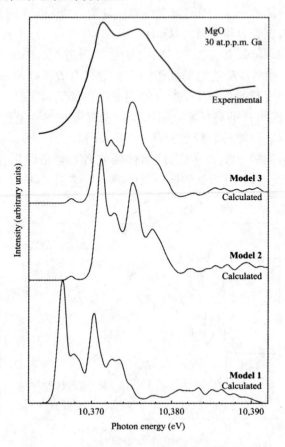

**图 11.17　计算得到的 MgO 中三种缺陷模型的
Ga-K 吸收边和测量谱的比较**

　　另一个关于晶体中的缺陷的例子是羟磷灰石（HAP）晶体中 Zn 对 Ca 的取代掺杂，这里 HAP 是骨头中的硬组织的主要成分。在 HAP 中，存在一些取代杂质，无论是本征的还是有意掺杂的，影响着它们的物理性质和生物功能。因此鉴别出最优先的取代位和它的局部几何构型是非常重要的。在 HAP 晶体中存在 2 种 Ca 的位置，Ca1 和 Ca2，这已经在 7.5 节中介绍过。目前还不清楚杂质原子 Zn 在 HAP 中喜欢的掺杂位。将 XANES/ELNES 实验能谱和计算能谱结合，比如对于 Zn-K 吸收边，是非常适合回答这个问题的。图 11.18 所示的是在含有 352 个原子的 2×2×2 的超胞中取代 Ca1 和 Ca2 位置的 Zn-K 吸收边的计算结果（Matsunaga，2008）。和实验结果（Matsunaga et al.，2010）比较，可以发现 Zn 取代的是 Ca2 位，尽管实验数据的能量分辨率比较低。也有用 OLCAO 方法研究在 HAP 中其他类似的取代掺杂的工作出现。

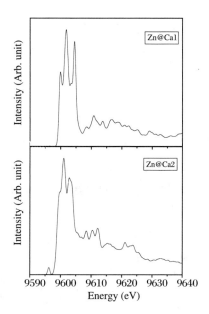

**图 11.18　计算得到的羟磷灰石晶体中 Ca1 和 Ca2 位的
杂质锌的 Zn-K 吸收边**

11.2.6　生物分子体系

在第 10 章关于生物分子体系,我们介绍了五种维生素 B_{12} 氰钴胺素(Cbls)
和双链 DNA 的电子结构性质和成键情况。生物分子体系的 XANES 谱测量在
复杂生物分子材料研究中是进展最迅速的领域之一。这里,我们将介绍使用
OLCAO 方法进行此类计算的研究。在生物分子体系中,研究的焦点是在感兴
趣的特殊原子上。在氰钴胺素的例子中,八面体 Co(Ⅲ)离子是可啉环的中心,
和辅基 R(R = CN,NH_3,Ado 或 OH)相连。图 11.19 展示了计算得到的在
CNCbl 中的 Co-K 吸收边和辐照前的测量值的比较(Champloy et al.,2000)。
这个实验的出发点是探究 Co -辅基键长的拉伸是否是由于 X 射线引发了 Co
还原引起的。测量辐照前后 Co 的 K 吸收边可以给这个问题带来一些曙光。
尽管实验能量分辨率比较低,实验能谱和计算结果还是符合得很好。不仅其双
峰结构和坡度得到了准确重现,近阈的 7670 eV 到 7680 eV 之间的 2 个峰前和
其他次要结构也得到了呈现。这个例子让我们相信用超胞 OLCAO 方法能够
很好地计算复杂生物材料和生物分子体系的 XANES 能谱。

前面章节已经提到过,一个关于 B-DNA 模型的 N-K 和 O-K 吸收边的初步
计算已经完成。图 11.20 所示结果为 CG-10 模型的胞嘧啶基的 2 个不同 N 位
对应的 XANES 谱。第一个 N 原子(标记为 435)与鸟嘌呤基上的 H 形成氢键,

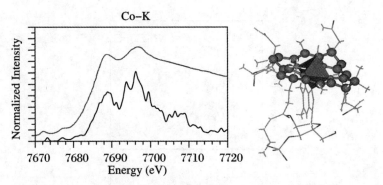

图 11.19　计算(上)和测量(下)得到的 CNCbl 的 Co-K 吸收边

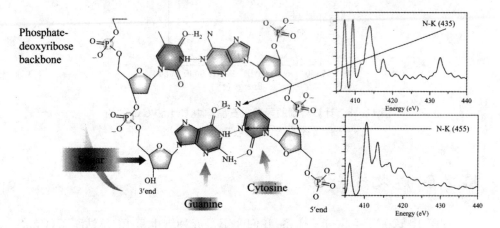

图 11.20　计算得到的 b-DNA 模型中 2 种不同位置的 N-K 吸收边

第二个 N 原子(标记为 455)则与一个六元环连接但并未参与任何氢键的形成。它们在 3 个能量范围内有着非常不同的 N-K 吸收边:(1)在能量少于 410 eV 的近阈边的范围;(2)410 eV 到 425 eV 能量范围;(3)高于 425 eV 的能量范围。尽管这些结果非常地初步,还需要许多关于其他位置的计算和更深入的分析,可是它们已经清楚地表明超胞 OLCAO 方法可以在生物体系中计算能谱边,而这些能谱边对于不同原子间不同类型的成键非常灵敏。

11.2.7　在晶界和表面上的应用

很久以来就已经使用 HRTEM 的 ELNES 能谱研究陶瓷中的晶界和其他微结构。很自然,通过超胞的形式构建晶界模型并计算晶界处原子的 XANES 谱是件很吸引人的事。其中最早用 OLCAO 方法计算晶界能谱的是 β-SiC 的 $\{122\}\Sigma=9$ GB 模型(Rulis et al.,2004)。这个模型的特殊之处是 SiC 中存在所谓的 Si-Si 和 C-C"错位键",因为晶界处存在五元环和七元环,这已经被实验所证实(Tanaka and Kohyama，2002)。Si-Si(C-C)错位键在键长上和 β-SiC 体相的 Si-C 键有很大的不同,这导致了不同的电子结构和 XANES/ELNES 能谱。图 11.21 显示了特定错位原子(Si14、Si18、C15 和 C19)、GB 区域原子(Si10、Si22、Si12、Si16、C11、C13、C21 和 C17)和体相区域原子(Si32 和 C33)的 C-K、Si-K 和 Si-L$_{2,3}$ 吸收边的计算结果。把它们和 β-SiC 的完美体相结构对应的能谱进行比较,可以清楚地发现形成错位键的原子的能谱和体相中的原子的能谱极其不同。对于 GB 区域的原子,尽管未形成错位键,它们的能谱也和体相的有着轻微的不同,因为存在着较大的键角变化。这清楚地表明原子的 XANES/ELNES 能谱严重依赖于它们的局部成键环境。对于含有极性界面的 GB 模型的计算也给出了类似的结果。

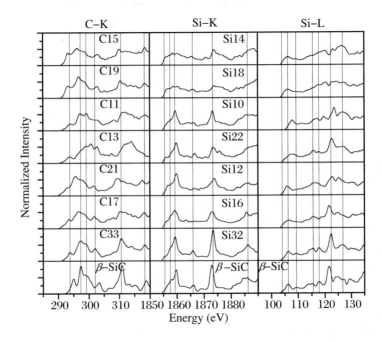

图 11.21　计算得到的 SiC GB 模型中选定原子的 C-K、Si-K 和 Si-L$_{2,3}$ 吸收边。对应的体相 β-SiC 晶体的能谱图也一并显示(具体细节请参阅引用文献)

后来也尝试了用超胞 OLCAO 方法对表面结构进行 ELNES 计算。对 FAP 和 HAP 晶体(001)表面模型的计算就是例子(Rulis et al.，2007)。计算得到的表面原子的 O-K 和 Ca-K 吸收边和对应的体相原子的能谱显著地不同。图 11.22 显示了在 FAP 晶体(001)面不同深度原子层的 Ca-K 吸收边。表面上的 Ca 原子表现出了一个比亚表面或者体相的 Ca 原子宽得多的能谱权重分布,这些不同是由于晶体中的 Ca1 和 Ca2 的非等价位引起的。而不同深度原子层的 O-K 边的差异则很小(Rulis et al.，2007)。

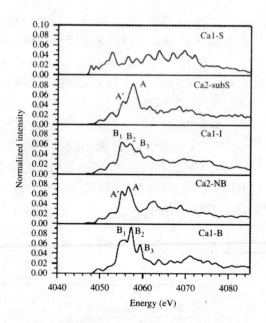

图 11.22　FAP 表面模型中不同位置 Ca 计算得到的 Ca-K 吸收边

11.2.8　在晶间玻璃薄膜上的应用

在 8.3.2 小节,我们已经讨论过了 β-Si_3N_4 的一种 IGF 的一个基本模型的电子结构。用超胞 OLCAO 方法计算了在 IGF 区域内的所有原子的 ELNES,这个含有 907 个原子的模型是该方法计算过的最大的复杂体系。计算的 ELNES 能谱对材料中目标区域的局部原子环境的极高灵敏性使其成为非常有力的表征手段。这对具体环境有一定的不确定度的情况尤其有用。然而,把具体的原子局部环境和计算谱图对应起来仍然是件令人望而生畏的任务。实验上,获得具有合适分辨率的可靠能谱仍然是极为困难的。

在 IGF 区域内的所有原子的 O-K、Si-K、Si-$L_{2,3}$ 和 N-K 吸收边经计算后,对应的原子的局部环境可以很可靠地被确认(Rulis and Ching,2011)。这里,我们只呈现它们的平均谱,如图 11.23 所示。模型中体相区域内的 Si 和 N 的吸收边和完美 β-Si_3N_4 的是一样的。对于 O-K 吸收边,是和 SiO_2 进行比较的。

因为平均的过程有消除细节的倾向,平均的 IGF 能谱大体上显示出较少的陡峰特性。对于 N-K 吸收边,类似于体相的能谱的大体形状可以从平均的 IGF 能谱中辨别出来,但是相似程度不是非常高。虽然事实上每一条独立的 N-K 吸收边能谱和体相的是类似的,但是其精细结构还是有所不同。类体相区域和 IGF 区域的 Si-K 和 Si-L 吸收边也明显地有所不同。在 IGF 区域中,Si 原子的成键形式有:4O,2N2O,3N,4O 和 1N2O。尽管很多单谱保持了和体相明显类

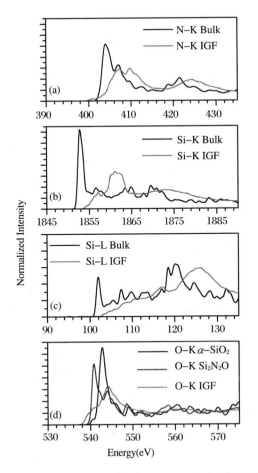

图 11.23   β-Si₃N₄ 中 IGF 模型 O-K、Si-K、Si-L₃ 和 N-K 平
均的吸收边(具体细节请参阅引用文献)

似的能谱,包括一些精细结构,而能阈的微移使得每个单谱的第一个狭峰和其他单谱的错位开来,导致了在求和平均的时候第一个峰被消除。这能够解释实验上观察到的 IGF 体系的 Si-L 吸收边的主要峰的强度的下降(Gu et al.,1995)。对于 O-K 吸收边,在 IGF 区域中多数的 O 原子假定为最简单的桥连结构,也是一种最为柔软的结构。需要再次强调,尽管每个原子谱的大体形状是类似的,但是它们的精细结构(fine structure)却不同。实际上,Si-O-Si 的键角和 Si-O 键长的变化在能谱如峰的精细结构、数量和阈值上并没有什么明显的影响。

解读和比较从复杂结构体系模型计算得到 ELNES 能谱的一般过程是非常困难的,用指纹技术解释包含有大的结构变化的区域的能谱也不会很有效。因为 IGF 尺寸非常小且不均匀,测量 IGF 的 ELNES 能谱的一个关键困难是空间解析存在一系列的技术挑战。扣除体相能谱是一个很有效的办法,可以解决部分问题,但是在研究 IGF 内部的变化时它就缺乏有效性了。针对 IGF 中具有特定成键方式的单原子的理论计算能够帮助我们理解导致实验上的诸多困难的原因。

11.2.9　体相水的 O-K 吸收边的统计描述

在 8.4 节,我们已经讨论过了由 340 个水分子组成的体相水模型的氢键网络和电子结构。这里,我们集中探讨用超胞 OLCAO 方法对这个含有 340 个 O 原子的模型中 O-K 吸收边的计算结果并和实验测量得到的 XANES 能谱比较。这个数据提供了足够大量的 O-K 吸收边的能谱样本,用以探究能谱特性和水中氢键(HB)结构间有意义的关联。图 11.24(a)比较了计算结果和实验上的 X 射线拉曼散射光谱(XRS)(Wernet et al.,2004)及 X 射线吸收谱(XAS)(Myneni et al.,2002;Rulis and Ching,2011)。在校准主峰之后,结果符合得非常好,可以看到峰前在约 535 eV 处,肩状峰在 537 eV 附近,主峰在 538 eV 处,边后宽峰在 540 和 541 eV 之间。

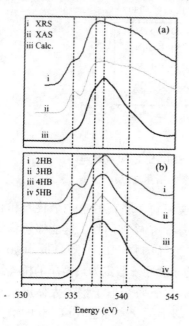

340 个 O-K 的吸收边可以划分为 4 组,对应着氢键的数目,如图 11.24(b)所示。这清楚地表明峰前来源于 2HB 的 H_2O 分子而非形成过饱和键 5HB 的 H_2O 分子。这与峰前强度与断裂氢键相关的其他发现是一致的。另一方面,边后区域的能谱结构主要受饱和成键分子影响。应该指出的是,理论曲线是众多不同阈边的分谱曲线的叠加,这会引起曲线由锐转钝,变得很平滑。这可以由图 11.25 说明,这里展示了 2HB 组的 11 个 O-K 吸收边。所有谱都有一个强烈的峰前但是阈边是不一样的,而当所有峰前叠加以后形成了一个不明显的峰前。这些阈边的不同是由于它们的局部几何构型的不同:分子内共价键(H-O-H 键角和 O-H 键长)和分子间氢键。这些结果表明对大量依赖于局域结构环境的 XANES 能谱的精确计算为统计分析提供了一个有意义的途径,使得阐明复杂材料的精细结构成为可能。

图 11.24　计算和测量得到的水的 O-K 吸收边的比较(上);计算得到的不同氢键数对应的 O-K 吸收边(下)(具体细节请参阅引文)

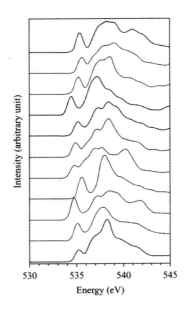

图 11.25　计算得到的 2 氢键水分子的 O-K 吸收边的变化

11.3　谱成像(SI)

11.3.1　介绍

　　前面几节提供的例子已经证明了用超胞 OLCAO 方法计算 XANES/ELNES 的有效性。这个方法的核心是能有效地计算给定结构的每个原子的能谱。这导致了一个重要的应用,那就是利用计算得到的数据构建一个三维的图像,或谱成像(SI),使得我们能可视化地和更好地理解计算结果。在过去的几十年中,数据集变得越来越复杂,因此需要更好的可视化技术。常见的数据集类型是函数域,可以理解成与标量域和矢量域类似(Anderson et al.,2007)。计算得到 ELNES 的一个函数域可以作为理论 SI 的数据集。实验和理论上的 SI 遇到的共同问题是怎么把多维的数据集转变为可视化和可解读的。有几种既存的图像生成方法是基于在选定能量区间内求每一条谱的强度的积分,或者多元最小二乘法线性拟合和其他指纹型的技术等。然而,它们的有效性非常有限,特别是对于复杂多组分体系。可以明确的是现在急需一种可视化技术以有效解决这类数据集。我们采用的一个强大的方法是利用能谱间差分使得函数域变为标量域。比起其他技术,这个方法能够提取特定的能谱特征并更加便利地将其与原子尺度的构型相关联。

11.3.2　SI 处理

我们简要勾勒了一下基于从头算数据并结合函数域可视化技术的理论 SI 的实施步骤。在函数集中选出任一个函数作为目标,利用加权的欧几里得差分将三维空间中均匀分布的其他点的函数和目标函数进行比较。由此产生的每一点的标量值代表着函数在该点和目标点的差异。因为差分是加权的,因此强调函数的特定部分是可能的。利用从头算得到的 XANES/ELNES 数据,电子成键的细节可以通过正确地选择函数域范围而提取出来。创建函数域的具体实施步骤可以简要归结为以下四点:

(1) 原子模型搭建:为了在材料的真实微结构中应用 SI 技术,首先得搭建好一个微结构的大的周期性原子模型。这一步相当于准备理论样本,因而必须很仔细地处理。

(2) 光谱计算和数据采集:计算和采集模型中的每条原子吸收边和每个原子 α 的 ELNES 能谱。所有的单谱 $S_{\alpha',n}$,(对应于能量 E_n)在单位能量区间范围内归一化。函数域依赖于所选的 ELNES 能谱(K-,L-,M-等吸收边)和特定的能量区域。因为不同的吸收边反映着不同种类的导带态而不同能量范围的能谱反映着特定的相互作用,所以电子结构信息包含在 SI 中对应着特定的能谱特征。

(3) 创建函数域:先定义一个实空间均匀分布格点 $\vec{r}_i$ 的三维数集。先计算每一个近邻原子在 $\vec{\tau}_\alpha$ 处的分谱 $\vec{S}_{\alpha',n}$,然后按加权求和的方式计算在每一个格点上的能谱 $P(\vec{r}_i, E_n)$,具体参看公式:

$$P(\vec{r}_i, E_n) = \sum_{\alpha'=1}^{N_\alpha} \left[w_{i,\alpha',n} * S_{\alpha',n} \right] \tag{11.3}$$

这里权重因子 $w_{i,\alpha',n}$ 按照高斯函数 $\exp[-\sigma(\vec{r}_i - \vec{\tau}_\alpha)^2]$ 定义,限定距离 $\vec{r}_i - \vec{\tau}_\alpha$ 小于一个预先设定的数值,比如 4 Å。N_α 是指定区域中所有的对 $P(\vec{r}_i, E_n)$ 有贡献的原子数,σ 是被选定的以使高斯函数的半高宽(FWHM)约为 2Å。所有权重因子总和为 1。这些参数的选择应该要和电子束的宽度和斑点尺寸一致。然而为增强 ELNES 的能谱响应,它们忽略了原子列上的和原子之间的相对信号强度上的差别。

(4) 从函数域到标量域的转化:从三维模型结构中选定一个格点 $\vec{r}_0$ 作为参考能谱。下面的例子中,目标能谱被选择以使 $\vec{r}_0$ 是一个远离缺陷位置的晶体体相区域中的点。然后我们评估每个格点的欧几里得差分,定义如下:

$$D_i(P_0, P_i) = \sqrt{\sum_{n'=1}^{n} (P_{i,n'} - P_{0,n'})^2} \tag{11.4}$$

标量域 $D_i(P_0, P_i)$ 然后在某一维度上作平均，用颜色描点表示 D_i 值的大小，最后可以得到一个二维的谱成像。欧几里得差分可以在整个能量范围$(1, 2, \cdots, n)$计算，在一定范围的能量子集上计算，来关注谱的特定的可视化特征或其他选项。

11.3.3　在硅缺陷模型上的应用

理论 SI 技术已经应用在晶体 Si 的 {113} 面拓展缺陷模型上（Rulis et al.，2009a）。这个包含有 180 个原子的缺陷超胞模型具体如图 11.26 所示。这个模型包含有 8-、7-、6-和 5-元环但是没有悬挂键。这类钝性缺陷或者说是非活性缺陷存在于许多微电子设备的晶体样品中，探测这些缺陷经常遇到极大挑战。同样在图 11.26 也展示了计算得到的 6 个能量窗口的体相区域的 Si-K 吸收边。图 11.27 展示了从对应着 6 个能量窗口的 Si-K 吸收边的函数域获得的 SI，体相能谱作为目标能谱。〔注意：原始文献（Rulis et al.，2009a）的图片是彩色的，更便于观看。〕谱成像显示了结构变化和能谱特征变化之间的联系。不同

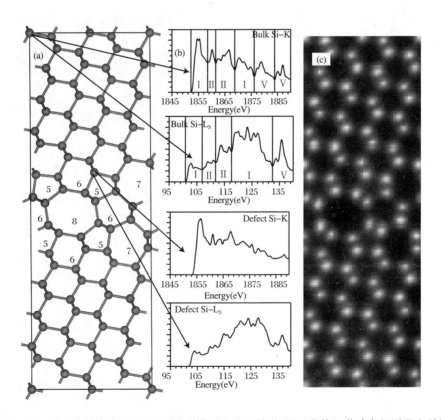

图 11.26　谱成像技术在 Si 的平面缺陷模型上应用的说明图（具体细节请参阅引用文献）

能量窗口图像能帮助识别依赖于导带中特定电子态的吸收边能谱的特征。对于目前的钝性缺陷的模型，在电子态和由此对应的吸收边能谱上的变化是微小的。然而，SI 仍能灵敏地显示怎么利用从头算得到的数据描绘这些差别的具体细节，当选择不同的能量区域时给出不同的空间分布。图11.27中区别最大的板块是(a)、(c)和(e)，这里 SI 显示了同一缺陷区域的不同花样的强度变化。而且，可以认为吸收边前缘的变化主要是局域在特定的原子位上的，而在更高能量范围的变化则更加均匀地分布。也就是说，Si-K 吸收边的前缘反映的是局域结构上的变化然而更高能量的能谱反映了结构上大范围的变化，和强度上等同的变化相对应。偏差的本质可以通过从含有大变化的区域选择一个目标能谱进一步地探测。由此产生的 SI 应该要显示出变化本身的变化趋势。因而不需要去找出模型中每个原子的键长、键角和最近邻、次近邻原子的种类之间的可能关联，就能分析完整的结构单元的 ELNES 能谱。类似的 SI 也能利用 Si-L$_{2,3}$吸收边作为函数域获得。这也已经被应用到在同一模型的不同位置进行 B 掺杂的效应的研究上，这里是用 B-K 吸收边作为函数域（Rulis et al.，2009a）。

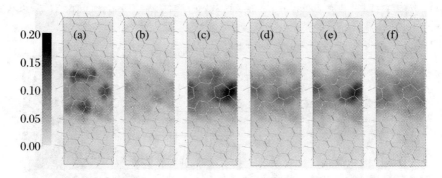

图 11.27　图 11.26 模型在不同函数域下的计算谱成像（具体细节请参阅引用文献）

对于显微技术而言，这里考虑的消极缺陷和 B 掺杂体系代表一种实质性的挑战，因为探测材料电子结构上的微小差别是一个固有的困难。以上的例子显示了利用从头算数据和函数域可视化方法获得谱成像的优越性。原则上理论技术可以几乎没有分辨率限制和逼近周期表中几乎所有元素和任意芯吸收边（K，L，M，等等），包括低 Z 值（低散射能）的元素。这些能谱不会被弄混，哪怕是来自不同原子在能量上相近的两条吸收边。对于那些无法获得的体系和组合体系而言［比如 B 分散地取代 Si 位（Rulis et al.，2009a）］，能谱数据可以进行三维计算并在任意取向上显示。得到数据后可以进行多种方式的开发使得能够最大化地得到 SI 的某个细节以达成一个特殊目标，包括：峰位，吸收边，峰宽，峰强度和这里用到的欧几里得差分。这个技术能够用来分离实验 SI 的动力学和本征部分。同时使用计算的电子结构和成键信息，SI 数据可以被解释。这个例子说明了同一元素的局部几何环境的轻微区别在能谱上造成的不同是完全可区分的。特别是，从头算 SI 和实验上高分辨率的 STEM 图像的结合提供了一个强大的针对复杂材料进行先进的结构、化学和电子分析的工具。

11.4　超胞 OLCAO 方法的未来发展

超胞 OLCAO 方法尽管有许多优点，但是仍然存在巨大的发展空间。仍有很多例子的计算结果和实验数据符合得不是很好，而且还不清楚这是由于方法上存在的基本限制，还是与实验方面有关，诸如所用样品性质。这里我们指出该方法的一些发展方向。举个例子，目前过渡金属原子的 $L_{2,3}$ 吸收边是不能计算的，因为自旋-轨道耦合还没有包括进来。一个比较合适的处理办法可能是要求一定程度地包含多重态效应。对磁性氧化物，需要拓展基本的 LDA 理论以处理原子内的相互作用。发展包含自旋-轨道分裂的方法可以使得 X 射线磁圆二色性（能被现代 STEM 所探测）能够被计算。对一定的材料体系，当偶极跃迁禁阻或者很弱的时候，进行超越偶极近似的拓展计算是令人向往的。在目前处理中把激发电子从芯能级放到导带底的办法也是有疑问的。这是真实实验过程的最好描述么？也许把激发电子拓展到整个导带上的处理方式更具真实性。这对生物体系的应用来说尤其重要，因为生物体中只会存在激发能级而非导带。对激发电子的适当放置是获得精确最终谱的关键。另一个值得考虑的问题是发展合适的能量依赖的展宽方案替代寿命展宽，以提高和实验数据的一致性。上一节中讨论的能够补充实验显微成像技术的基于从头算数据的理论谱成像技术才刚刚开始。然而超胞 OLCAO 方法最大的机会是在生物材料和生物分子体系中，它们的结构更为复杂而且急切需要理论的介入。在此类体系中对电子结构的局域轨道描述是非常自然的。很显然，这种拓展需要许多的努力和资源，预计会碰到很多的技术困难。无论如何，没有克服不了的障碍。

总而言之，我们乐观地认为超胞 OLCAO 方法是一种很有竞争力的处理材料的芯能级能谱的方法，特别是对于复杂体系。它的成功主要是因为它能利用大的超胞有效地计算众多能谱。在复杂晶体和非晶材料中对于给定元素会存在许多的非等价位。在这些情况下，应当使用不同等价位的加权平均得到的能谱和测量值相比较。依赖于局部环境的变化，这些能谱能在很大程度上变化以至于最终的加权平均能谱也发生变化。而广为赞誉的基于某个离子的局部最近邻配位的指纹技术在这些案例中的应用非常有限。有一个共识是利用指纹技术可以反映出一个离子的氧化态。然而，从从头算的角度出发，整数化地标记氧化数或电荷数在某种程度上过于简化。最后要指出的是，XANES/ELNES 计算的主要目的是表征结构复杂体系，比如涉及缺陷、界面或晶界的体系，在实验上探测这些体系面临诸多的挑战而且解读困难。但是,对结构复杂的多组分体系的能谱计算可能是无所适从和棘手的。因此,最好的策略应该是小心地搭建一个尺寸够大的初始模型,然后计算感兴趣的原子的 XANES/ELNES 能谱,再和实验比较以评估所建模型的正确性。

参 考 文 献

Anderson, J., Gosink, L., Duchaineau, M., & Joy, K. (2007), Feature Identification and Extraction in Function Fields. *In*: Fellner, D. & Moller, T., (eds.) *Eurographics/IEEEVGTC Symposium on Visualization* (Norrkoping, Sweden: The Eurographics Association), 195.

Blaha, P., Schwarz, K., Sorantin, P., & Trickey, S. B. (1990), *Computer Physics Communications*, 59, 399-415.

Buban, J. P., Matsunaga, K., Chen, J., et al. (2006), *Science*, 311, 212-15.

Champloy, F., Gruber, K., Jogl, G., & Kratky, C. (2000), *Journal of Synchrotron Radiation*, 7, 267-73.

Ching, W. Y., Ouyang, L., Rulis, P., & Tanaka, I. (2005), *Phys. Status Solidi B*, 242, R94-6.

Ching, W. Y. & Rulis, P. (2008a), *Phys. Rev. B*, 77, 035125/1-035125/17.

Ching, W. Y. & Rulis, P. (2008b), *Phys. Rev. B*, 77, 125116/1-125116/7.

Ching, W. Y. & Rulis, P. (2009), *J. Phys: Condens. Matter*, 21, 104202/1-104202/16.

Ching, W. Y., Aryal, S., Rulis, P, & Schnick, W. (2011), *Physical Review B*, 83, 155109.

De Groot, F. & Kotani, A. (2008), *Core Level Spectroscopy of Solids* (Boca Raton: CRC Press).

Dirac, P. A. M. (1927), *Proceedings of the Royal Society of London. Series A*, 114, 243-65.

Egerton, R. F. (1996), *Electron Energy-Loss Spectroscopy in the Electron Microscope* (New York: Plenum Press).

Franke, R. & Hormes, J. (1995), *Physica B: Condensed Matter*, 216, 85-95.

Garvie, L. a. J., Hubert, H., Petuskey, W. T., Mcmillan, P. F., & Buseck, P. R. (1997), *Journal of Solid State Chemistry*, 133, 365-71.

Gu, H., Ceh, M., Stemmer, S., Müllejans, H., & Rühle, M. (1995), *Ultramicroscopy*, 59, 215-27.

Hatada, K., Hayakawa, K., Benfatto, M., & Natoli, C. R. (2007), *Physical Review B*, 76, 060102.

Leinenweber, K., O'keeffe, M., Somayazulu, M., Hubert, H., Mcmillan, P. F., & Wolf, G. H. (1999), *Chemistry—A European Journal*, 5, 3076-78.

Matsunaga, K. (2008), *Physical Review B*, 77, 104106.

Matsunaga, K., Murata, H., Mizoguchi, T., & Nakahira, A. (2010), *Acta Biomaterialia*, 6,

2289-93.

Mizoguchi, T. , Tanaka, I. , Yoshioka, S. , Kunisu, M. , Yamamoto, T. , & Ching, W. Y. (2004), *Phys. Rev. B*, 70, 045103/1-045103/10.

Mo, S. – D. & Ching, W. Y. (2000), *Phys. Rev. B*, 62, 7901-7.

Mo, S. – D. & Ching, W. Y. (2001), *Appl. Phys. Lett.*, 78, 3809-11.

Moreno, M. S. , Jorissen, K. , & Rehr, J. J. (2007), *Micron*, 38, 1-11.

Myneni, S. , Luo, Y. , Näslund, L. Å. , et al. (2002), *J. Phys: Condens. Matter*, 14, L213.

Natoli, C. R. , Misemer, D. K. , Doniach, S. , & Kutzler, F. W. (1980), *Physical Review A*, 22, 1104.

Pellicer-Porres, J. , Saitta, A. M. , Polian, A. , Itie, J. P. , & Hanfland, M. (2007), *Nat Mater*, 6, 698-702.

Pucher, F. J. , Römer, S. R. , Karau, F. W. , & Schnick, W. (2010), *Chemistry-A European Journal*, 16, 7208-14.

Robertson, J. (1983), *Physical Review B*, 28, 3378.

Rohlfing, M. & Louie, S. G. (1998), *Phys. Rev. Lett.*, 80, 3320.

Rulis, P. , Yao, H. , Ouyang, L. , & Ching, W. Y. (2007), *Phys. Rev. B*, 76, 245410/1-245410/15.

Rulis, P. , Lupini, A. R. , Pennycook, S. J. , & Ching, W. Y. (2009a), *Ultramicroscopy*, 109. 1472-78.

Rulis, P. , Wang, L. , & Ching, W. Y. (2009b), *Physica status solidi (RRL)—Rapid Research Letters*, 3, 133-35.

Rulis, P. & Ching, W. (2011), *Journal of Materials Science*, 46, 4191-8.

Schwarz, K. & Blaha, P. (2003), *Computational Materials Science*, 28, 259-73.

Serghiou, G. , Miehe, G. , Tschauner, O. , Zerr, A. , & Boehler, R. (1999), *The Journal of Chemical Physics*, 111, 4659-62.

Shemkunas, M. P. , Wolf, G. H. , Leinenweber, K. , & Petuskey, W. T. (2002), *Journal of the American Ceramic Society*, 85, 101-4.

Shirley, E. L. (1998), *Phys. Rev. Lett.*, 80, 794.

Stöhr, J. (1992), *Nexafs Spectroscopy* (Berlin; New York: Springer-Verlag).

Tanaka, I. & Adachi, H. (1996), *Physical Review B*, 54, 4604.

Tanaka, I. , Mizoguchi, T. , Matsui, M. , et al. (2003), *Nat Mater*, 2, 541-45.

Tanaka, K. & Kohyama, M. (2002), *Philosophical Magazine A*, 82, 215-29.

Wernet, P. , Nordlund, D. , Bergmann, U. , et al. (2004), *Science*, 304, 995-99.

Zerr, A. , Miehe, G. , Serghiou, G. , et al. (1999), *Nature*, 400, 340-42.

第 12 章　OLCAO 方法的改进与发展

从 OLCAO 的提出到现在，OLCAO 方法经历了许多革命性的阶段。每一个阶段都让方法的某些方面有所改进，使其更加地通用、高效和方便。对于 OLCAO 方法未来的发展，我们将按照通用性、效率和方便性三个方面在这一章里分节介绍。这几节会有一定的交叉，但重叠内容不多。本章所列举的许多主题都是正在积极发展的，虽然不是详尽的但是也代表了正在实现和将能实现的对方法的加强和拓展。

12.1　通　用　性

通用性在这里我们定义为程序能够精确模拟大范围的给定输入而得到大范围的有用结果的能力。因而 OLCAO 方法的通用性的提高可以具体表现为定义一个改进的和更加灵活的基组，或是实现一个计算 Van der Waals 力的算法，或是提供一个加入更加复杂的交换关联泛函的理论框架，或是引入可行的方案来克服密度泛函理论中局域密度近似(LDA)的一些缺点。在本节中，我们将介绍一系列和加强 OLCAO 方法的通用性相关的问题。

12.1.1　OLCAO 基组

OLCAO 的缩并高斯轨道基组已经经过了足够长时间的测试，得到革命性地改善，可以很好地处理周期表中前四周期元素组成的众多构型。周期表中剩余周期的一些元素也得到了同样好的考虑和测试，但不是全部。特别是那些在价电子层包含了 f 电子的元素和那些需要对芯电子考虑相对论修正的元素仍是未来方法发展中面临的前沿问题。尽管前四周期的元素已经经过了很好的测试，仍有许多出色的结果是通过引入额外不同的基组获得的。这些结果是依赖于一个缓慢演化的基组，每次研究新体系时，并不需要对基组做大的修改。这个特性是具有标志性意义的，是 OLCAO 方法能够强大、迅速和足够精确的基本原则。改进可以不断地继续，高斯指数系数的数目和最小、最大值可以通过一些适当的方案改进。然而,关于基组和基组的使用方式的更大改进也是在积极考虑的问题,这是由于它在拓展 OLCAO 方法适用范围中所扮演的重要角色所决定的。

基函数的具体形式在 3.1 节中介绍,可以由式(3.1)、(3.2)和(3.3)数学化地表示。省略去所有的细节,最基本的概念是每种元素的基组是固定的,而且对于给定元素的每个轨道,其基组使用的高斯函数的指数全部相同。每个轨道的关键不同点是高斯函数的系数不同和使用的球谐函数的不同。在非相对论方法中单个轨道是由一组量子数决定的,它们是 n, l 和 m,是解中心势场中单电子的薛定谔方程得到的。基函数构造的基本概念在 3.1 节通过 2 个途径进行了描述。我们这里考虑这些途径是为了构造更加复杂的基函数。

第一个途径是以同样的密度泛函公式及一组单高斯函数解单原子本征值问题。这会对每一条轨道产生一组系数,但是需要注意一下,因为孤立原子的电子波函数并不能最好地代表固体中的电子波函数。特别是孤立原子的波函数会更加地发散。一个可能的修正是去除(或者是调整)用高斯函数对原子轨道进行展开时的第一项以减少波函数基组范围。唯一真正复杂的是正交化的保持。因为利用孤立原子模型构造基组,这一过程可能会使得构造固态波函数基组受到进一步的限制。这是因为同样的元素在不同体系中实质上会有不同的电子组态。比如包含有部分占据 d 轨道的过渡金属氧化物可能是一个绝缘体,然而相对较纯的过渡金属材料则是很好的导体。如果对这两种情况基函数在某种方式上是可区分的(例如长程或短程),固态波函数也许会更加精确。动力学地需要或识别基函数的最佳形式是一个具有挑战性而又非常有潜在应用的改进。

基于 DFT 的基组构造方案能够以相当直接的方式拓展为包含标量相对论公式。这已经在 OLCAO 方法中实现,只是仍未得到广泛应用和更深入的测试。标量相对论修正(质量速度和 Darwin 级数)会倾向于修正现有的薛定谔类型轨道的径向分布,使得它们更加地紧凑。实际效果是使重原子的体系总能和占据轨道能级的计算更加精确。一旦现有的修正完全得到验证,那么下一步要做的应该就是构造包含全相对论表示的原子轨道基函数。因为明显包含了自旋-轨道劈裂效应,这对计算将是一个有力的加强而且将更具有实际应用价值。利用这种效应的一个例子是 X 射线磁圆二色性。这个计算类似于在 11 章讨论过的 X 射线吸收近边结构计算,除了所观察到的是从自旋轨道劈裂芯电子激发获得的光谱差分外。包含这样性质基组的计算模拟最初由 Tatewaki(Tatewaki and Mochizuki, 2003)开始,然而在用 OLCAO 程序时需要进行修正以确保所有的缩并高斯函数有相同的指数系数。

第二个构造原子轨道基组的途径是用高斯级数拟合径向函数的数值列。在这种情况下存在同样的课题即控制径向函数的范围和包含标量或完全相对论修正。这个途径的好处是它能使用许多其他高精度计算软件(GRASP2K，ADPACK，等等)(Jönsson et al.，2007)来计算各种原子的薛定谔、标量相对论和全相对论波函数。坏处是拟合的过程需要非常到位的监控因为拟合的精度依赖于所用的点和其他参数化约束的数目。最后，正交归一化问题也需要解决。

在一些情况下，基组构造的第三个选择是可用的，但是它仍未成为现有方案的组成部分。它的主要概念是可以加入个别补充的高斯函数，比如仅加入 f 电子轨道的 xyz 成分。这会增加一定的计算负担但是和加入整个新的壳层相比，它提供了足够大的自由度。另一个增强轨道杂化的例子是添加一些 d 电子轨道的成分来描述 O 或者第二周期的其他元素。再次强调，这个部分理应成为现有方案的有机组成部分，而且只有当它在一定程度上是自动化的，因为通常要处理数百个原子的复杂体系，它才会变得非常地有用。

12.1.2 OLCAO 势和电荷密度的表示

OLCAO 方法中电子势和电荷密度的表示形式具体在第 3 章里介绍过了，但是大家仍在不断地努力优化和改进它。一个特别关键的在任何改进时都要保留的优势是电子势和电荷密度共用同样的高斯函数基组定义。仅有的不同之处是高斯函数的系数。现有的表示形式中的一个缺点是电子势和电荷密度是从球对称高斯函数的线性组合构造得到，因而无法表示它本该可以对应的电子 p 轨道或更高角量子数轨道的分裂。这将会影响电子的 SCF 收敛速率和精确计算力的能力。幸运的是，现有方案所用的球形高斯函数的重叠是很有效果的(详见第 3 章的讨论)，因而这种缺点并未造成严重的影响，这可以从前面几章中计算和实验的一致性程度看出。一个非常明确需要发展的方向仍然是要包含有 p 型高斯函数来定义电子势和电荷密度函数。这肯定会提高计算的精度但并非是没有代价的。三中心相互作用积分的计算将会变得更加复杂，因为产生了新的可能的角度类型的组合(例如，可能是 3 个 p 型高斯函数或者由 1 个 p 型函数和 2 个 d 型高斯函数，而不像之前至少有一个 s 型高斯函数)。进一步，与特定原子位相联系的球对称性电荷分布会消失从而引发对长程库仑相互作用进行计算时的复杂性。最后，在效率和提高精度之间达到合适的平衡是在考虑添加这些补充功能时需要注意的。

12.1.3 相对论性 OLCAO

正如在 12.1.1 节中提到的那样，加入相对论效应对含有重元素的材料体系的性质的计算是非常重要的。就像在 4.5 节里已经解释过的，考虑相对论效应可以采取两种不同的途径。第一个途径是标量相对论途径而第二个是全相对论途径。无论在哪种情况下,都要使用相应的增强基组。对于标量相对论性计算,轨道基函数和非相对论情况基本是一样的,除非所描述的轨道有与原子核紧密结合的倾向。而且,因为在这个途径中只有 Darwin 项和质量速度项被包括而自旋轨道耦合项是未被包括的,两个自旋轨道基函数是一样的。因此,进行标量相对论顺磁性计算是可能的,但是这可能不会很有用,因为很多有趣的相对论修正非常重要的材料同时也是有磁性的,以至于顺磁近似太过简单了。一个关键的而未被进行过的步骤是仔细地分析标量相对论基组的质量,与高精度原子结构计算软件比如 Grasp2K(Jönsson et al. ,2007)获得的波函数的表达形式进行比较。在 OLCAO 软件内最重要的修正莫过于在哈密顿量中引入相对论性交换关联泛函项及计算(Macdonald and Vosko,1979)。一旦这些步骤被使用,那么对能带、DOS、键级、电荷转移和光学性质等计算和传统的非相对论计算是很类似的。

然而,用全相对论描述时情况会迅速变得复杂,因为现在要用 4 个不同的分量描述一个电子轨道。这时候对每一条轨道会存在一个自旋向上、自旋向下正能量解与自旋向上、自旋向下负能量解的混合。对于这个理论水平的 OLCAO方法中使用基组的构造是不完备的,因此这是一个热门的发展领域。一旦这个基组发展起来了,包含全相对论效应的主程序和性质计算也需要发展。一些复杂的因素是一条特定轨道的次要分量和主要分量有着不同的角度特征(例如,$2P_{1/2}$ 轨道的次要分量有 s 型轨道特征而 $2P_{3/2}$ 的次要分量有 d 型轨道的特征)。许多困难本质上是技术问题,只要勤奋编程和小心细致就可以解决。另外一些课题更难解决,比如计算总能量中的动能贡献。在这种情况下,要精确地对包含有四阶微分的项求值要求波函数有很高的精度。这个问题也是现有的标量相对论计算中存在的,因而另一种计算动能项的途径正在积极发展中。

12.1.4　交换关联泛函

密度泛函理论中一个显著的要素当然是用于计算总能量中的交换关联能的泛函。OLCAO方法当前在程序中执行的交换关联泛函的数目还很有限。局域密度近似(LDA)已经经过了多方面的尽管差别很小的参数化发展,从Wigner(Wigner,1934)到 Hedin-Lundqvist(Hedin and Lundqvist,1971),到Gunnarsson-Lundqvist(Gunnarsson and Lundqvist,1976),到 von Barth-Hedin(Barth and Hedin,1972),再到 Ceperley-Alder(Ceperley and Alder,1980)。最后三种泛函已经被拓展到 LSDA 水平,但是除此之外 OLCAO 方法并没有经过非常好的测试且通用的交换关联泛函。

除了 LDA 之外下一步要发展的当然是广义梯度近似(GGA)交换关联泛函,但是这个近似并未完全包含在现有的 OLCAO 程序包中。为 OLCAO 发展这种方法已经进行了很多工作,只是正如稍后介绍的一样,在学术环境中发展的困难已经阻止它进行彻底的测试并被广泛地使用。现在主要进行的工作是调整这种状况和在软件主体中引入 GGA。沿着同样的路线,LSDA ± U (Anisimov et al.,1991)泛函也已经被过去的研究者使用,但是它也仍未被引入到源程序的主体中。然后,结合相对论 OLCAO 方法的发展,正如 12.1.3 节中提到的一样,还需要发展出一个成功的相对论交换关联泛函。在交换关联泛函领域这些年已经取得了很多有趣和有用的进展。其中最为成功的一个泛函是 B3LYP(Becke,1993)杂化泛函,因为它增强了方法在生物体系方面的应用。OLCAO 方法已经很好地使用了 LDA 很多年并用它做出了大量结果,但是,在很多情况下明显需要更高的精度,以至于需要做出更多的努力去对主程序发展更多的泛函。

12.1.5　磁性和非共线自旋极化

目前,自旋极化版本的 OLCAO 方法对材料的非自旋简并性质的计算模拟使用共线的途径。在固体状态波函数展开基组中,自旋量子数 s 是明显可分辨的,但是自旋向上和自旋向下的基函数描述是完全一样的。在当前的 OLCAO 方法中有很多方法可以使磁性体系的处理得到改进。磁性体系的自洽收敛是开始于一个小的扰动,使得两个相同的自旋态分裂开。一旦扰动在第一步迭代开始后,后面的自洽循环不再需要它,但是收敛过程非常慢,因此需要采用一些方法实现磁性体系的自洽收敛速度的提高。一个方法是动力学混合因子,它可以根据收敛的稳定性自动地调整。也可以更好地控制初始的扰动使得不同原子的电荷分布对应着不同的扰动,有经验的使用者能够选择最合适的初始设置来进行自洽过程。也可以如在 12.1.2 节中讨论过的,更加精确的电荷函数和势函数也会使得磁性体系的收敛速度得到显著提高。

然而,很清楚的是一个更加精确的非共线自旋极化途径将会有助于详细地、精确地分析自旋玻璃态、某些磁性晶体和自旋错乱的磁性体系。而要做到这点,有必要令当前的自旋态双态化以表示自旋向上态和自旋向下态的线性组合。

12.1.6　组态相互作用

电子结构理论中一个最棘手最顽固的挑战是超越密度泛函理论本质上的单电子近似途径,也即包括电子的多体相互作用,确定正确描述未占据态(或虚

态)的固态波函数。问题的根本在于波函数本身的概率性质和要求多电子体系波函数满足的反对称条件。自然,电子的运动是相关的以保证它们不会处于同一状态,而激发条件下电子的占据又是可以有各种各样的组态可能的。Hartree-Fock 方法计算基态的能量 $|\Psi_0\rangle$ 表示的是准确的整个固态波函数 $|\Phi_0\rangle$ 的零级近似。为了计算动态和静态的相关效应,很自然地途径就是把整个固态波函数展开成为一系列的零级近似的级数。这一系列的不同体现在电子组态上,比如某些情况下一个单电子跃迁到非占据态或者是两个电子、三个电子、四个电子的跃迁情况。根据 Szabo 和 Ostlund 的表示法(Szabo and Ostlund, 1996),我们把准确的固态波函数写成以下展开式:

$$|\Phi_0\rangle = c_0 |\Psi_0\rangle + \sum_{ar} c_a^r |\Psi_a^r\rangle + \sum_{\substack{a<b \\ r<s}} c_{ab}^{rs} |\Psi_{ab}^{rs}\rangle$$

$$+ \sum_{\substack{a<b<c \\ r<s<t}} c_{abc}^{rst} |\Psi_{abc}^{rst}\rangle + \sum_{\substack{a<b<c<d \\ r<s<t<u}} c_{abcd}^{rstu} |\Psi_{abcd}^{rstu}\rangle + \cdots \qquad (12.1)$$

这里,展开项对应着 Hartree-Fock 基态但是第一个加和项包含了一个电子从状态 a 跃迁到状态 r 的所有可能的组态。同理,第二个加和项也是这样的,除了要考虑两个电子跃迁到非占据态的各种可能的组合的非重复加和处理外。剩余的项也以同样方式考虑。这个展开是数学上的完备基组,可以准确描述固态波函数。唯一的问题是哪怕是对非常小的分子体系要想在合适的时间内完成计算模拟,这里面包含的项还是太多了。因此对级数展开的截断是必需的。对 Hartree-Fock 参考基态经常使用的最小基组是没有包含太多未占据态的。然后,对固态波函数进行的 Slater 行列式型展开的典型截断只包含单激发和双激发组态。

相当多的努力已经用于确定减少项数要求但是仍能得到精确结果的方法。在任何途径中都需要特别注意因为涉及大量的项很有可能忽略一些重要的项。一个由 Ogasawara 等(Ogasawara et al.,2000)详述的方法是很有趣的,因为它使用 DFT 和 CI 的杂化方法。OLCAO 方法很适用这种途径而且它具有某些 DFT 本身没有的优点,因为它增加了速度和精度。OLCAO 方法需要进行一些重要的修正:(1)双电子积分的引入,对应于四中心高斯积分。这是一项复杂的任务,因为不同高斯轨道的角度型(s,p,d,f)越复杂,公式就越麻烦。徒手导出公式是不可能的,但是递归技术已经得到发展(Obara and Saika,1986)并被证明很有用。(2)电子势的形式需要调整以保证一部分相关能由 CI 公式表示而剩余部分由密度泛函表示。(3)然后,固态波函数必须要展开成为 Slater 行列式的线性组合。(4)在一个精确的 DFT + CI 组合方法在 OLCAO 中实施之前,仍有许多的改进和调整需要按照 Ogasawara 等(Ogasawara et al.,2000)详述的类似路线进行。

有希望在 OLCAO 方法里发展组态相互作用方法使其能够计算比过去用

CI 方法处理的体系更大的体系而且结果会更精确。OLCAO 方法具备与生俱来的速度优势,而且由于解析函数的使用,它也具有相当高的精度。这个有力的功能添加对 OLCAO 方法将是非常有价值的。

12.1.7 Hamaker 常数和长程 van der Waals-London 相互作用

OLCAO 方法一个巨大的应用领域是计算特定体系的光谱以估计宏观物体之间的长程 van der Waals(vdW)-London 相互作用。在纳米科学中这是一个特别有趣的领域(French et al.,2010),一种能够有效地将基于量子力学的微观计算与宏观物体连接起来的实际方法是受到高度期待的。经典模拟对非键相互作用通常是失效的,包括长程静电力和色散力,以及共同决定生物分子或溶胶悬浮物扩散运动的各种复杂相互作用。对于简单几何形状物体(块状、球状和圆筒状等)的 vdW-Ld 力的数学公式利用 Lifshitz 连续介质理论(Lifshitz,1956)已经解决了(Parsegian,2005)。这个理论的根据是电动力学和量子场论,其相互作用源于与材料电子结构相关的微观诱导偶极矩(Abrikosov et al.,1963;Casimir,1948;Landau et al.,1984)。

一个基于超胞 OLCAO 方法估计在复杂生物分子或溶胶体系中的 vdW-Ld 力的实用方法出现了。在这个方法中,vdW-Ld 力的计算是通过估算具有中间介质的简单几何物体之间的 Hameker 系数,譬如两块无限大平板之间有水或者真空时的情形。在早期,振动偶极相互作用的信息是从材料和介质的折射率(Tabor and Winterton,1969),或者少数精心挑选的振动频率(Ninham and Parsegian,1970)近似估算的。最近,在陶瓷材料方面取得了进展,利用实验上真空紫外(VUV)光谱或价带电子能量损失谱(VBEELS)(French,2000)得到的全光谱。然后将 London 色散关系代入特定几何形状的标准公式得到 Hamaker 系数——一个 vdW-Ld 力的标度因子。全光谱途径已经显著地提高了精度,可以用来实现对真实材料的色散力的估计。人们很快意识到可以用理论计算光谱替代实验测量值来估计 Hamaker 常数。这个途径的可行性已经成功应用在不同手性的金属和半导体的单壁碳纳米管(SWCNT)和多壁碳纳米管(MWCNT)上(Rajter et al.,2008;Rajter et al.,2007a;Rajter et al.,2007b)。

所用的途径是分步策略(step-by-step strategy)。首先,我们需要构建生物分子体系合适的结构模型。接着将会在密度泛函理论级别对其电子结构进行全量子力学计算。然后计算能量和波函数以得到从头算的光学性质。最后这些数据会被用来估计特定几何形状物体的 Hamaker 系数以估计宏观尺度的 van der Waals 力。每一步都有它们各自的挑战和困难需要去克服。这些步骤会在后面简要提到。

为了在 Lifshitz 公式中合理地描述振荡偶极矩,可以定义一个复频率 $\hat{\omega} = \omega + \mathrm{i}\xi$。要计算的 $\varepsilon(\hbar\omega) = \varepsilon_1(\hbar\omega) + \mathrm{i}\varepsilon_2(\hbar\omega)$(一个实频率 ω 的函数)是可以通过 KK 变换转化为所谓的 vdW-Ld 色散谱(虚频率 ξ 的函数)的。

$$\varepsilon(\mathrm{i}\xi) = 1 + \frac{2}{\pi}\int_0^\infty \frac{\omega\varepsilon_2(\omega)}{\omega^2 + \xi^2}\mathrm{d}\omega \tag{12.2}$$

$\varepsilon(\mathrm{i}\xi)$ 的幅度描述的是材料对给定频率下的振动偶极子的响应。对一个特殊几何构型使用 Lifshitz 公式计算 Hamaker 因子 A。然后 A 乘以合适的几何尺度因子 g 就能估计相互作用能或力 $G = A \cdot (g/l^n)$。这里 l^n 是比例系数,l 是两个物体间的距离,而 n 是整数。本质上,Hamaker 因子 A 是一个与给定几何结构的两个物体的材料性质有关的相互作用强度,它是完全独立于 g 和 l 的。

在非推迟极限下,Hamaker 因子 A 的计算也是相当复杂的。举个简单的例子,两块各向同性的平面板被介质 m 分离(记作左 L 和右 R),可得

$$G = A^{\mathrm{NR}} \cdot [g/(12\pi l^2)]; \quad A^{\mathrm{NR}} = \frac{3k_bT}{2}\sum_{n=0}^{\infty}{}' \Delta_{Lm} \cdot \Delta_{Rm} \tag{12.3}$$

其中的 Δ_{Lm} 和 Δ_{Rm} 形式具体如下:

$$\Delta_{Rm}(\mathrm{i}\xi_n) = \frac{\varepsilon_L(\mathrm{i}\xi_n) - \varepsilon_m(\mathrm{i}\xi_n)}{\varepsilon_L(\mathrm{i}\xi_n) + \varepsilon_m(\mathrm{i}\xi_n)}; \quad \Delta_{Rm}(\mathrm{i}\xi_n) = \frac{\varepsilon_R(\mathrm{i}\xi_n) - \varepsilon_m(\mathrm{i}\xi_n)}{\varepsilon_R(\mathrm{i}\xi_n) + \varepsilon_m(\mathrm{i}\xi_n)}$$

$$\tag{12.4}$$

在式(12.3)中的求和是涵盖所谓的离散 Matsubara 频率 $\xi_n = (2\pi k_bT/\hbar)n$ 的,这里 n 的取值范围是 $0 \sim \infty$。"$'$"号表明求和的第一项($n = 0$)要乘以因子 0.5。

上面计算 vdW-Ld 力的主要步骤并非没有困难。首先,需要一个实际可行的原子尺度的模型来处理生物分子,以使能够用从头算法计算它的电子和光学性质。其次,怎样近似模拟生物实体的形态才可以利用简单几何物体的解析公式?在研究的初始阶段,我们可以将双螺旋 DNA 链近似为圆柱形物体(用介电函数的更进一步的混合规则),生物膜可以认为是一对平行板,而大的蛋白质可看作球形物体。通过这种方式,针对几何物体推导的解析公式就可以应用了。第三,在电子结构和光学性质计算上的技术性困难(带隙的存在,补偿离子的需要,水分子的角色,与氢键相关的问题,激发光谱中的多电子相互作用效应等等)是不能低估的。各种近似的局限性是必须要小心评估的。最后但并不是最不重要的,对于计算结果应该给予验证。在有足够的时间和资源条件下,这些困难并非是不可逾越的障碍。

12.2　效　　率

为了使一个程序在科学领域引起兴趣,它只需要包含相应的算法与方法去

计算一个假想实验的结果。然而从实用的角度看,仅程序自身实现一项功能并不足以使它成为有用的。必须要考虑的因素是在实现的过程中注意效率和精度(也就是说,包括更多的物理理论细节和计算方法的严谨度)的平衡。前面的章节提到 OLCAO 方法可以通过各种办法实现精度的提高,而这里将讨论一些修饰和拓展办法来提高它的效率。在进入具体的讨论前,我们先要意识到效率的影响来自多个方面,并且有时这些方面会相互矛盾。最明显的例子是可编程效率和执行效率的对抗。通过这一节,我们会认识到某一模块的效率的实现可能是以牺牲其他模块的效率为代价的。实现效率上的平衡是所有开发者和使用者必须谨记于心的,这是为了避免程序包结构上大的缺陷。一些执行程序的细节和原理会在下一节讲到,目的是让 OLCAO 软件包的用户稍微深刻一点地理解 OLCAO 方法的发展方向,使他们能够在执行程序时通过适当的设定使程序运行得最有效率。

12.2.1　分层存储体系

任何一个程序的高效执行的关键在于它如何使用现代电脑系统的分层存储体系。信息的读、写和运算是中央处理器(CPU's)内核的首要任务,执行任务的速度主要依赖于向它提交必要信息的速度。在串行运算的简化情况下,通过某种物理机制存储的信息量和访问它的速度之间有一个普遍的反比关系。每个 CPU 核只有几个寄存器,对于 CPU 核(经常包括多个等级),它的本地缓存与主存储器相比相对小,而现在主存储器对于硬盘或者其他类似技术的存储容量而相形见绌。对每个信息存储器的访问请求必须通过一个通信总线,有不同的响应时间,寄存器的响应时间是最短的,硬盘的响应时间则要长几个数量级。随着多核 CPUs 的发展,在一个给定的网络节点多 CPUs 的使用,以及具有成千上万节点的超级计算机的建设,由于与存储信息交流的有限资源必须共享和协调,使情况变得更糟、更复杂。

正在积极开发的 OLCAO 程序的一个拓展是装备测量和监控程序性能的技术,针对程序必须访问内存层级结构上不同层级信息的频率。通过理解程序性能的限制有助于进一步改善程序。这些改善能够通过程序中更仔细的流量控制和数据结构组织实现。这将会加强对数据的时间和空间局域性的使用,这对于合理利用 CPU 缓存系统非常重要。通过并行化改进程序的方法在后面介绍,但是当做关于如何更有效地并行化程序组的决定时,来源于这种类型性能监控的信息将会非常有价值。对用户来讲这将是在他们的机器上评估程序性能和帮助他们调整程序运行参数以提高性能的关键工具。

12.2.2　模块化

在这一部分中,模块化代表面向对象程序(OOP)设计核心的数据封装和内部界面的概念,不包括其他 OOP 概念如继承性和多态性。本质上,我们把模块化看作是在写程序的过程中,使数据和操作于数据上的子程序位于程序编码中相同的位置。进一步,程序编码的其他部分避免与此数据直接相互作用,只能通过一个明确定义的内部接口访问它。模块化经常被看作团队高效程序开发的一个关键要素。

在面向对象概念被广泛实践之前,OLCAO 程序包就采用了高度过程化结构。然而,最近几年为了提高它的可读性和组织性,对其源代码做了一系列的改变。代码以更加封闭性的风格被重新编写,以使得数据结构和作用于它们的代码部分一起保存在 Fortran 90 模块中。封闭不是全部,它本质上覆盖着一个程序哲学,但是程序单元之间数据共享的基本法则已经建立,编码比在它的发展历史上的任何时候都更加区域化。通过这些修改,它获得了高水平的性能。现在的开发者有一个组织得相当好的模块组,通过这些模块,他们可以在接口处添加新的特征,但是他们仍然必须学习许多内部细节去高效利用它们。因此,仍然有提高的空间。

现在存在非正式的规则规定一个模块内的存储数据不要被另一个模块或子程序修改,但是模块和子程序对其他模块的数据有读访问权。这样信息可以自由地交换,但是对数据的修改是局域化的,这有利于程序调试。对程序一个极好的修改是落实这个规则以避免数据的偶然修改。目前,Fortran 90/95 说明书不允许定义在模块中的变量以一个明确的只读状态被其他模块和子程序访问,但是在模块内部仍然是可修改的。对一个模块变量和子程序的直接访问要么是全有(公共的)要么是全无(私人的)的命题。因此,严格执行公共读和私人读写原则的唯一途径是伴随刚性的文件要求和代码的同行审查。然而换言之, 这并不是一件坏事,因为这将会增强开发者之间的交流。这是一个非常有挑战性的修改,因为它要求与计算机执行语法规则相反的有犯错倾向的人们协调一致和警觉。一个可能更具有挑战性的替代修改是对程序数据结构进行详细研究,去确认是否存在一个更好的模块化结构以至于甚至只读数据共享都不是必需的。这是更加冒险的事情,因为当前没有证据表明它将会真正提高性能(它或许会降低性能),而且它可能不比现在的程序更具有组织性,从而没有增强可读性。

12.2.3　并行化

并行程序方法和并行计算结构的发展对许多应用功能有着深远的影响。

可惜的是,OLCAO 方法还没有发展到利用有前景的并行计算,但是时机已经绝对成熟。OLCAO 程序组的很多不同部分高度独立,因此能并行执行。更好的是,对许多并行编码片段效率增益应该是比较大的,因为预计将会有一个低水平的进程间通信需求。独立任务和低通信需求共同指向跨多个处理单元潜在的高拓展性。

为了理解必须在 OLCAO 程序中开发的并行算法,首先了解将要进行并行计算的计算机结构是很重要的。大规模并行超级计算机当前的成功依赖于计算和通信单元的层级结构。在顶端就是所谓的节点级。这些节点通过一个复杂的互联网络连接在一起,允许任一节点可以与任何其他节点和专用硬盘基础数据存储节点通信。通信速度在相邻的节点之间趋向于最快,而当信息穿过网络中更多链接到达终端时速度会变慢。换句话说,互联网络不是一个直接多对多的拓扑所以要注意限制远距离节点间通信。每个节点里有一些 CPUs(例如,8 或 16 个)分享主存储器(例如,8 或 32 GB 值)的一个单区块。每个 CPU 里有一些 CPU 核(例如,2 或 8 个),可能会也可能不会共享某些主要资源比如缓存和主内存总线。开发者和用户对这个层级结构的有效利用要求把任务分解成尽可能小的模块以使许多 CPU 核能被分配任务,但是不能太小以至于协调解决需要的进程间通信成为负担。对跨节点和节点内的并行计算,OLCAO 组并行算法将会分别用 MPI 和 OpenMP 传统工具。

就像在附录 C 中详述的,OLCAO 计算分解成一个可分散执行程序的线性队列。每一个程序都有需要并行化的模块。第一个程序,OLCAOsetup.exe,负责(1)计算 2-和 3-中心高斯积分;(2)为在非均匀原子中心球面网格上的电荷密度的快速计算创造数据结构;(3)为长程库仑相互作用计算所需的 Ewald 求和程序创造数据结构。从计算的需求方面通常 $1 > 3 > 2$,但是某些特殊情况下 $3 > 1 > 2$。2 和 3 的并行化是直接针对许多独特的原子中心势能,所以它的计算量与体系尺度增长符合得较好。1 的并行化也与体系尺寸变化成比例,但是它是一个更加复杂的计算,需要特别处理。3-中心相互作用积分是这部分计算的主要成分。势能函数[式(3.10)]的每一项必须对所有原子中的所有轨道对积分。如果通过简单分配单个进程单元来计算势函数中某一项的积分,那么内存不足问题将会迅速提升。节点上的每个核都会有实质性的内存需要,如果乘以共享主存储器的核的数量,将会耗尽可用内存。然而,如果把势能中给定项的相互作用积分计算任务分配给一个节点基而不是一个核基,内存问题就会避免。要付出的代价是节点上的所有核必须在 3-中心积分计算中充分协调,这需要更高程度的进程间通信。幸运的是节点内进程间的通信成本与节点间的通信成本相比是便宜的。因此,3-中心积分计算能被划分到节点上所有的核一起工作的每节点基组上。用户必须敏锐地意识到一个节点上核的数量和每个节点上的可用存储器,从而能够理解程序性能的任何监控情况。

第二个程序,OLCAOmain.exe,执行 SCF 的迭代步骤。在这里,对一个大的复杂体系解决本征值问题是迄今为止最计算密集型的部分。不幸的是只要矩阵保持致密和杂乱,这个计算的复杂度为 $O(N^3)$,由于需要进程间通信,在多处理器上的并行效率并不是很好。幸运的是,OLCAO 方法用了一个非常紧凑的基组,因此即便可扩展性十分不好,要完成的工作总量比其他相似目的的方法不会过多。值得尊敬的 ScaLAPACK 程序库对于并行计算解决本征方程是主要的工具。然而也可能当体系尺寸增加,超过一个阈值,矩阵变得充分稀疏时,存在更加有效的和可伸缩性的其他对角化方法。

一旦 OLCAOsetup.exe 和 OLCAOmain.exe 计算完成,计算工作的大部分通常也完成了。尽管从这些程序中直接获得电子结构数据是可能的,但通常更倾向于使用收敛的 SCF 势,然后用更大数量的 $\vec{k}$ 点或者不同的基组重新计算某些细节。重新计算也需要并行化,但是这与 OLCAOsetup.exe 和 OLCAOmain.exe 的并行化问题是相似的,一旦解决了这个问题,剩下的部分只要做简单的变化。例如,OLCAOband.exe 程序本质上只是对负责求解久期方程的 OLCAOmain.exe 做了微小改动。在 OLCAOmain.exe 中用的并行化技术同样地可在 OLCAOband.exe 中使用。另一个例子是负责计算多中心积分的 OLCAOintg.exe 程序。这个算法是一个对 OLCAOsetup.exe 算法稍微复杂的改动,但是它依赖相同的原理,所以当被并行化时遵循相似的路径。在后 SCF 部分唯一实质性地重新进行并行化编码的片段是性能计算程序比如 OLCAOoptc.exe 或者 OLCAO-dos.exe。在这些例子中存在大量不同的能被利用的并行化路径,而且这些路径倾向于只有有限的进程间通信。对于固态波函数中每个态的 DOS 和 PDOS 的计算可以独立于其他的态完成,因此导致高程度的并行化。其他可行的途径包括跨越 $\vec{k}$ 点的并行化和跨越每个态中的各个组分的并行化。最后一种途径要求更多进程间通信,但是因为内存需求能被减少,对于许多情况使计算分工保持在单个节点上成为可能,因此避免了不同节点间通信的瓶颈。OLCAOoptc.exe 程序有另一个潜在的并行化路径。在这种情况下可对电子跃迁初态进行并行化。因为对于大体系这个数目是十分大的,我们预期这个分工会十分有效。最后一种有必要进行并行化的程序是 OLCAOwave.exe 程序,为了可视化它被用于计算在三维均匀网格上的波函数和电荷密度值。这里,计算完全在实空间中完成,它会被容易地分成可以拼凑在一起输出的独立部分。并行化可以沿着网格点数目,也可以沿着对格点上波函数有贡献的原子或轨道,不需要许多进程间通信,直到计算了所有的值,然后为用户将结果写在硬盘上。

除了传统的 MPI 和 OpenMP 方法外,确实存在几种其他的方法可以将 OLCAO 方法并行化。尤其有一个方法在 11 章提到的光谱成像计算中已经被用来发挥了极大的作用。这里,大量独立的 XANES/ELNES 计算被用来形成一个函数域数据集。因为这些光谱相互之间是独立的,它们可以并行计算。在通常受最大运行时间和最小 CPU 核数限制的超级计算机上,这种方法仍能运行,但是需要额外注意把计算分组并将任务打成合适大小的包。虽然这个方法不像其他更基础的技术那样有技术含量,它确实工作得很好。我们提到它是作为一个提醒,就是实质性的效率收益并不总是要求对每种问题都有高度详细的方法。

OLCAO 程序组的并行化任务是一项大而复杂的工作,需要投入许多人力资源,但是在体系的尺寸和类型方面得到的收获远远超过了那些成本。因此,这个项目正在进行,我们预期这样的一个版本可以在不久的将来投入使用。

12.3 方 便 性

经常被科学计算程序开发者忽略的一个问题是方便性。这自然地遵循许多科学计算程序的学术开发环境,在那里程序员可能是唯一地知道他们编程的细节,并知道在完成编程后如何使用程序。更糟糕地,程序员甚至是唯一曾经使用过某一个特定的功能的人。幸运的是,近年来方便性问题因为其特殊潜力得到了广泛的认知。也就是说,当一个程序很方便,它会吸引用户和别的开发者。这些人会通过抱怨它没有达到他们的预期和贡献所需特征的编码或者修复漏洞来帮助改善程序。写这本书的关键的动机就是帮助 OLCAO 方法为更多的感兴趣的科学家所了解。OLCAO 程序组近年来经历了实质性的转变,变得对用户更加友好。然而,在这个版本后仍有许多工作有待完成。

如果假设一个用户了解 OLCAO 程序对他们感兴趣的材料问题的适用性,我们把“方便性”的概念主要分成两类。第一种是用户容易在程序接口建立输入,运行和监控任务,以及分析计算结果。第二种是第三方程序可以容易地与这个程序建立接口。

12.3.1 用户界面与控制

近年来 OLCAO 有了实质性的进步,在用户界面和控制系统的发展方面也是硕果累累。目前的用户界面是完全基于文本的和命令行驱动的。两个有些复杂的脚本,称作“makeinput”和“olcao”,被用来建立输入文件和执行特定的计算任务,这在附录 C 中详细说明。这些脚本是处理 OLCAO 程序强有力的简化任务,但是它们需要一些打磨以便于非专家们更加直观、稳定和出错率低地利用。像之前提到的,这对于一个学术研究程序来说并不是需要优先考虑的,但是它对于程序的总体成功来讲非常重要,因为它将扩大用户基础。这反过来将吸引更多的专家帮助开发还没有被开发出来的这种方法的内在效率和性能。改善的领域包括更多的错误检查,输入检查,更详尽的错误报告,更好的手册、用户指南和用户参考,更加详细的内部文件以及在编码中保持术语一致性。当然这些东西中的许多已经在用户界面脚本和程序中存在,它们需要被改善成为一个固定框架以使得未来的开发不需要过多的努力就可以使编程风格保持一致。

不幸的是,我们必须牢记一个经常被引用的规则,"在可靠性方面的投入将会增加,直到它超过错误的可能成本,或者直到有人坚持做一些有用的工作"。虽然方便性是程序中重要的组成部分,但它自己并不是程序的目的。或许提高程序方便性最有效一种方法是与新用户一起坐下来,根据功能性和用户界面告诉他们程序的用途和局限性。文本手册是一种将信息告知更多人群的替代手段,但是因为缺乏即时反馈,它们通常是不充分的。提高用户体验的一种方法是通过使用视频教程和在线。与单调的文本文件相比,用这样的方法可能提供一个怎样使用程序的更微妙的解释。为指导新用户更好地使用 OLCAO,带有视频教程的网上论坛和研讨会的建立正在积极开展。

12.3.2　与第三方软件的交互

在 12.3.1 小节中,关于用户直接与 OLCAO 交互的方式建立了一个框架,可以扩展到包括第三方应用的开发者直接与 OLCAO 交互的方式。特别地,OLCAO 程序的 Fortran90 原代码需要一个经打磨的框架,以便当它需要与其他程序整合或交互时,会有一个清楚和一致的界面。如同商业市场上的消费者应用软件一样,一个强大、方便的应用程序界面(API)会使得应用程序更有吸引力。

也有许多其他的提高 OLCAO 程序与第三方软件交互的方法。在接下来的段落里,我们介绍正在考虑或积极开发的三个例子。

第一个例子是关于输入文件。输入文件框架在附录 C 中作了详细的描述,但是它不是描述固态和分子体系的一个常用的标准文件格式。将数据从其他流行的格式(比如蛋白质数据库 PDB 或晶体信息文件 CIF)转换成 OLCAO 框架格式文件(或逆转换)的能力,对将 OLCAO 整合到根据原子结构计算材料性质的程序大家庭中是很关键的。像 Open Babel 之类程序(Guha et al.,2006;Hutchison et al.)存在的目的是为了促进程序数据交换,但是 OLCAO 程序的输入文件要么需要匹配现有的格式,要么需要将其添加到如 Babel 程序能够处理的数据文件集合里。

对 OLCAO 的第二个增强是改善计算输出的格式,这样其他程序就能更容易地访问和使用这些数据。这个可以同时通过更好的文档编制和更加统一的计算结果描述格式来实现。特别地，如果所有的输出结果被保存在组织有序的数据结构中而不是纯文本文件中，那将会更加方便。目前，在 OLCAO 程序中计算的许多中间数据用分层数据格式版本 5（HDF5）保存，但是计算结果却没有利用这种文件格式的组织性能。如果计算结果也用 HDF5 格式保存会是非常有效的，这能在随后的例子中证明：比如分态密度的结果，将它分解成各轨道和自旋的组分，写入一个纯文本文件，在内存中这些数据的组织必须由读入数据的程序进行重建。对大而复杂的数据集合（例如，带有大量不同类型原子的体系如带有几千个原子的生物分子体系），这个重建步骤对访问数据是一个障碍。如果数据结构能在存储文件中保留下来，那么另一个程序将会更容易地访问那个数据或者它的一个特定子集。

12.3.3 数据可视化

为了能够更富成效地利用程序，与第三方软件如可视化和数据绘图软件交互是很有必要的。目前，OLCAO 方法使用中的主要的数据分析程序是 Gnuplot，Origin 和 OpenDX。在 Gnuplot 中有快速和简单地为基本数据（例如 DOS，PDOS，光学性质，XANES/ELNES 光谱，键级，电荷转移，等等）作图的脚本，在 Origin 中也有几个更复杂和"准备出版"格式的为数据绘图的脚本。而为了实现三维数据集合比如电荷密度、波函数本身或势函数的可视化，我们正在使用在 OpenDX 中写的程序。然而，在所有这些情况下，都存在一定的改善空间。正如可预期的，没有一种脚本是特别硬性的，它们每个都可以进行一些修改。例如，为了实现高效工作，Gnuplot 脚本和 Origin 脚本需要及时更新为多种不同版本软件。也需要置入更好的错误报告和容错性。以 OpenDX 形式准备数据或在 OpenDX 中对数据作图的程序是很好用的，但可能会发现许多国家级的超级计算机中心没有安装或者并不支持 OpenDX。因此，它的实用性受到限制，所以一个重要的步骤是修改程序和脚本以便产生数据的格式适合其他更广泛支持的可视化程序比如 VisIt。

开发、增强和扩展任何程序是多方面的，需要集合许多不同方面的知识和技能，超出了物理、化学和材料科学的传统范畴。在电脑编程和电脑科学上的精通俨然成为想要开展科学模拟的学生和研究者的核心资源。理解人们如何实际地使用程序和解决日常遇到的问题例如怎样在大范围的不同生产水平的超级计算机上有效地分配、编译和安装这个应用程序变得越来越重要。如果说这本书尽可能地用文献证明了 OLCAO 方法在许多类型体系的成功应用，那么这一章就是为了努力指出了这个方法在同样多的方向上的发展前景。这个方法所需要的可能也同样是许多其他的科学应用程序所需要的，就是要有一批专门的研究人员和开发者去使用和增强这个程序,使得它在人类知识和理解的进步中可以实现强大工具的角色。获得这样一些用户和开发人员将是对这个方法的应用最实质性的改进、增强或延伸。

参 考 文 献

Abrikosov,A. A. ,Gorkov,L. P. ,& Dzyaloshinskii, I. E. (1963), *Methods of Quantum Field Theory in Statistical Physics*(Englewood Cliffs:Prentice-Hall).

Anisimov,V. I. ,Zaanen,J. ,& Andersen,O. K. (1991), *Physical Review B*,44,943

Barth. U. V.& Hedin,L. (1972), *Journal of Physics C：Solid State Physics*,5,1629.

Becke,A. D. (1993), *The Journal of Chemical Physics*,98,1372-77.

Casimir,H. B. G. (1948). *Proc. Koninklike Nederlandse Akademie Van Wetenschappen*, 51,793.

Ceperley,D. M.& Alder,B.J. (1980), *Physical Review Letters*,45,566.

French,R. H. (2000), *Journal of the American Ceramic Society*,83,2117-46.

French,R. H. ,Parsegian, V. A. ,Podgornik,R. ,et al. (2010), *Reviews of Modern Physics*, 82,1887.

Guha,R. ,Howard,M. T. ,Hutchison,G. R. ,et al. (2006), *Journal of Chemical Information and Modeling*,46,991-98.

Gunnarsson,O.& Lundqvist,B. I. (1976), *Physical, Review B*,13,4274.

Hamaker. ,H. C. (1937), *Physica*,4,1058-72.

Hedin,L.& Lundqvist,B. I. (1971), *Journal of Physics C:Solid State Physics*,4,2064.

Hutchison,G. R. ,Morley,C. ,James,C. ,Swan,C. ,De Winter,H.& Vandermeersch,T. *The Open Babel Package*[Online]. Available:http://openbabel. sourceforge. net/.

Jönsson,P. ,He,X. ,Froese Fischer,C. ,& Grant,I. P. (2007), *Computer Physics Communications*,177,597-622.

Landau,L. D. , Lifshitz, E. M. ,& Pitaevskii, L. P. (1984), *Electrodynamics of Continuous Media*(Oxford:Elsevier Butterworth-Heinemann).

Lifshitz,E. M. (1956), *Sov. Phys. JETP*,2,73.

Macdonald,A. H.& Vosko, S. H. (1979), *Journal of Physics C:Solid State Physics*,12, 2977.

Ninham,B. W.& Parsegian,V. A. (1970),52,4578-87.

Obara,S.& Saika,A. (1986), *The Journal of Chemical Physics*,84,3963-74.

Ogasawara,K. ,Ishii,T. ,Tanaka,I. ,& Adachi,H. (2000), *Physical Review B*,61,143.

Parsegian,V. A. (2005), *Van Der Waals Forces：A Handbook for Biologists, Chemists, Engineers, and Physicists*(New York:Cambridge University Press).

Rajter,R. , French, R. H. , Podgornik, R. , Ching, W. Y. ,& Parsegian, V. A. (2008), *J. Appl. Phys.*,104,053513/1-053513/13.

Rajter, R. F. , French, R. H. , Ching, W. Y. , Carter, W. C. , & Chiang, Y. M. (2007a), *J. Appl. Phys.*, 101, 054303/1-054303/5.

Rajter, R. F. , Podgornik, R. , Parsegian, V. A. , French, R. H. , & Ching, W. Y. (2007b), *Phys. Rev. B*, 76, 045417/1-045417/16.

Szabo, A. & Ostlund, N. S. (1996), *Modern Quantum Chemistry: Introduction Ot Advanced Electronic Structure Theory* (New York: Dover Publications Inc.).

Tabor, D. & Winterton, R. H. S. (1969), *Proceedings of the Royal Society of London. Series A, Mathematical and Physical Sciences*, 312, 435-50.

Tatewaki, H. & Mochizuki, Y. (2003), *Theoretical Chemistry Accounts: Theory, Computation, and Modeling* (*Theoretica Chimica Acta*), 109, 40-42.

The Open Babel Package, version 2.3.1 http://openbabel. org[accessed Jan 2012].

Wigner, E. (1934), *Physical Review*, 46, 1002.

附录 A　原子基函数数据库

在量子力学方法中进行波函数展开时选择的基组是最重要的,而且通常是这一方法的决定性特征。对 OLCAO 方法也是一样。在 OLCAO 方法中波函数按照原子轨道展开,对于不同的角动量轨道,原子轨道自身在合适的球谐函数乘子下展开为高斯函数。进一步,对于特定元素的所有轨道的高斯函数组是一样的,而高斯函数的展开系数对于不同主量子数 n 和轨道角量数 l 的轨道是不同的。一个给定元素的轨道波函数被分为两部分:芯态(core)和价态(valence),正如 3.5 节所描述的芯态和价态的波函数是正交的,因而芯轨道函数不在最终久期方程里。对于划分芯轨道和价轨道的特定边界可以灵活选择来满足各种各样特殊的情况。OLCAO 基组的最后一个特点是代表可能激发态的未占据轨道包括在其中。本附录详细地描述了已经发布的 OLCAO 版本默认基组数据库中每一种元素的基组特征。

使用原子轨道基组的复杂性之一是不能修改单个参数来系统提高波函数展开的精度,而平面波基组方法是可以做到这一点的。取而代之的是,对于原子轨道基方法可以选择调整原子轨道定义和加入更多轨道。通过增加与一个特定原子类型相关的原子轨道的数目波函数展开将增加更多变分自由度并且获得更高能量态。尽管轨道数目由于过完备效应不能无限地增加,但这不是一个严重的缺点,因为由默认基组获得的精度、变分自由度和态的数目对于绝大多数计算已经足够了。OLCAO 方法对于最常使用的元素原子轨道的定义已经被广泛地测试了许多年,事实证明它非常强劲且可以适用于各种各样的体系。数据库中提供的默认轨道定义对于一般的使用几乎不需要做任何修改。然而,每一个原子供献给体系基组的轨道数目,对不同类型的计算是非常重要的(例如,用一个不包含任何完全未占据轨道的更加局域的基组计算 Mulliken 有效电荷和键级能给出更加一致的结果)。

对于不同类型的计算为了尽可能简单地利用不同大小的基组,OLCAO 软件包为每个原子指定了三种类型的基组。最小基组仅仅包含到每个原子最高占据轨道的价壳层。完全基组在最小基组的基础上增加一个额外的轨道壳层。扩展基组在完全基组的基础上增加一个额外的轨道壳层,因此包含了最多数目的轨道。通过默认合适的基组将会用在要求的计算中。关于这部分的细节请参见附录 C。

在默认的数据库中对每个原子的原子轨道基组的定义见表 A.1。每个元素的轨道被分成芯态和价态两部分,并且价态轨道被进一步分为最小、完全和扩展基组。对于不同的基组表格当中使用的标记表示后一个基组是前一个基组的扩展,最小基组是芯基组的扩展,完全基组是最小基组的扩展,扩展基组是完全基组的扩展。缩并高斯轨道的描述通过列举每一个角动量轨道类型的高斯函数数目(N)和指数系数(α)的最大值给出。对于所有的元素最小的指数(α)是 0.12,所以这个值并没有列举在表格中。处于最小和最大值之间的所有中间 α 值按照等比数列增加,等比系数是一个常数($\alpha_{max} / \alpha_{min}$)$^{1/(N-1)}$。当 d 或者 f 角动量轨道是基组的一部分的时候,它们可能使用比 s 或者 p 类型轨道更少数目的项,而 s 或者 p 轨道总是使用相同数目的项。表 A.1 中最大值 α 使用的标记方法遵循计算工作中的一般惯例:$5e4 = 5.0 \times 10^4$。

一般情况下我们可以注意到基遵循的一些典型的经验规则。原子基函数代表不同元素的特征,正因为如此它们倾向于遵循元素周期表中许多相同的模式。每增加一周期,高斯项的数目近似增加 1,高斯 α 系数的最大值增加接近 $1/2$ 个量级(从第一周期到第二周期和第四周期中间的增加例外)。所有的元素高斯 α 系数的最小值是一个常数 0.12。毫不意外的是,芯轨道的数目随着原子序数 Z 的增加而增加,因为有更多的轨道处于芯轨道阈值以下。阈值在 -30 到 -32 eV 这个范围内。随着原子序数 Z 的增大,用来展开 d 或者 f 型轨道的高斯函数的数目也增加,但是与周期的联系不紧密。相反,当另一个 d 或者 f 类型轨道被加到价态的最小基组当中时,d 或者 f 类型轨道的高斯函数数目增加了,这种现象可能发生在某一周期中间。所有的参数选择都是经验的过程,虽然物理因素也被考虑在内,但是对特殊参数的精确选择并不是从物理原则出发的。

表 A.1　各元素原子轨道基组定义数据库

Z	Name	Core	Valence:MB/FB/EB	N	N	Maxα
				(s p)	(d,f)	
1	H	-	1s/2s2p/3s3p	16	$-,-$	1e4
2	He	-	1s/2s2p/3s3p	16	$-,-$	1e4
3	Li	1s	2s2p/3s3p/4s4p	20	$-,-$	5e4
4	Be	1s	2s2p/3s3p/4s4p	20	$-,-$	5e4
5	B	1s	2s2p/3s3p/4s4p	20	$-,-$	5e4
6	C	1s	2s2p/3s3p/4s4p	20	$-,-$	5e4
7	N	1s	2s2p/3s3p/4s4p	20	$-,-$	5e4
8	O	1s	2s2p/3s3p/4s4p	20	$-,-$	5e4
9	F	1s	2s2p/3s3p/4s4p	20	$-,-$	5e4
10	Ne	1s	2s2p/3s3p/4s4p	20	$-,-$	5e4
11	Na	1s-2s 2p	3s3p/4s4p3d/5s5p4d	21	12,$-$	1e5

Z	Name	Core	Valence：MB/FB/EB	N	N	Maxα
12	Mg	1s-2s 2p	3s3p/4s4p3d/5s5p4d	20	12，−	1e5
13	Al	1s-2s 2p	3s3p/4s4p3d/5s5p4d	20	12，−	1e5
14	Si	1s-2s 2p	3s3p/4s4p3d/5s5p4d	21	12.	2e5
15	P	1s-2s 2p	3s3p/4s4p3d/5s5p4d	21	12，−	1e5
16	S	1s-2s 2p	3s3p/4s4p3d/5s5p4d	21	12，−	1e5
17	Cl	1s-2s 2p	3s3p/4s4p3d/5s5p4d	21	12，−	1e5
18	Ar	1s-2s 2p	3s3p/4s4p3d/5s5p4d	21	12，−	1e5
19	K	1s-3s 2p	4s3p3d/5s4p4d/6s5p5d	22	16，−	5e5
20	Ca	1s-3s 2p	4s3p3d/5s4p4d/6s5p5d	22	16，−	5e5
21	Sc	1s-3s 2p	4s3p3d/5s4p4d/6s5p5d	22	16，−	5e5
22	Ti	1s-3s 2p-3p	4s4p3d/5s5p4d/6s6p5d	22	16，−	5e5
23	V	1s-3s 2p-3p	4s4p3d/5s5p4d/6s6p5d	22	16，−	5e5
24	Cr	1s-3s 2p-3p	4s4p3d/5s5p4d/6s6p5d	22	16，−	5e5
25	Mn	1s-3s 2p-3p	4s4p3d/5s5p4d/6s6p5d	22	16，−	5e5
26	Fe	1s-3s 2p-3p	4s4p3d/5s5p4d/6s6p5d	22	16，−	5e5
27	Co	1s-3s 2p-3p	4s4p3d/5s5p4d/6s6p5d	22	16，−	5e5
28	Ni	1s-3s 2p-3p	4s4p3d/5s5p4d/6s6p5d	22	16，−	5e5
29	Cu	1s-3s 2p-3p	4s4p3d/5s5p4d/6s6p5d	22	16，−	5e5
30	Zn	1s-3s 2p-3p	4s4p3d/5s5p4d/6s6p5d	23	17，−	1e6
31	Ga	1s-3s 2p-3p	4s4p3d/5s5p4d/6s6p5d	23	17，−	1e6
32	Ge	1s-3s 2p-3p 3d	4s4p/5s5p4d/6s6p5d	23	17，−	1e6
33	As	1s-3s 2p-3p 3d	4s4p/5s5p4d/6s6p5d	23	17，−	1e6
34	Se	1s-3s 2p-3p 3d	4s4p/5s5p4d/6s6p5d	23	17，−	1e6
35	Br	1s-3s 2p-3p 3d	4s4p/5s5p4d/6s6p5d	23	17，−	1e6
36	Kr	1s-3s 2p-3p 3d	4s4p/5s5p4d/6s6p5d	23	17，−	1e6
37	Rb	1s-4s 2p-3p 3d	5s4p4d/6s5p5d/7s6p6d	24	18，10	5e6
38	Sr	1s-4s 2p-3p 3d	5s4p4d/6s5p5d/7s6p6d	24	18，10	5e6
39	Y	1s-4s 2p-3p 3d	5s4p4d/6s5p5d/7s6p6d	24	18，10	5e6
40	Zr	1s-4s 2p-3p 3d	5s4p4d/6s5p5d/7s6p6d	24	18，10	5e6
41	Nb	1s-4s 2p−3p 3d	5s4p4d/6s5p5d/7s6p6d	24	18，10	5e6
42	Mo	1s-4s 2p-4p 3d	5s5p4d/6s6p5d/7s7p6d	24	18，10	5e6
43	Tc	1s-4s 2p-4p 3d	5s5p4d/6s6p5d/7s7p6d	24	18，10	5e6
44	Ru	1s-4s 2p-4p 3d	5s5p4d/6s6p5d/7s7p6d	24	18，10	5e6
45	Rh	1s-4s 2p-4p 3d	5s5p4d/6s6p5d/7s7p6d	24	18，10	5e6
46	Pd	1s-4s 2p-4p 3d	5s5p4d/6s6p5d/7s7p6d	24	18，10	5e6

Z	Name	Core	Valence：MB/FB/EB	N	N	Maxα
47	Ag	1s-4s 2p-4p 3d	5s5p4d/6s6p5d/7s7p6d	24	18,10	5e6
48	Cd	1s-4s 2p-4p 3d	5s5p4d/6s6p5d/7s7p6d	24	18,10	5e6
49	In	1s-4s 2p-4p 3d	5s5p4d/6s6p5d/7s7p6d	24	18,10	5e6
50	Sn	1s-4s 2p-4p 3d	5s5p4d/6s6p5d/7s7p6d	24	18,10	5e6
51	Sb	1s-4s 2p-4p 3d-4d	5s5p/6s6p5d/7s7p6d	24	18,10	5e6
52	Te	1s-4s 2p-4p 3d-4d	5s5p/6s6p5d/7s7p6d	24	18,10	5e6
53	I	1s-4s 2p-4p 3d-4d	5s5p/6s6p5d/7s7p6d	24	18,10	5e6
54	Xe	1s-4s 2p-4p 3d-4d	5s5p/6s6p5d/7s7p6d	24	18,10	5e6
55	Cs	1s-4s 2p-4p 3d-4d	5s6s5p5d/7s6p6d/8s7p7d	26	20,10	1e7
56	Ba	1s-4s 2p-4p 3d-4d	5s6s5p5d/7s6p6d/8s7p7d	26	20,10	1e7
57	La	1s-5s 2p-4p 3d-4d	6s5p5d/7s6p6d/8s7p7d	26	20,10	1e7
58	Ce	1s-5s 2p-4p 3d-4d	6s5p5d4f/7s6p6d/8s7p7d	26	20,10	1e7
59	Pr	1s-5s 2p-4p 3d-4d	6s5p5d4f/7s6p6d/8s7p7d	26	20,10	1e7
60	Nd	1s-5s 2p-4p 3d-4d	6s5p5d4f/7s6p6d/8s7p7d	26	20,10	1e7
61	Pm	1s-5s 2p-4p 3d-4d	6s5p5d4f/7s6p6d/8s7p7d	26	20,10	1e7
62	Sm	1s-5s 2p-4p 3d-4d	6s5p5d4f/7s6p6d/8s7p7d	26	20,10	1e7
63	Eu	1s-5s 2p-4p 3d-4d	6s5p5d4f/7s6p6d/8s7p7d	26	20,10	1e7
64	Gd	1s-5s 2p-4p 3d-4d	6s5p5d4f/7s6p6d/8s7p7d	26	20,10	1e7
65	Tb	1s-5s 2p-4p 3d-4d	6s5p5d4f/7s6p6d/8s7p7d	26	20,10	1e7
66	Dy	1s-5s 2p-4p 3d-4d	6s5p5d4f/7s6p6d/8s7p7d	26	20,10	1e7
67	Ho	1s-5s 2p-4p 3d-4d	6s5p5d4f/7s6p6d/8s7p7d	26	20,10	1e7
68	Er	1s-5s 2p-4p 3d-4d	6s5p5d4f/7s6p6d/8s7p7d	26	20,10	1e7
69	Tm	1s-5s 2p-4p 3d-4d	6s5p5d4f/7s6p6d/8s7p7d	26	20,10	1e7
70	Yb	1s-5s 2p-4p 3d-4d	6s5p5d4f/7s6p6d/8s7p7d	26	20,10	1e7
71	Lu	1s-5s 2p-4p 3d-4d	6s5p5d4f/7s6p6d/8s7p7d	26	20,10	5e7
72	Hf	1s-5s 2p-5p 3d-4d 4f	6s6p5d/7s7p6d/8s8p7d	28	22,12	5e7
73	Ta	1s-5s 2p-5p 3d-4d 4f	6s6p5d/7s7p6d/8s8p7d	28	22,12	5e7
74	W	1s-5s 2p-5p 3d-4d 4f	6s6p5d/7s7p6d/8s8p7d	28	22,12	5e7
75	Re	1s-5s 2p-5p 3d-4d 4f	6s6p5d/7s7p6d/8s8p7d	28	22,12	5e7
76	Os	1s-5s 2p-5p 3d-4d 4f	6s6p5d/7s7p6d/8s8p7d	28	22,12	5e7
77	Ir	1s-5s 2p-5p 3d-4d 4f	6s6p5d/7s7p6d/8s8p7d	28	22,12	5e7
78	Pt	1s-5s 2p-5p 3d-4d 4f	6s6p5d/7s7p6d/8s8p7d	28	22,12	5e7
79	Au	1s-5s 2p-5p 3d-4d 4f	6s6p5d/7s7p6d/8s8p7d	28	22,12	5e7
80	Hg	1s-5s 2p-5p 3d-4d 4f	6s6p5d/7s7p6d/8s8p7d	28	22,12	5e7
81	Tl	1s-5s 2p-5p 3d-4d 4f	6s6p5d/7s7p6d/8s8p7d	28	22,12	5e7

Z	Name	Core	Valence；MB/FB/EB	N	N	Maxα
82	Pb	1 s-5s 2p-5p 3d-4d 4f	6s6p5d/7s7p6d/8s8p7d	28	22,12	5e7
83	Bi	1s-5s 2p-5p 3d-4d 4f	6s6p5d/7s7p6d/8s8p7d	28	22,12	5e7
84	Po	1s-5s 2p-5p 3d-4d 4f	6s6p5d/7s7p6d/8s8p7d	28	22,12	5e7
85	At	1s-5s 2p-5p 3d-4d 4f	6s6p5d/7s7p6d/8s8p7d	28	22,12	5e7
86	Rn	1s-5s 2p-5p 3d-4d 4f	6s6p5d/7s7p6d/8s8p7d	28	22,12	5e7
87	Fr	1s-5s 2p-5p 3d-4d 4f	7s6p5d/8s7p6d/9s8p7d	30	24,14	5e7
88	Ra	1s-5s 2p-5p 3d-4d 4f	7s6p5d/8s7p6d/9s8p7d	30	24,14	5e7
89	Ac	1s-6s 2p-5p 3d-5d 4f	7s6p5d/8s7p6d/9s8p7d	30	24,14	5e7
90	Th	1s-6s 2p-6p 3d-5d 4f	7s7p6d5f/8s8p7d6f/9s8p8d7f	30	24,14	5e7
91	Pa	1s-6s 2p-6p 3d-5d 4f	7s7p6d5f/8s8p7d6f/9s8p8d7f	30	24,14	5e7
92	U	1s-6s 2p-6p 3d-5d 4f	7s7p6d5f/8s8p7d6f/9s8p8d7f	30	24,14	5e7
93	Np	1s-6s 2p-6p 3d-5d 4f	7s7p6d5f/8s8p7d6f/9s8p8d7f	30	24,14	5e7
94	Pu	1s-6s 2p-6p 3d-5d 4f	7s7p6d5f/8s8p7d6f/9s8p8d7f	30	24,14	5e7
95	Am	1s-6s 2p-6p 3d-5d 4f	7s7p6d5f/8s8p7d6f/9s8p8d7f	30	24,14	5e7
96	Cm	1s-6s 2p-6p 3d-5d 4f	7s7p6d5f/8s8p7d6f/9s8p8d7f	30	24,14	5e7
97	Bk	1s-6s 2p-6p 3d-5d 4f	7s7p6d5f/8s8p7d6f/9s8p8d7f	30	24,14	5e7
98	Cf	1s-6s 2p-6p 3d-5d 4f	7s7p6d5f/8s8p7d6f/9s8p8d7f	30	24,14	5e7
99	Es	1s-6s 2p-6p 3d-5d 4f	7s7p6d5f/8s8p7d6f/9s8p8d7f	30	24,14	5e7
100	Fm	1s-6s 2p-6p 3d-5d 4f	7s7p6d5f/8s8p7d6f/9s8p8d7f	30	24,14	5e7
101	Md	1s-6s 2p-6p 3d-5d 4f	7s7p6d5f/8s8p7d6f/9s8p8d7f	30	24,14	5e7
102	No	1s-6s 2p-6p 3d-5d 4f	7s7p6d5f/8s8p7d6f/9s8p8d7f	30	24,14	5e7
103	Lr	1s-6s 2p-6p 3d-5d 4f	7s7p6d5f/8s8p7d6f/9s8p8d7f	30	24,14	5e7

　　这个基函数定义数据库的发展是一个长期和演化的过程,在这个过程中不断有新的想法加入。注意到虽然数据库包含直到 $Z = 103$ 的定义,但是这并不意味着从氢到铹的所有原子都经过同样严格的测试。进一步来说,在默认的数据库中许多较重的元素没有包含重要的物理效应,例如相对论性。因此,将这些元素包含在默认数据库内,它们更应该被看作是为了进一步的发展先占个地方,而不是已经建立了完整的可以普遍应用的定义。

附录 B 初始原子势函数数据库

如附录 A 的开头所述,基组的选择至关重要并且是一个特定量子力学电子结构方法的决定性特征。无独有偶,同样重要的是如何定义电子势函数。在 OLCAO 方法中势函数是有效势,该有效势可以被描述为包括电子-电子、电子-核以及交换关联项在内的以原子为中心的高斯函数的求和。使用高斯函数形式的势函数有许多优点。所有的(包括势函数和基函数的)多中心积分都可以用有效的解析表达式计算出来。有可能仅需计算一次势函数中每一项所有必要的多中心相互作用积分,然后在自洽迭代中简单地通过单独改变每一项的系数来更新势函数。如果电荷密度用具有不同系数的同样的高斯函数来表示,那么可以极大地减少需要计算的多中心积分总数。这些特征促使 OLCAO 方法特别适合于计算大的复杂体系的性质。本附录详细地描述了 OLCAO 版本中数据库提供的每一个元素默认的 OLCAO 势函数的特征。

如同附录 A 中描述的基组,对于势函数存在一个至关重要的复杂性。不能通过修改单个参数来系统地提高势函数的精确性。简单地增加更多的项或者增加项的范围并不一定能提高计算结果的精度。定义势函数有三个参数:最小和最大高斯指数系数(α_{min},α_{max})以及元素势函数中项的数目 N_{pot}。在 OLCAO 方法的早期时候除了经验、物理直觉以及可以和实验数据比较的实际计算结果,并没有其他方式来指导参数的选择。最近在鉴别势函数品质好坏方面用一个更加直接的方式将这个问题某种程度解决了。如 4.10 节所述,有可能把 OLCAO 与 GULP 连接起来,用总能有限差分的共轭梯度方法对简单晶体的晶胞参数和内坐标进行几何优化。将计算的晶格参数和内坐标与已知实验结果进行对比,从而判断不同势函数定义的优劣。通过这种方式,许多元素势函数都是经过优化的,能够给出令最大数目的不同晶格体系一致的结果。在少数例子中,在不同的晶格体系中有必要用不同的势函数获得最优化的结果,为了同时使两个体系精度最大化而对势能参数取平均值。用这种方式选择的每一种元素势函数可以转移到不同的晶格体系当中,以最小的代价达到计算中最高的整体精度。这也消除了用户对势函数定义稳定性的担心。数据库中提供的默认势函数定义对于通常的使用几乎不需要任何修改并且几乎在所有的情况下都是可靠的、稳定的。然而在准备 OLCAO 输入的时候修改命令行中特定势函数定义的功能依旧是存在的,以便于用户对于一个特定的元素根据测试目的灵

活地改变 $\alpha_{\min}$, $\alpha_{\max}$ 和 N_{pot}。

在表 B.1 中提供了每一种元素在默认数据库中的势函数定义。高斯函数的描述是通过列举每一种元素的高斯函数项数目 N_{pot} 和指数系数 (α) 的最小和最大值给出。正如高斯基组,处于最小和最大项之间的所有中间 α 值按照等比级数的形式增加,等比系数为 $(\alpha_{\max}/\alpha_{\min})^{1/(N-1)}$。对于最大的 α 值,表 B.1 当中使用的标记遵循着在计算工作中的惯例:$5\mathrm{e}4 = 5.0 \times 10^4$。

势函数遵循着一些显著的趋势,这是由元素周期表中的形式决定的。周期表当中同一族的原子倾向于具有相似的化学行为,因此同一族的原子将倾向于有相似的势函数。对于周期表第一族元素的原子(最外壳层有一个电子的碱金属原子)$\alpha_{\min}$ 更小意味着势更宽并能达到更远的位置,而靠近周期表最右端的元素(原子更加局域化并且接近闭壳层结构)$\alpha_{\min}$ 要大得多(大约有 3 倍)。每增加一周期 $\alpha_{\max}$ 倾向于近似增加一个量级的大小。随着原子序数 Z 的增大,项的数目倾向于增加,但是这并不与周期表的任何特征明确相关。这些细微的变化是大量测试的结果,并且表现出每一个原子有它自身唯一的特征,我们不应该轻率地把表面相似的原子混为一类。

数据库中势函数定义的发展有一个长期和演化的过程,在这个过程中不断有新的想法加入。存在如附录 A 当中提到的原子基组的同样情况,需要反复考虑。虽然数据库中包含直到 $Z = 103$ 的原子势函数的定义,这并不意味着从氢到铹的所有原子经过同样严格水平的测试。进一步来说,默认数据库中许多重元素缺乏重要物理效应的纳入,例如相对论性效应。因此,虽然这些重元素的势函数定义包含在数据库内,它们更应该被认为是为未来的发展占个位置,而不是作为已经完善的可以普遍应用的定义。

表 B.1 各元素原子势函数定义数据库

Z	Name	N_{pot}	Min α	Max α
1	H	6	0.2	1e3
2	He	10	0.3	1e3
3	Li	16	0.1	1e6
4	Be	16	0.2	1e6
5	B	16	0.2	1e6
6	C	16	0.2	1e6
7	N	16	0.25	1e6
8	O	16	0.3	1e6
9	F	16	0.3	1e6
10	Ne	16	0.3	1e6
11	Na	16	0.1	1e6
12	Mg	16	0.15	1e6

Z	Name	N_{pot}	Min α	Max α
13	Al	16	0.15	1e6
14	Si	20	0.15	1e6
15	P	20	0.15	1e6
16	S	20	0.2	1e6
17	Cl	20	0.25	1e6
18	Ar	20	0.3	1e6
19	K	20	0.08	1e6
20	Ca	22	0.08	1e6
21	Sc	22	0.135	1e6
22	Ti	22	0.15	1e7
23	V	22	0.15	1e7
24	Cr	22	0.15	1e7
25	Mn	23	0.15	1e7
26	Fe	23	0.15	1e7
27	Co	22	0.15	1e7
28	Ni	27	0.15	1e7
29	Cu	27	0.15	1e7
30	Zn	26	0.12	1e7
31	Ga	25	0.15	1e7
32	Ge	24	0.1	1e7
33	As	21	0.2	1e7
34	Se	23	0.22	1e7
35	Br	24	0.25	1e7
36	Kr	26	0.3	1e7
37	Rb	26	0.1	1e7
38	Sr	24	0.1	1e7
39	Y	24	0.15	1e7
40	Zr	26	0.1	1e7
41	Nb	26	0.15	1e7
42	Mo	26	0.15	1e7
43	Tc	26	0.15	1e7
44	Ru	26	0.15	1e7
45	Rh	26	0.15	1e7
46	Pd	26	0.15	1e7
47	Ag	26	0.15	1e7
48	Cd	28	0.15	1e7
49	In	32	0.12	1e8
50	Sn	34	0.15	1e8
51	Sb	34	0.1	1e8

Z	Name	N_{pot}	Min α	Max α
52	Te	34	0.1	1e8
53	I	34	0.25	1e8
54	Xe	34	0.3	1e8
55	Cs	32	0.1	1e8
56	Ba	31	0.1	1e8
57	La	32	0.15	1e8
58	Ce	32	0.15	1e8
59	Pr	32	0.15	1e8
60	Nd	32	0.15	1e8
61	Pm	32	0.15	1e8
62	Sm	32	0.15	1e8
63	Eu	32	0.15	1e8
64	Gd	32	0.15	1e8
65	Tb	32	0.15	1e8
66	Dy	32	0.15	1e8
67	Ho	32	0.15	1e8
68	Er	32	0.15	1e8
69	Tm	32	0.15	1e8
70	Yb	31	0.15	1e8
71	Lu	35	0.15	1e8
72	Hf	38	0.15	1e8
73	Ta	42	0.15	1e8
74	W	50	0.15	1e8
75	Re	42	0.15	1e8
76	Os	42	0.15	1e8
77	Ir	42	0.15	1e8
78	Pt	42	0.15	1e8
79	Au	40	0.15	1e8
80	Hg	42	0.15	1e8
81	Tl	42	0.15	1e8
82	Pb	42	0.15	1e8
83	Bi	40	0.15	1e9
84	Po	42	0.15	1e9
85	At	42	0.15	1e9
86	Rn	42	0.2	1e9
87	Fr	42	0.1	1e9
88	Ra	42	0.1	1e9
89	Ac	42	0.1	1e9
90	Th	42	0.15	1e9

Z	Name	N_{pot}	Min α	Max α
91	Pa	42	0.15	1e9
92	U	42	0.15	1e9
93	Np	42	0.15	1e9
94	Pu	42	0.15	1e9
95	Am	42	0.15	1e9
96	Cm	42	0.15	1e9
97	Bk	42	0.15	1e9
98	Cf	42	0.15	1e9
99	Es	42	0.15	1e9
100	Fm	42	0.15	1e9
101	Md	42	0.15	1e9
102	No	42	0.15	1e9
103	Lr	42	0.15	1e9

附录 C OLCAO 程序组执行模型

C.1 介　　绍

　　本附录将对 OLCAO 计算软件包做一个引导性介绍，但是很难对复杂的内部信息做太深入的介绍。对于希望更深入了解软件包、通过对软件做修改以适应特定问题、或者希望与其他程序结合使用的用户，我们争取对整个软件包做更全面的概述以方便他们找到相应的部分。OLCAO 软件以某种 *ad hoc*（即时）方式和学术环境一起经历了多年的发展，然而，最近几年为了消除不一致做了一些协调的努力，改进了接口和集成、整合功能。多年努力的结果产生了一个用户更友好、更强大的软件包。依然存在相当大的复杂性，因为其遗留下来的问题以及其应用于数千个原子复杂体系的目标，所以开发工作仍在进行中。但是，OLCAO 软件包已经很清楚地登上一个舞台，我们相信它可以也应该受到更广泛的关注。

　　OLCAO 套件包括三部分，都依赖于命令行界面。这三部分被确认为输入生成、程序执行和结果分析。输入生成部分是围绕一个框架输入文件的概念和一个叫做"makeinput"的输入生成脚本建立起来的。程序执行部分以一个命令行脚本为中心，"olcao"，运行一个可执行 Fortran 90 程序序列来计算一个特定要求的结果。结果分析部分本身包括大量的脚本和程序，以各种各样的方法来辅助计算数据的汇总、组织和显示。数据绘制的实际显示通常由免费的第三方软件获得，如 gnuplot、OpenDX，或者通过具有专利权的但是很流行的程序获得，如 Origin。许多结果分析的脚本将特别为这些画图程序准备好数据。OLCAO套件的这几个方面（准备，执行和分析）将在下面三节做更具体的介绍。

C.2 输 入 生 成

OLCAO 软件包的输入文件从整体上来说是比较大和比较复杂的,但是它可以在输入生成脚本"makeinput"的帮助下从更简单的形式(被称作框架输入文件)导出,后面将会讨论。顾名思义,这个框架输入文件在形式和内容上都是简化的。它只描述体系进行计算时最必不可少的部分。框架文件的名称是"olcao.skl",并且严格遵守改编自 GULP 程序(由 Julian Gale 开发)的一行接着一行的格式,如表 C.2.1 所示。这个文件包括关键词/值以及关键字段定义,它遵循简单但是严格的次序。尽管框架文件遵循严格的格式,但是它也足够灵活可以适应非常宽范围的原子体系,包括复杂晶体,含有微观结构和缺陷的模型,非晶材料,包含表面的模型,以及孤立的分子体系。

表 C.2.1 olcao.skl 框架输入文件格式规范

Keyword	Value	Comments
"title"	None	Start of title section.
None for arbitrary number of lines.	Title, comments, and description of the input file contents.	Use any number of lines until the "end" keyword.
"end"	None	Ends the title section.
"cell"or"cellxyz"	None	Start of the cell definition section.
If "cell" next 2 lines：	$a\ b\ c\ \alpha\ \beta\ \gamma$ $(abc)_1 (xyz)_1 (abc)_2 (xyz)_2$	Define the unit cell in magnitude/angle form with all values in angstroms and degrees. Also define relative orientation of a,b,c axes to x,y,z axes.
If "cellxyz"next 3 lines：	a_x, a_y, a_z b_x, b_y, b_z c_x, c_y, c_z	Define the unit cell in Cartesian vector format with all values in angstroms.
"frac"or"cart"	Integer number of atoms listed (N_a).	Number of atoms listed in the file and the form(fractional or Cartesian)of their coordinates.
None for next N_a lines.	Element abbreviation, optional species number, and atomic coordinates in chosen form.	Examples： Si 0.000 0.000 0.000 O7 0.5 0.5 0.5
"space"	Space group designation.	Number or Hermann-Mauguin name in ASCII form.

续表

Keyword	Value	Comments
"supercell"	Integer numbers C_a C_b C_c.	Number of cells to replicate in each of the a,b,c directions.
"prim"or"full"	None	Based on cell defined by "cell" line above. "full" uses given cell. "prim" converts given cell to a primitive cell if possible. Does not convert primitive cells into full cells.

　　表 C.2.2 是氟磷灰石的框架输入文件的示例。这个框架输入文件是根据标题部分所提到期刊中的信息手动输入的,但是也有很多其他的方法生成框架文件。在线数据库例如蛋白质数据库(Protein Data Bank)或者晶体开放数据库(Cry stallgraphy Open Database)可以作为信息源并通过 OLCAO 软件包里的 pdb2skl 和 cif2skl 自动脚本转化为框架格式。一旦生成也有很多方法用来操纵该文件的内容,以强大而且自动的方式,例如通过 OLCAO 软件包里的 modStruct Perl 脚本。对于更复杂的体系如何产生框架输入文件超出了这里的工作范围,属于体系建模的范畴。

表 C.2.2　氟磷灰石的 olcao.skl 框架输入文件

title
Fluorapatite(FAP),from J. Y. Kim,R. R. Fenton,B. A. Hunter,and B.J. Kennedy, Aust. J. Chem,53,679(2000).
This is a perfect crystal.
end
cell
9.3475　9.3475　6.8646　90.0　90.0　120.0
1 1 2 2
frac 7

Ca1	core	0 3333333333	0.6666666667	0.0011000000
Ca2	core	0.2390000000	−0.0114000000	0.2500000000
P	core	0.3964000000	0.3700000000	0.2500000000
O1	core	0.3259000000	0.4852000000	0.2500000000
O2	core	0.5909000000	0.4695000000	0.2500000000
O3	core	0.3380000000	0.2552000000	0.0707000000
F	core	0.0000000000	0.0000000000	0.2500000000

space 176
supercell 1 1 1
prim

　　一旦所需的框架文件生成,通过 makeinput 脚本将框架文件转化成可以进行 OLCAO 计算的输入文件。这个过程被设计成一个相对简单的黑盒子型的任务,即使是对大的复杂体系。但是有效地利用 makeinput 脚本功能要求对其内部细节以及高级选项有一定的了解。因为这是一个不断发展的过程,对于详细信息的获得,最可靠的和及时的来源是当前版本的 OLCAO 手册,以及脚本本身附带的内部文档。在本附录中给出了核心信息,这有助于读者建立最初理解并为其更进一步的探究提供基础。与 makeinput 脚本相关的关键的输入文件、输出文件、命令行参数、数据库在图 C.2.1 中以一个示意性的非全面性的方式给出,文件用椭圆形表示,数据库用六边形表示,命令行参数由十字箱形表示。最底部的输出文件,是运行 OLCAO 计算的必需部分。左边的输出文件用于记录保存和结构分析。makeinput 脚本需要访问四个数据库,框架文件作为输入在最顶部。右边是命令行选项,用来强有力地控制输出文件的内容。例如进行 XANES/ELNES 计算的命令行参数可以在特定的子目录中产生多组输入文件,在这些子目录中每组输入内容属于一大组具体的原子或者原子类型。图中仅显示了 OLCAO 作为一个黑盒子对用户有用的方面。这个示意图既不包括 makeinput 所有的命令行选项,也不能显示 makeinput 产生的所有文件(尤其是一些中间文件,或者由高级选项产生的文件)。对所有选项更具体的描述超过这里的讨论范围。但是,它们可以通过在线手册了解,也可以利用"-help"选项发出脚本命令来查阅。表 C.2.3 是各种常见情况下 makeinput 脚本调用示例的简短汇总。

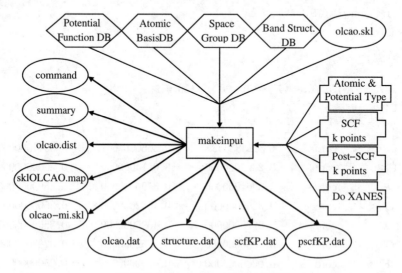

图 C.2.1　makeinput 脚本示意图

　　makeinput 脚本的某些输出文件值得对其内容和结构做一些解释,因为它们几乎在所有的 OLCAO 计算中都被用到。熟悉这些文件是有效应用OLCAO

的基础。这些文件是 k 点文件、结构文件、势文件，以及主输入数据文件。根据 makeinput 的命令行选项，有两个 k 点文件（kp-scf. dat 和 kp-pscf. dat）很可能分别用于定义一个 OLCAO 计算的自洽（SCF）和 post-SCF（PSCF）部分不同的 k 点网格。这些网格遵循 Monkhorst-Pack 的方式。具体的 k 点文件见表 C.2.4。

表 C.2.3 各种典型的 OLCAO 输入文件产生方式的 makeinput 命令行示例

Command	Effect
makeinput -cif	Produce input files with 1 general k point for both SCF and post-SCF parts. Also produce a crystallographic information file for visualizing the crystal structure in a third party program
makeinput -kp 2 3 4	Use a k point mesh of $2\times3\times4$ for both SCF and post-SCF parts (Used e. g. for a complex perfect crystal)
makeinput -scfkp 1 1 1 -pscfkp 3 3 3 -reduce	Use a Γ k point for the SCF part and a $3\times3\times3$ mesh for the post-SCF part. Reduce the number of potential types(Used e. g. , for a large molecule or defect containing system)
makeinput -scfkp 1 1 1 -pscfkp 3 3 3 -xanes	Use k points as above and prepare separate input for XANES computation of one atom of each non-equivalent elemental species
makeinput -scfkp 1 1 1 -pscfkp 3 3 3 -xanes -atom 1..5 11	Use k points as above and prepare separate input for XANES computation of atoms 1, 2, 3, 4, 5, and 11

表 C.2.4 k 点输入文件的结构和内容: kp-scf. dat 和 kp-pscf. dat。每一个对应于 OLCAO 的 scf 和 post-scf 部分的 k 点文件，以倒易空间 a, b, c 坐标列出（通常称作 b_1, b_2, b_3）

Line Number	Content
1	Tag: "NUM_BLOCH_VECTORS"
2	Integer number of k points. (N_k)
3	Tag: "NUM_WEIGHT_KA_KB_KC"
Each of the next N_k lines contains the following space separated content.	Index number
	k point weighting factor(Sum of all weights = 2)
	k point coordinate in reciprocal lattice a vector(b_1)
	k point coordinate in reciprocal lattice b vector(b_2)
	k point coordinate in reciprocal lattice c vector(b_3)

　　结构文件，命名为 structure. dat，定义了晶格参数和列出了每个原子和势

能的位置数据。位置数据包括序号,区分与哪一个原子或者势能类型关联,原子单位制下位置的笛卡儿坐标,以及该位置原子的元素种类。对于结构文件更具体的描述见表 C.2.5。

表 C.2.5　structure.dat 输入文件的结构和内容。每个原子和势位置的笛卡儿坐标根据元数据列出

Line Number	Content
1	Tag:"CELL_VECTORS"
2	Lattice vector a in x,y,z Cartesian components
3	Lattice vector b in x,y,z Cartesian components
4	Lattice vector c in x,y,z Cartesian components
5	Tag:"NUM_ATOM_SITES"
6	Integer number for number of atomic sites(N_a)
7	Tag:"NUM_TYPE_X_Y_Z_ELEM"
	Integer index number
	Atomic type number
Each of the next N_a lines contains the following space separated content.	Cartesian x coordinate
	Cartesian y coordinate
	Cartesian z coordinate
	Element abbreviation
$8 + N_a$	Tag:"NUM_POTENTIAL_SITES"
$9 + N_a$	Integer number for number of potential sites(N_p)
$10 + N_a$	Tag:"NUM_TYPE_X_Y_Z_ELEM"
	Integer index number
Each of the next N_p lines contains the following space separated content.	Potential type number
	Cartesian x coordinate
	Cartesian y coordinate
	Cartesian z coordinate
	Element abbreviation

　　势文件,命名为 scfV.dat,包含 OLCAO 所用电子势的描述,它是原子中心高斯函数和。在 OLCAO 方法中,电荷密度也被设置成原子中心高斯函数,这里用同样的高斯函数作为势函数,但是具有不同的系数。scfV.dat 文件包括总电荷密度、价电荷密度以及自旋电荷密度差对应的系数,以供参考。最初,在 SCF 迭代之前,三个电荷密度值都为零。在 SCF 迭代之后收敛的势和电荷密度的系数被写入与 scfV.dat 具有相同结构的文件,但文件名称有一点不同(具

体内容见附录 C.3）。最初的零值电荷密度系数不是问题，因为 SCF 的循环起始于初始的势能并在 SCF 循环之后的步骤派生出电荷密度，并且不依赖于任何的初始电荷密度值。势文件的形式和内容在表 C.2.6 中有具体的描述。

表 C.2.6　scfV.dat 势文件的结构和内容。根据势的类型按次序给出势函数的每一项。总电荷密度、价电荷密度以及自旋电荷密度差包含在势文件中，初始设置均为零，但是在 SCF 收敛之后生成同样结构的新文件，包含电荷密度数据

Line number	Content
1	Tag："NUM_TYPES"：Integer number for number of potential types.
2	Integer number for the number of terms in the first type(N_{terms}).
Each of the next N_{terms} lines contains the following space separated content.	Coefficient for the potential Gaussian of this term Exponential α for the Gaussian of this term Coefficient for the total charge density Gaussian Coefficient for the valence charge density Gaussian Coefficient for the spin charge density difference
Remaining Lines	Repeat content of lines 2 through N_{terms} of each type for each potential type.

　　主输入数据文件，称作 olcao.dat，可以分为一个标题前缀和三个主要部分。图 C.2.7 展示了标题前缀的形式。第一部分定义了体系的原子类型的基函数。第二部分帮助定义体系势能类型的势函数。最后一部分包含一组程序参数来控制计算中每一步的行为（例如，收敛标准，高斯相互作用截断值，态密度和键级计算的输出形式等）。这三部分在表 C.2.8、C.2.9 和 C.2.10 中分别给予了详细介绍，而表 C.2.11 给出了一个主输入数据文件的实例。

表 C.2.7　olcao.dat 标题前缀的形式

Line number	Content
1	Tag："TITLE"
Next N_t Lines	Name，source，and any other description for this system on any number of lines（N_t）.
$2+N_t$	Tag："END.TITLE"

表 C.2.8　olcao.dat 输入文件第一部分的结构和内容

Section line #	Content
1	Tag："NUM_ATOM.TYPES".
2	Integer number of atomic types(N_{at}).

Section line#	Content
3	Tag:"ATOM_TYPE_ID_SEQUENTIAL_NUMBER".
4	Integer element ID number. Integer atomic species ID number within the associated element ID group. Integer atomic type ID number within the associated species ID group. Integer atomic type ID number ordered sequentially for all system types.
5	Tag:"ATOM_TYPE_LABEL".
6	Character string uniquely identifying this atomic type. It is a concatenation of the element name, species ID number, and the type ID number.
7	Tag:"NUM_ALPHAS_S_P_D_F".
8	Four integer numbers indicating the number of Gaussian functions that atomic orbitals of each angular momentum quantum number will use in their expansion. The list is ordered (s,p,d,f) and the number of Gaussians must be decreasing. The largest number of Gaussian functions is called N_a.
9	Tag:"ALPHAS"
Next $N_a/4$ lines	Coefficients in the Gaussian exponents at a rate of 4 per line.
$10 + N_a/4$	Tag:"NUM_CORE_RADIAL_FNS"
$11 + N_a/4$	Three integer numbers indicating the number of atomic orbitals that are designated as core orbitals for each of the three basis cases: minimal, full, and extended.
$12 + N_a/4$	Tag:"NL_RADIAL_FUNCTIONS"
$13 + N_a/4$	Two integer numbers. The first integer indicates the number of components associated with this particular atomic orbital. In non-relativistic calculations, each atomic orbital has only one component. The second integer is a code identifying which basis sets this atomic orbital should be used for: 1 = MB,FB,EB;2 = FB,EB;3 = EB.
$14 + N_a/4$	Five integer numbers. The first integer is the n quantum number, the second is the l quantum number, the third is 2 * the j quantum number, the fourth is the number of electron states in this atomic orbital, and the fifth and last is an index number identifying the current component.
Next $N_a/4$ lines	Coefficients of the Gaussian functions at a rate of 4 per line. Repeat from tag NL_RADIAL_FUNCTIONS for remaining core radial basis functions. Repeat from tag NUM_CORE_RADIAL-FNS except with"VALE"instead of"CORE"for all the valence orbitals. Repeat from tag ATOM_TYPE_ID_SEQUENTIAL_NUMBER for all remaining atomic types.

表 C.2.9 olcao.dat 输入文件第二部分的结构和内容。这一部分处理势函数的表示

Section Line#	Content
1	Tag: "NUM_POTENTIAL_TYPES"
2	Integer number of potential types(N_{pot})
3	Tag: "POTENTIAL_TYPE_ID_SEQUENTIAL_NUMBER"
4	Integer element ID number. Integer potential species ID number within the associated element ID group. Integer potential type ID number within the associated species ID group. Integer potential type ID number ordered sequentially for all system types.
5	Tag: "POTENTIAL_TYPE_LABEL"
6	Character string uniquely identifying this potential type. It is a concatenation of the element name, species ID number, and the type ID number.
7	Tag: "NUCLEAR_CHARGE_ALPHA"
8	Two real numbers. The first is the nuclear charge for this potential type and the second is the exponential coefficient in the Gaussian function used to model the nuclear charge distribution.
9	Tag: "COVALENT_RADIUS"
10	Real number representing a cutoff distance in atomic units for controlling different sampling rates of the spherical mesh for the exchange-correlation potential evaluation.
11	Tag: "NUM_ALPHAS"
12	Integer number of Gaussian functions for this potential type.
13	Tag: "ALPHAS"
14	Two real numbers representing the minimum and maximum valued coefficients in the exponential Gaussian terms. Repeat from tag POTENTIAL_TYPE_ID_SEQUENTIAL_NUMBER for all remaining potential types.

表 C.2.10 olcao.dat 输入文件第三部分的结构和内容。这一部分处理 OLCAO 每个独立程序的控制参数

Section Line#	Content
1	Tag:"NUM_ANGULAR_SAMPLE_VECTORS"
2	Integer indicating the number of rays that are used to define the radial mesh for numerical exchange-correlation evaluation.
3	Tag:"WTIN_WTOUT"
4	Two real numbers that call be used to apply different weights to separate regions of the atom centered spherical mesh that is used for numerically evaluating the charge density.
5	Tag:"RADIAL_SAMPLE-IN_OUT_SPACING"
6	Three real numbers that define different regions in the atom centered spherical mesh and also define the degree to which points in the mesh should be separated.
7	Tag:"SHARED_INPUT_DATA"
8	Tag:"BASIS_FUNCTION_AND_ELECTROSTATIC_CUTOFFS"
9	Two real numbers used to define the maximum range beyond which certain calculations are deemed to be negligible
10	Tag:"NUM_STATES_TO_USE"
11	Three integers, one each for the three basis set choices, that define the number of states to record in the solid state wave function.
12	Tag:"NUM_ELECTRONS"
13	Integer number of valence electrons in the system.
14	Tag:"THERMAL_SMEARING_SIGMA"
15	Real number in units of eV that defines the temperature to use for the purpose of thermal smearing of the electron distribution in states near the top of the valance band or Fermi level. Note:1 eV = 11604.505 K.

表 C.2.11　晶态硅 olcao.dat 输入文件的例子。olcao.dat 输入文件可以通过 makeinput 脚本处理 olcao.skl 文件自动生成

TITLE
Crystalline Silicon
END_TITLE

NUM ATOM_TYPES
1
ATOM_TYPE_ID_SEQUENTIAL_NUMBER
1 1 1 1
ATOM_TYPE_LABEL
sil_1
NUM_ALPHA_S_P_D_F
　21　21　12　0
ALPHAS

0.12000000E + 00	0.24562563E + 00	0.50276626E + 00	0.10291023E + 01
0.21064492E + 01	0.43116493E + 01	0.88254299E + 01	0.18064598E + 02
0 36976070E + 02	0.75685587E + 02	0.15491933E + 03	0.31710133E + 03
0.64906844E + 03	0.13285654E + 04	0.27194143E + 04	0.55663154E + 04
0.11393581E + 05	0.23321296E + 05	0.47735901E + 05	0.97709673E + 05
0.20000000E + 06			

NUM_CORE_RADIAL_FNS
　3　3　3
NL_RADIAL_FUNCTIONS
　1　1
　1　0　0　2　1

0.20224320E − 05	− 0.11772981E − 04	0.31599443E − 04	− 0.13701126E − 04
0.37771061E − 03	− 0.10203811E − 01	− 0.71772721E + 00	− 0.51621824E + 01
− 0.12488962E + 02	− 0.16727944E + 02	− 0.16426865E + 02	− 0.13599426E + 02
0.10441508E + 02	− 0.74813896E + 01	− 0.55293424E + 01	− 0.35667066E + 01
0.30769484E + 01	− 0.11888129E + 01	− 0.23798723E + 01	0.53238664E + 00
0.20168466E + 00			

　1　1
　2　0　0　2　1

− 0.22356584E − 04	0.11125771E − 03	− 0.47126646E − 01	− 0.66130559E + 00
− 0.21788738E + 01	− 0.25458103E + 01	− 0.39283300E + 00	0.31156516E + 01

续表

$0.53931962E+01$	$0.56617663E+01$	$0.49543957E+01$	$0.38194257E+01$
$0.28633595E+01$	$0.20038244E+01$	$0.14823704E+01$	$0.94324913E+00$
$0.82064362E+00$	$0.31227729E+00$	$0.63283812E+00$	$-0.14222559E+00$
$0\ 53480044E+00$			

```
1  1
2  1  2  6  1
```

$0.23836036E-04$	$0.16174360E-03$	$0.36515487E-01$	$0.47477314E+00$
$0.22563512E+01$	$0.57962046E+01$	$0.10072202E+02$	$0.12917543E+02$
$0.12677324E+02$	$0.11158363E+02$	$0.85836697E+01$	$0.65469523E+01$
$0.45883788E+01$	$0.33947580E+01$	$0.22318523E+01$	$0.17309191E+01$
$0.10389629E+01$	$0.88798721E+00$	$0.51251153E+00$	$0.33127889E+00$
$0.47849771E+00$			

NUM_VALE_RADIAL_FNS
```
2  5  8
```
NL_RADIAL_FUNCTIONS
```
1  1
3  0  0  2  1
```

$0.37025872E+00$	$0.23322659E+00$	$0.42086535E+00$	$-0.78821213E+00$
$-0.89529614E+00$	$-0.11628782E+01$	$0.20862018E-01$	$0.85189985E+00$
$0.17063889E+01$	$0.15883816E+01$	$0.14966144E+01$	$0.10581068E+01$
$0.86184102E+00$	$0.54810327E+00$	$0.44949458E+00$	$0.25332138E+00$
$0.25003675E+00$	$0.79387325E-01$	$0.18916434E+00$	$-0.44924818E-01$
$0.15518037E+00$			

```
1  2
4  0  0  2  1
```

$0.17453941E+01$	$-0.45732442E+01$	$0.39246496E+01$	$-0.31156687E+01$
$0\ 39555762E+01$	$-0.16488301E+01$	$0.20575545E+01$	$-0.23254371E+01$
$-0.22590176E-01$	$-0.22885283E+01$	$-0.33773040E+00$	$-0.14874734E+01$
$-0.14663289E+00$	$-0.84598331E+00$	$-0.19089389E-01$	$-0.45891512E+00$
$0.73193668E-02$	$-0.21301259E+00$	$-0.44098773E-01$	$-0.23137457E-01$
$-0.10131509E+00$			

续表

1 3
5 0 0 2 1

0.15801987E+01	−0.79548674E+01	0.15825594E+02	−0.14367039E+02
0.85486234E+01	−0.95904156E+01	0.62507901E+01	−0.37624179E+01
0.61503130E+01	−0.98817584E+00	0.44093069E+01	−0.55740528E+00
0.26730678E+01	−0.51135219E+00	0.15617856E+01	−0.43586390E+00
0.92130726E+00	−0.33977182E+00	0.55124390E+00	−0.22960266E+00
0.26094514E+00			

1 1
3 1 2 6 1

0.15887642E+00	0.27780095E−01	0.40461519E+00	−0.26664027E+00
−0.30851015E+00	−0.18678203E+01	−0.22243863E+01	−0.35970246E+01
−0.26866326E+01	−0.31620356E+01	−0.15684578E+01	−0.21288180E+01
−0.49373705E+00	−0.14865191E+01	0.20219177E+00	−0.12244133E+01
0.62687306E+00	−0.11368823E+01	0.78705828E+00	−0.83816143E+00
0.28541998E+00			

1 2
4 1 2 6 1

0.44420760E+00	−0.13845441E+01	0.11677417E+01	−0.16812967E+01
0.25108564E+01	−0 46223764E+00	0.49911823E+01	0.80501825E+00
0.60129596E+01	−0.26787827E+00	0.55213897E+01	−0.20843629E+01
0.52328582E+01	−0.36616986E+01	0.55115458E+01	−0.50005205E+01
0.61424202E+01	−0.59814561E+01	0.62383332E+01	−0.50115067E+01
0.28067503E+01			

1 3
5 1 2 6 1

0.37406391E+00	−0.23951077E+01	0.57616585E+01	−0.52938942E+01
0.47099047E+01	−0.88710311E+01	0.23280084E+01	−0.12691675E+02
0.28086294E+01	−0.13230890E+02	0.61766915E+01	−0.13167499E+02
0.98050895E+01	−0.14151231E+02	0.13199527E+02	−0.16117304E+02
0.16307341E+02	−0.17974474E+02	0.17160162E+02	−0.14604605E+02
0.74473568E+01			

```
 1  2
 3  2  4  10  1
```

0.70755268E − 01	− 0.70266486E − 01	0.25497220E + 00	− 0.18933548E + 00
0.61915066E + 00	− 0.46734690E + 00	0.13076032E + 01	− 0.12696668E + 01
0 25083394E + 01	− 0.29564711E + 01	0.39583342E + 01	− 0.29215271E + 01

```
 1  3
 4  2  4  10  1
```

0.93668565E − 01	− 0.43314686E + 00	0.35986475E + 00	− 0.10873779E + 01
0.83694797E + 00	− 0.24137964E + 01	0.21685098E + 01	− 0.48988032E + 01
0.56141398E + 01	− 0.91034396E + 01	0.10123547E + 02	− 0.87905870E + 01

NUM_POTENTIAL_TYPES

1

POTENTIAL_TYPE_ID_SEQUENTIAL_NUMBER

 1 1 1 1

POTENTIAL_TYPE_LABEL

si1_1

NUCLEAR_CHARGE__ALPHA

14.000000 20.000000

COVALENT_RADIUS

1.000000

NUM_ALPHAS

16

ALPHAS

1.500000e − 01 1.000000e + 06

NUM_ANGULAR_SAMPLE_VECTORS

100

WTIN_WOUT

0.5 0.5

RADIAL_SAMPLE-IN_OUT_SPACING

0.1 3.5 0.8

SHARED_INPUT_DATA

BASISFUNCTION_AND_ELECTROSTATIC_CUTOFFS

 1.00000000E − 16 1.00000000E − 16

NUM_STATES_TO_USE

8 20 20

NUM_ELECTRONS

8

THERMAL_SMEARING_SIGMA

0 0

MAIN_INPUT_DATA

LAST_ITERATION

50

CONVERGENCE_TEST

0.0001

CORRELATION_CODE

1

FEEDBACK_LEVEL

2

RELAXATION_FACTOR

0.2

EACH_ITER_FLAGS_TDOS

0

NUM_SPLIT_TYPES__DEFAULT_SPLIT

0 0.01

TYPE_ID_SPIN_SPLIT_FACTOR

PDOS_INPUT_DATA

　0.01 0.1　! PDOS Delta Energy, PDOS sigma broadening

　 − 30 30　 ! PDOS EMIN and EMAX

　0　　　　 ! Flag for all atom PDOS

BOND_INPUT_DATA

　3.5　! MAXIMUM BOND LENGTH

　1　　! Flag for all atom BOND

SYBD_INPUT_DATA

　7,300,0　　　　! IF IFSYK = 1, READ: #SYMMETRY K, #K GENERATED, IFCAR

　0.0 0.0 0.0　! GAMMA

　0.5 0.0 0.5　! $X = (0.0, 1.0, 0.0) * 2 * PI/A$

　0.5 0.25 0.75　! $W = (0.25, 1.0, 0.0) * 2 * PI/A$

　0.5 0.5 0.5　! $L = (0.5, 0.5, 0.5) * 2 * PI/A$

　0.0 0.0 0.0　! GAMMA

　0.375 0.375 0.75! $K = (0.75, 0.75, 0.0) * 2 * PI/A$

　0.5 0.5 1.0　　! $X' = (1.0, 1.0, 0.0) * 2 * PI/A$

PACS_INPUT_DATA

　0　　　　　! Excited atom number

　0.01 0.5　! PACS delta Energy, PACS sigma factor

　5 50　　　! Energy slack before onset, energy window

```
0      ! Number of possible core orbitals to excite
OPTC_INPUT_DATA
45     ! OPTC energy cutoff
100    ! OPTC energy trans
0.01   ! OPTC delta energy
0.1    ! OPTC broadening
SIGE_INPUT_DATA
5      ! SIGE energy cutoff
0.3    ! SIGE energy trans
0.001! SIGE delta energy
0.1    ! SIGE broadening
WAVE_INPUT_DATA
10 10 10              ! a,b,c♯ of mesh points
 -100000.0 100000.0  ! min,max range of energy
0                    ! 0 = Psi^2;1 = Rho
1                    ! 1 = 3D + 1D;2 = 3D;3 = 1D.
END_OF_DATA
```

C.3 程序执行

在 OLCAO 方法中进行量子力学计算主要是通过一个称作 olcao 的 Perl 脚本来实现的。这个脚本会根据给定的命令行选项执行 Fortran90 程序序列。每一个 Fortran90 程序都需要它自己的命令行参数、输入输出文件的管理及其运行的记录保存。虽然根据标准的 UNIX 命令可以手动地执行这些任务,但 olcao 脚本将会自动地考虑每一个 Fortran 90 程序的所有问题,以使一次性使用脚本就足够去完成一个特定的计算(例如,命令"olcao-dos"就足够去计算给定体系的总态密度和分态密度)。如果存在之前计算的任何一部分输出文件,这个脚本将会检测并避免复制那部分。在这个意义上,olcao 程序有一个内置的粗略但有效的检测指针方案。图 C.3.1 显示了 olcao 脚本的运行示意图,来说明它的命令行选项和它产生的输出。和在图 C.2.1 中一样,文件由椭圆表示,命令行参数由十字箱表示。OLCAO 输入和输出文件的设置根据命令行选项特定的计算要求,这将在后面详细介绍。可以分别对 SCF 和 PSCF,独立地选择采用最小基组、完全基组或扩展基组。计算可以根据测试目的选择 Fortran 90 二进制备用基组。计算可以被定义为自旋极化或自旋简并的,并且

可以指定精确的计算类型(例如能态密度、能带结构和光学性质等)。表 C.3.1
给出了调用 olcao 脚本的范例集合,展示了每一种类型的计算需求和一些其他
的可能选项。

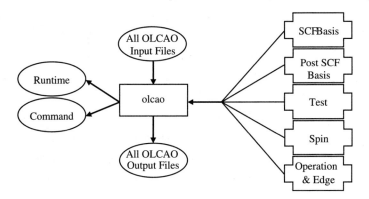

图 C.3.1　OLCAO 脚本示意图

表 C.3.1　"olcao"命令的例子。olcao 脚本的命令行选项以典型的虚线"-"后面跟着一
　　　　个短的单词。一些需要参数(如-scf 和-olcao)而其他的选项有可选择的参
　　　　数(例如-wave 可以是单独的,也可以是-wave 1s 要求在 XANES/ELNES 型
　　　　的自洽计算中进行特定激发态的计算)

Command	Effect
olcao	Perform SCF calculation to obtain converged electronic potential function and total energy.
olcao -dos	Perform SCF calculation as above followed by a PSCF calculation of the total and partial DOS.
olcao -dos -scf -olcao MB	As above except with an explicit request to use a minimal basis set instead of the default full basis for SCF and DOS calculations.
olcao -sybd	Perform SCF calculation as above followed by a PSCF calculation of the so-called symmetric band structure. Thi s is the band structure defined by a path among various high symmetry k points in the Brillouin zone.
olcao -bond	Perform SCF calculation as above followed by a PSCF calculation of the bond order and Mulliken effective charge.
olcao -optc	Perform SCF calculation as above followed by a PSCF calculation of the valence band optical properties in terms of the optical conductivity and imaginary part of the frequency dependent dielectric function.
olcao -sige	Perform SCF calculation as above followed by a PSCF calculation of the electrical conductivity.

Command	Effect
olcao-pacs 1s	Perform a ground and excited state SCF calculation followed by a photo. absorption cross section XANES/ELNES calculation for the K edge.
olcao-wave	Perform SCF calculation as above followed by a PSCF calculation to evaluate the wave function or charge density on a numerical mesh.
olcao-test	Perform SCF calculation as above except that an alternate set of executables for testing purposes will be used.
olcao-spinpol-bond	Perform a spin polarized SCF calculation followed by a spin polarized PSCF calculation of the bond order and Mulliken effective charge.
olcao-help	Print a helpful set of instructions on how to use the olcao program.

表 C.3.2 给出了 olcao 脚本使用的 Fortran 90 程序组及其目的。实施
OLCAO 方法的一个关键环节是这个套件被分成 SCF 和 PSCF 两个不同的部
分。在 SCF 部分可以计算很多电子结构性质,然而它仅仅用于获得电子势函数
的 SCF 收敛性表示。这个势函数然后通常用于 PSCF 部分,可以通过增加 k 点
的数目来提高分辨率。这个划分提供了相当大的灵活性,因为 PSCF 部分可以
根据不同的目的、不同的精度(通过改变 k 点)、不同的计算资源(内存和磁盘空
间)需求很快地重复计算。例如,在 OLCAO 方法中起到很重要作用的基组选
择可以在 SCF 和 PSCF 两部分有所不同。SCF 部分通常使用完全基组(FB)
(见附录),而采用马利肯机理的键级和 Q^* 的 PSCF 计算通常使用所谓的最小
基组(MB)。在光学性质的计算中 SCF 部分采用默认的 FB 基组,但是在 PSCF
部分更高的能量激发态使用所谓的扩展基组(EB)计算会更精确。"set up"和
"main"程序是属于 SCF 部分,而所有其他过程都是属于 PSCF 部分。

表 C.3.2　OLCAO 使用的 Fortran 90 程序及其目的

Fortran 90 program	Purpose
setup	Compute multi-center Gaussian integrals for the overlap, kinetic energy, nuclear Coulomb potential, and electronic Coulomb potential for as yet unknown electronic potential coefficients for all k points; Evaluate core charge and cast into Gaussians; Prepare the exchange-correlation mesh; Prepare Ewald summation terms for long range Coulomb interaction.

main	Construct the secular equation from a given set of electronic potential coefficients and evaluate it; Populate the computed electron levels; Fit the electron charge to Gaussians; Evaluate the exchange-correlation energy and potential; Construct a new set of electronic potential function coefficients for the next SCF iteration. Can also be used for properties evaluation such and bond order and density of states.
intg	Compute multi-center Gaussian integrals for the overlap, kinetic energy, nuclear Coulomb potential, electronic Coulomb potential, and optionally momentum matrix elements for a known set of electronic potential coefficients, but undefined set of k points.
band	Construct and evaluate the secular equation for a given set of k points. Can be used to evaluate the symmetric band structure where the k points are chosen as a path between high symmetry points within the Brillouin zone and where explicit evaluation of the wave function states is not necessary.
dos	Evaluate the density of states (DOS) and atom, orbital, and spin—resolved partial DOS (PDOS). Results may be in terms of species or individual atoms. Also obtain the localization index.
bond	Evaluate the bond order between all atomic pairs; Evaluate the effective charge for each atom. Both methods are based on the Mulliken scheme.
optc	Compute transition probabilities between select sets of occupied and unoccupied states. Used for valence band optical properties. XANES/ELNES spectroscopy, and electrical conductivity $\sigma(E)$ calculations.
wave	Evaluate the charge density, specific states of the wave function, or contributions of specific atoms or groups of atoms over a three-dimensional real-space mesh. Can produce data for easy plotting with OpenDX or other visualization programs or styles.

　　基本的命名可以根据以下简单的经验法则来理解。一个原子的最小基组包含所有的占据轨道。完全基组包含最小基组加上一个未占据轨道壳层,扩展基组包含完全基组再加上一个未占据轨道壳层。对于不同的计算这种经验法则可以根据需要而改变,包含更多不同角动量特征的轨道。例如,Si 原子的最小基组包含 1s,2s,3s,2p,3p 轨道。Si 原子的完全基组包含 MB 加上 3s,4p 和 3d 轨道。但是对于损失极小的精度而节省一些计算负担来说,只需包含 3s 和 4p 轨道。

　　OLCAO 套件中的每一个程序与另一个程序有特定的关系,根据一个程序的输出结果确定另一个程序的输入。程序执行的准确顺序取决于要求的计算类型。另外,用于计算的每一个阶段的基组(MB,FB 或 EB)是默认分配的,但是根据脚本命令行给定的选项可以将其覆盖。图 C.3.2 和图 C.3.3 给出了对各种各样的 olcao 脚本选项使用的 Fortran 90 程序的流程图。默认的基组在

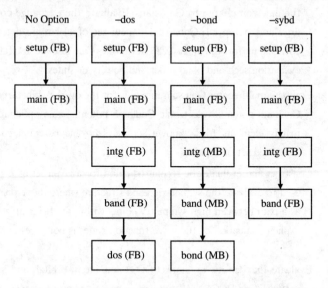

图 C.3.2　对于无选项、-dos、-bond 和-sybd 选项的流程图

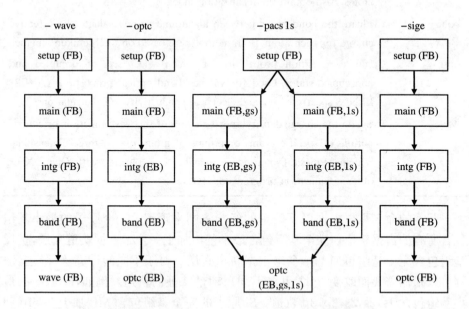

图 C.3.3　对于-wave、-optc、-pacs 和-sige 选项的流程图

括号中显示,MB＝最小基组,FB＝完全基组,EB＝扩展基组。在图 C.3.3 中可以看到一个复杂的因子:为了光吸收截面计算(PACS)进行了一个激发态计算,以获得 XANES/ELNES 光谱。该例子的流程图表明一个 1s 芯电子在第二个

SCF 过程中已经移动到了导带,以产生不同于基态势的一个新的 SCF 势。需要注意的是,在图 C.3.3 PACS 流程图中只显示了 K 边的情况,但是其他边将和这个相似,注意:gs = 基态,1s = K 边激发态。同样重要的是,可以看到 optc 程序负责三种不同类型的计算[价带光学,PACS 和 $\sigma(E)$ 电导率]。

由于有很多输入、输出和结果文件,对于所有 OLCAO 文件自然需要一个简洁明了的命名惯例,以使用户知道每一个文件是怎么产生的,它包含什么内容,它的目的是什么。OLCAO 文件名称的一般形式是 xx_yyyy-zz. aaa. bbb,文件名的每一个部分都被用来帮助描述这个文件的性质。表 C.3.3 详细给出了命名惯例,表 C.3.4 给出了一些例子。这些文件名在接下来的讨论和图片中是正式的命名。自然地,对于命名惯例存在少数的例外,必要时可以就事论事进行处理。

表 C.3.3　计算的 OLCAO 文件的主要命名惯例

Component	Description
xx-yyyy-zz. aaa. bbb	Complete Form
xx	Name prefix defining the core excitation state this file is associated with. Valid values proceed from gs(ground state)to 1s,2s,2p,3s,3p,3d,…
yyyy	Primary name for the nature of the computation that was done to obtain the contents of this file. Valid values are setup, main, scfV,intg, band,sybd. bond,dos,optc,pacs,sige,and wave. Some programs ale responsible for multiple types of output (e. g The Fortran 90 band program produces band and sybd output forms depending on the command line request).
zz	Name suffix defining the basis set used. Valid values are mb,fb,and eb.
aaa	Secondary name used to distinguish different types of computed data from one calculation. From the optc program:elf,epsl,eps2,epsli, cond,and refl. From the dos program:t,p,and li for total and partial DOS and the localization index.
bbb	Suffix used to identify the type of data this file holds. Valid values ale out,dat,plot,dx,hdf5,and raw.

表 C.3.4　OLCAO 计算文件名示例

File name	Description
gs_main-fb. out	Output file for a fun basis ground state SCF calculation.
gs_scfV-fb. dat	Converged potential produced from a ground state SCF calculation.

File name	Description
1s. main. eb. out	Output file for a full basis 1s excited state SCF calculation.
gs_dos-fb. t. plot	Total density of states from the dos program. Can be plotted directly.
gs_dos-fb. p. raw	Partial density of states from the dos program that must be post—processed by the user before plotting.
gs_optc-eb. eps2. plot	Real part of the optical dielectric function containing the total and xx. yy, zz components from the optc program. Can be plotted directly.
gs_sybd-fb. plot	Symmetric band structure from the band program when the—sybd option is given to the olcao script. Can be plotted directly.

olcao 脚本运行的每一个 Fortran 90 程序需要特定的输入文件和命令行参数。每一个程序产生特定需要的输出文件和其他临时根据命令行参数的选择性输出文件。图 C.3.4～C.3.11 展示了由 olcao 脚本管理的每一个 Fortran 90 程序的输入文件、输出文件、选择性输出文件和命令行参数。每一个图（图 C.3.4～C.3.11）的可执行程序在矩形内，文本文件在椭圆形内，命令行选项在"十字箱"中，中间数据文件在菱形中。输入从顶部进入程序，输出从底部流出，命令行参数从右边进入。所有可选择的部分由虚线描绘，选择性的输出显示从左侧退出可执行文件，而选择性的输入和必需的输入一起从顶部进入可执行文件。命令行参数控制需要或者生成什么样的选择性文件，它们通常都取一个单一整数的形式。所有由"setup"计算产生的计算结果使用分层数据格式（HDF5）存储在单个压缩文件中。

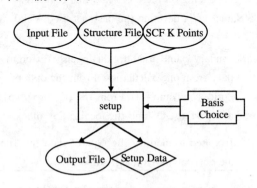

图 C.3.4 "setup"程序的示意图

很多电子结构结果可以通过图 C.3.5 所示的主程序选择性地获取。最有用的结果是包含 SCF 收敛势函数的文件。这个文件也包含电荷（总电荷和价电荷），用与势函数同样的高斯函数来描述。对于自旋极化计算，它包含的自旋密

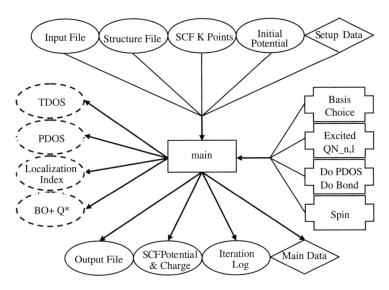

图 C.3.5　"main"程序示意图

度函数用同样的高斯函数表示。另一个非常重要的文件是迭代文档,因为它为用户提供了一个观察 SCF 迭代和收敛总能完成的简单方法。"BO + Q*"椭圆形代表了键级和有效电荷的计算。"Excited QN_n_l"是一对整数,是命令行定义"n""l"量子数来表明如果进行 XANES/ELNES 计算目标原子的哪一个轨道应该被激发。"Spin"命令行参数是一个整数,等于 1 的时候表示非自旋极化计算,等于 2 的时候是自旋极化计算。

　　图 C.3.6 详细介绍了 Fortran 90 程序"intg"。"Do MoME"选项是要求在计算中也包含动量矩阵元相互作用积分,这将会使数据计算量增加到 2.5 倍,但是它不会大幅度地增加计算时间,因为它们是两中心积分,和其他积分同时进行。这个计算结果的关键方面是它与 k 点无关。

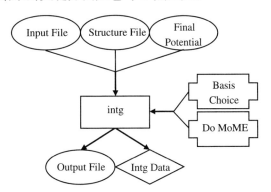

图 C.3.6　"intg"程序示意图

　　图 C.3.7 给出了 Fortran 90 程序"band"的输入、输出和命令行参数。注意到主要结果可以采取两种形式之一。能带结构既可以通过特定的高对称 k 点上的离散曲线产生然后组织描绘，也可以通过通常的 Monkhorst-Pack k 点网格来计算并以 HDF5 形式存储用于后面的其他程序。这里显示的"Excited QN_n_l"和"Spin"与图 C.3.5 有同样的意义。

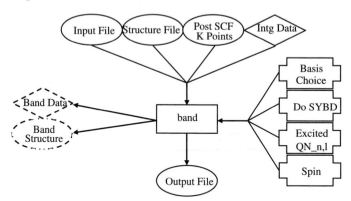

图 C.3.7 "band"程序示意图

图 C.3.8 给出了 Fortran 90 程序"dos"的输入、输出和命令行参数的示意图。注意标记为"raw"的 PDOS 文件。这表明，在该文件中包含的数据不适合直接制图，它需要一定水平的后期处理。根据"dos"程序的输入，"raw"文件可能包含单个原子的分解到 l 或 m 量子数的 PDOS。正如图 C.3.5 的能带计算，"Excited QN_n_l"和"Spin"具有同样的意义。

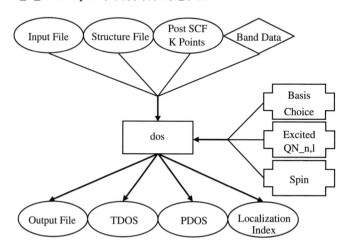

图 C.3.8 "dos"程序示意图

图 C.3.9 给出了 Fortran 90 程序"bond"的输入、输出和命令行参数的示意图。同样，"raw"标记表明这个文件包含的信息不适合直接绘图，在以所需的方式绘图之前需要进行预处理。正如图 C.3.5 的能带计算，"Excited QN_n_l"

和"Spin"具有同样的意义。

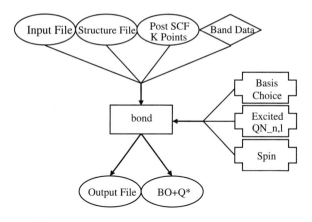

图 C.3.9 "bond"程序示意图

图 C.3.10 给出了 Fortran 90 程序"optc"的输入、输出和命令行参数的示意图。最重要的命令行选项是"State Set Code"。这将定义初态和末态组,对其进行跃迁概率计算,实际上可以区分 XANES/ELNES 型标准的光学性质计算和将来可能被执行的其他计算。"Serial xyz"选项是一个切换开关,这将导致串行执行 xx,yy,zz 分量计算,而不是进行同步计算,这将在计算时间上以一个很小的代价起到节省内存的作用。正如图 C.3.5 的能带计算,"Excited QN_n_l"和"Spin"具有同样的意义。

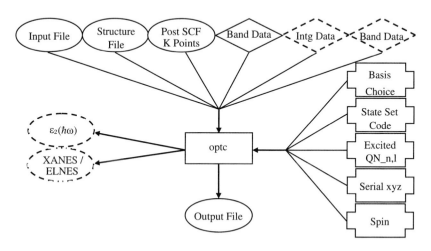

图 C.3.10 "optc"程序示意图

最后的 Fortran 90 程序是"wave",图 C.3.11 显示的是其输入、输出和命令行参数。其中"ODX"表示软件 Open DX,故所列带有"ODX"的文件可用于 Open DX 程序。"Excited QN_n,l"和"Spin"与图 C.3.5 中表示的意思相同。

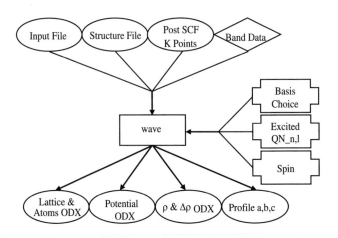

图 C. 3. 11 "wave"程序流程图

OLCAO 程序组的一个显著的特点是它的操作被分在文件系统中两个单独的目录下。主要的目录,即所谓的主目录,是位于用户的 $ HOME 目录下。这一目录包含所有的输入文件和主要的结果文件。然而,Fortran 90 的实际执行发生在一个单独的目录下。它通过软连接"intermediate"连接到主目录,而"intermediate"是由主目录下的 olcao 脚本创建的。中间目录放在不同的磁盘分区,从而即时作业可执行。最高的执行计算中心将用户的主目录从被执行的结果计算中分开。主目录中的可用空间与暂存磁盘的空间相比通常要小。然而,主目录经常自动备份,而暂存工作区域不是这样。进一步,与计算工作执行所在的电脑节点相关,暂存磁盘与主磁盘相比可能具有更好的性能。OLCAO 程序组的设计就是这方面的范例,这是由于重要的结果是典型的小数据文件且保存在用户的主目录下,而大的密集计算由高性能的暂存磁盘执行。在中间目录下的文件命名惯例与在主目录下的文件命名惯例一致,只是多了一个特点。被用来访问一个特定文件的 Fortran 90 单元数是以后缀形式放在文件名后。举例来说,一个程序的标准输出文件将总是以".20"为后缀,未处理的 PDOS 输出文件则以".70"为后缀。数本身的选择是任意的,在源代码之外不具有意义。

中间文件命名惯例的一个例外是一组储存有所谓中间结果的文件。这些结果对于分析没有直接的意义,仅用于后序的程序以产生有意义的结果。最直接的例子是将 setup 程序计算结果用于主程序中以获得自洽势函数的计算结果。产生中间数据文件的所有 OLCAO 程序,用分层数据格式版本 5(HDF5)库去存储计算结果。之所以用这种特殊的存储方法有大量的原因,但其中最重要一个是为暂存磁盘节约空间,同时组织数据使其易于理解和访问,不管是在程序源代码还是可能的第三方或增补程序中。HDF5 库提供储存大量不同块的压缩以及伴随文件内部结构的能力。在 OLCAO 上的产生中间数据的每一程序用它们自己的 HDF5 文件格式。从 OLCAO 之外的程序获得这一数据将非常有用(例如,第三方附加开发),因此有必要了解这些文件的结构。从图 C.3.12到图 C.3.15 是由每个 OLCAO Fortran90 程序产生的 HDF5 结构示意图。用在 OLCAO 中的 HDF5 文件组织方式类似于在 UNIX 文件系统中的目录树。其中,用圈表示的组类似于用"/"表示的根目录,而由方框表示的数据集类比于文件。根据计算的类型,一些数据集或数据组有可能不出现,这由从组到有问题的数据集的虚线箭头表示。举例来说,存在虚线箭头指向所有的相互作用积分矩阵的虚分量。其中虚线存在是由于在 Γ 位的一个 k 点计算将产生实数相互作用矩阵,故没必要有虚数据集存在。

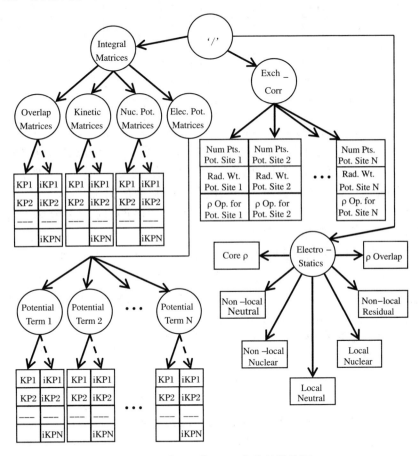

图 C.3.12　"setup"HDF5 文件的结构图

"setup"HDF5 文件(图 C.3.12)包含三个主要的组及以下的一些子组和数据集,成树状结构。主组有原子间的相互作用矩阵,它们是多中心(2 或 3 中心)高斯积分的结果、交换关联网格的描述,以及由 Ewald 求和推导的长程静电相互作用。积分矩阵进一步分成四部分,即重叠积分、动能、核-电子相互作用,以及电子-电子势能相互作用。电子-电子势能相互作用组可进一步分成一系列

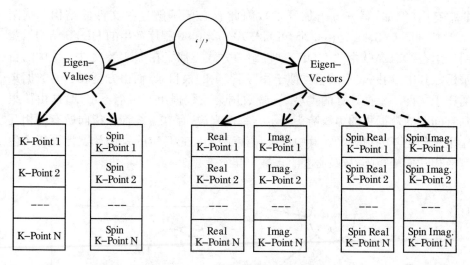

图 C.3.13 "main"HDF5 文件的结构图

子组,每一个表示势函数中的一项。每一个数据集存在对于每个 k 点的实和虚分量。对于 Γk 点的计算,所有的相互作用矩阵是实的,所以虚数据集将不会产生。矩阵按压缩的形式存储,因为它们是厄米共轭的。交换关联网格是用原子中心的球状网格定义的。每个原子的位置有点数的记录,径向权重因子,以及一个表示所有原子位置对与这一原子位联系的格点的贡献的矩阵。静电相互作用组含有许多不同的组成部分。

"main"HDF5 文件(图 C.3.13)只包含每一 k 点的本征方程的本征值和本征矢。在对 Γk 点的计算,虚组分的存在不是必要的。事实上,对于任何一个 k 点的计算,直到计算收敛,本征矢才被保存。在一些块中所用到的词"自旋(spin)"表明这些数据集只是被用在自旋极化计算中。对于自旋极化计算,没有自旋字样的数据集将保存自旋向上的数据,而那些标有自旋字样的数据集将保存自旋向下的数据。

"intg"HDF5 文件(图 C.3.14)是最复杂的。这里的符号定义与图 C.3.12 中的一样,只是其中多了一个表示数据属性的三角形符号和表示一定含义的盒子几何尺寸的变化。其中 **XX-Momentum** 组的数据属性被用来作为简单的标记来表示动量矩阵元是否被计算了。这是必要的,因为除非计算一些光学性质,动量矩阵元将不会被计算。随着原子顺序往下,盒子的高度逐渐降低,这是由于没有了重复计数。由于不同的元素在基函数中需要不同数目的高斯项,从而方盒的宽度是变化的。所存储的数据集是指定原子与所有其他原子之间的相互作用。

"band"HDF5 文件(图 C.3.15)包含每一个 k 点的本征方程的本征值和本征矢。此外,对于每一个 k 点的重叠矩阵和正交化系数都被保存了。其中重叠矩阵对于部分电荷分析是需要的,例如部分马利肯电荷分析,而正交的系数对

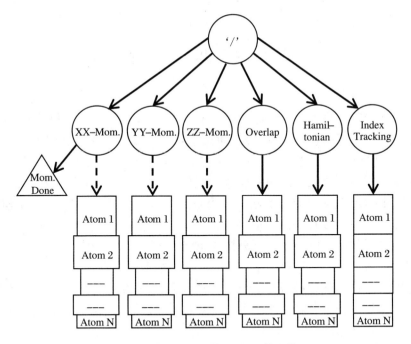

图 C.3.14 "intg"HDF5 文件结构图

于动量矩阵元的正交化通常是需要的。在 Γk 点计算中,这些矩阵的虚数成分是不必要的。注意由于重叠矩阵是厄米共轭的,故以压缩的形式储存,而其他大的数据集不是这样储存的。

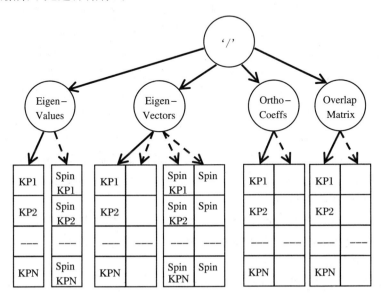

图 C.3.15 "band"HDF5 文件的结构图

C.4 结 果 分 析

OLCAO 方法的一个关键的优势是可以对固态体系波函数(和后续所有计算性质)进行直接和直观的分析,其中依照体系的原子组分可以达到 n, l, m 和 s 量子数的层级。当然这种能力来自于对原子轨道基组的使用,但同时它也依赖于许多灵活而功能强大的辅助脚本和程序来对 OLCAO 的输出数据进行管理,从而用来绘图、可视化和分析。在附录这一节,这些脚本和程序将被研究,以便可以在 OLCAO 程序组中提供一种好的分析和处理方式。呈现在这里的信息应该被看作是 OLCAO 数据分析的笼统方案,而不是一个全面的手册。在程序组中的每一个脚本和程序在 OLCAO 程序组手册中有它自己的章节,用来描述它的目的、功能以及操作。此外,在源代码内部的文档包含关于特定方法的实质性指导。若读者对这些程序的相关部分感兴趣的话,可以参考这些信息资源。

OLCAO 程序组产生不同的输出文件形式,这些文件形式取决于计算的类型和在 olcao.dat 文件中的参数选取。结果可分为三个类别:未加工(raw),绘图(plot)和远距离交换(dx)。"raw"、"plot"和"dx"项放在数据文件名的最后,表明能对文件进行什么操作。以"dx"为后缀的文件包含通过第三方 OpenDX 程序可以三维显示的数据。这些数据或是来自于一些三维空间网格上的函数的取值(比如,电荷密度或电子势),或是通过图标或符号来在三维方向上显示体系原子结构的特点(比如,用不同颜色和大小的球表示原子以及它们的有效电荷)。以"plot"为后缀的文件包含有表示数值函数的数据,这些数值函数可绘制在笛卡儿坐标系中(例如,总态密度,光谱,能带结构)。"plot"文件包含组织成具有表头的列数据,这些文件可通过第三方 gnuplot 软件进行察看,其中一个取名为 plotgraph 的简化界面脚本是作为 gnuplot 软件自动化中介。在一些情况中,OLCAO 程序组的立即输出结果是不适合直接解释或者绘图的,而是被看成是"未加工"("raw")数据。这些数据文件具有复杂的内部结构,需要一个辅助脚本在绘图前进行解析。

辅助脚本具有双重功能:对于典型格式的数据子集的提取和组织是便捷的,同时可以提取和组织高度复杂的数据子集。三个最常用的脚本是"makePDOS""makeBOND"和"makeSYBD"。其中,makePDOS 脚本被用来对 OLCAO 产生的未处理的分态密度数据进行后处理。值得注意的是由 OLCAO 产生的数据有一定程度的组织,取决于在 olcao.dat 输入文件末尾处的选项设置。比如,输出数据可能含有每一个原子的每一轨道的态密度或含有对特定原子类分辨到

n,l 量子数的轨道态密度。在 olcao.dat 输入文件的标记决定未处理的文件将包含什么数据。而 makeBOND 程序可通过一系列方式来分析键级和有效电荷数据，包括散布图，在带有符号的 OpenDX 中的三维可视化，简单的表格，以及键级在三个轴上的平均。像未加工的 PDOS 文件，这一文件不是设计成人们容易阅读的文件。最后一个未处理数据分析工具是 makeSYBD 脚本。由于它有限的选项，一般不会在任一对称性能带结构计算后自动运行，从而使能带结构在不可约布里渊区中沿着高对称路径由 gunplot 软件所绘制。因此，未处理的数据文件一般不会被用户遇到。

OLCAO 方法的一个重要的性能是在三维网格上取值的大量泛函空间的可视化。这其中包括波函数（分解到特定的态和自旋方向），由波函数得到的价电荷密度，将拟合电荷密度分成芯电子和价电子部分，以及电子的势函数。这些数据可与由中性原子体系构成的数据进行比较。在这种方式下可以观察到由于原子的相互作用特性而产生的一些变化如电荷转移和键形成。这一类型的数据以 OpenDX 文件格式存储，可以通过包含在 OLCAO 程序组中的 OpenDX 程序察看。相同的 OpenDX 程序可用来可视化由 makeBOND 分析程序产生的数据，从而其结果可以相互覆盖。

OLCAO 程序组的一个主要目的是成为一种计算方案，为用户提供一系列工具，从输入或开发模型，到实际的计算，再到后计算分析，最后到数据可视化和表达。在每一个阶段都存在一系列程序以使不同研究平台间的过渡尽可能平滑，以及与其他流行的第三方程序建立接口，从而使软件效用最大化。

附录 D 计算统计举例

和许多程序一样,OLCAO 方法的有效性取决于大量的因素,比如原子的数目和它们的元素组成,晶体学等价或近似等价的原子数,k 点的数目,收敛判据,基组的大小。重要的是,程序可以完成分配任务的速率不是其整体性能的唯一关键的因素。其他资源的消耗,比如主存和硬盘空间,在决定硬件条件约束下计算能否完成方面将起很重要的作用。为了感受 OLCAO 程序的功能和消耗资源的速率,我们对不同类型的体系和计算进行了一些统计。用来进行简单分析的五个体系是 α-B_{12},羟磷灰石,带有所有胞嘧啶-鸟嘌呤对的 b-DNA 的十碱基对模型,碘硫酸奎宁晶体,以及在晶体 β-Si_3N_4 的斜方平面间的晶间玻璃薄膜模型。这些体系的特定结构和输入数据列在表 D.1 中。

表 D.1　五个体系电子结构计算的结构和输入数据汇总

	α-B_{12}	HAP	DNA	Herapathite	IGF
Lattice Vector Magnitudes	$a = 5.0574$Å	$a = 9.4302$Å	$a = 30.000$Å	$a = 15.247$Å	$a = 14.533$Å
	$b = 5.0574$Å	$b = 9.4302$Å	$b = 30.000$Å	$b = 18.885$Å	$b = 15.225$Å
	$c = 5.0574$Å	$c = 6.8911$Å	$c = 38.800$Å	$c = 36.183$Å	$c = 47.420$Å
Lattice Angles	$\alpha = 58.055°$	$\alpha = 90.0°$	$\alpha = 90.0°$	$\alpha = 90.0°$	$\alpha = 90.0°$
	$\beta = 58.055°$	$\beta = 90.0°$	$\beta = 90.0°$	$\beta = 90.0°$	$\beta = 90.0°$
	$\gamma = 58.055°$	$\gamma = 120.0°$	$\gamma = 90.0°$	$\gamma = 90.0°$	$\gamma = 90.0°$
Cell Volume	87.39Å³	530.71Å³	30420.00Å³	10418.69Å³	10492.78Å³
# of Atoms	12	44	650	998	907
# of Electrons	36	268	2220	2864	4288
Valence	48(MB)	220(MB)	1940(MB)	2512(MB)	3628(MB)
Dimension	96(FB)	476(FB)	4740(FB)	6644(FB)	9111(FB)
	144(EB)	842(EB)	8970(EB)	14196(EB)	15090(EB)
Potential Dimension	32 Terms	134 Terms	788 Terms	1006 Terms	432 Terms
# of k points	60 SCF	23 SCF	1(Γ)SCF	1(Γ)SCF	1(Γ)SCF
	110 PostSCF	56 PostSCF	8 PostSCF	1(Γ)PostSCF	1(Γ)PostSCF

在表 D.1 中有三个重要的参数,这对于决定体系的计算成本是非常重要

的。第一个参数是价维度。其数目等于固态波函数基组展开的项数,其值将极大影响计算所需的磁盘空间和时间。在求特征方程解的对角化过程中,所需的时间依赖于此数值的三次方。所有的相互作用积分是厄米矩阵,具有和价维度相同的维数。这导致了第二个参数:势维度。这一值决定了用于描述电子势和拟合电荷的函数的项数。随着这一值的增加,三中心相互作用积分矩阵数也随之增加。因此,如果矩阵很多且矩阵自身很大,那么计算将需要很长的时间。最后一项是 k 点数。当其为 1 且选择了 Γ 点,则所有的矩阵是实数而不是复数。从而加快了运算,比如乘法和对角化,进而极大地增加了完成速率。对于其他的 k 点数量,计算所需时间和磁盘空间线性成倍增加。对于 OLCAOsetup 计算,对于所需主存大小而言 k 点数目也是一个倍数。

对于这些材料体系的计算是在由密苏里大学生物信息学联盟所管理的一台电脑上执行。这一电脑是具有 64 个 1.5GHz Itanium 2 处理器的(对称多处理器配置)SGI Altix 3700 BX2。它有 128 GB 的共享内存和 4TB 的磁盘存储(通过一个 SGI TP9500 InfiniteStorage RAID 系统)。操作系统是配有 SGI ProPack 6 的 SuSE Linux Enterprise Server11。

用 OLCAO 软件包对每一种材料体系进行一系列的计算。运行的程序序列对于电子结构计算是相当典型的。最初的两个程序(OLCAOsetup 和 OLCAOmain)被用来计算收敛的 SCF 电子势,而余下的程序被用来计算特定的电子结构(post-SCF)。对 OLCAO 程序这一划分的详细解释及其他方面见附录 C 的第三节。post-SCF 计算与 SCF 计算相比,可以对不同的 k 点数或不同基组进行计算(完全,最小,或者扩展)。对一些不同的电子结构,用完全基组 SCF 计算和用一系列基组 post-SCF 计算所得的结果列于表 D.2。

表 D.2　五个材料体系的不同计算部分所用时间情况(单位:min)

	α-B$_{12}$	HAP	DNA	Herapathite	IGF
Setup(FB)	2	17	1210	2067	4618
Main(FB)	1	35	1106	3972	5599
Intg(MB)	1	3	61	314	365
Intg(FB)	1	3	61	314	366
Intg(EB)	1	3	—	411	344
Band(MB)	<1	1	24	3	9
Band(FB)	1	3	340	47	139
Band(EB)	1	20	—	444	542
PDOS(FB)	<1	1	113	9	30
Bond(MB)	<1	1	197	73	90
Optc(EB)	1	14	—	214	178

这一信息清晰地说明了大计算增加成本的程度,但其主要目的不是为输入

参数的变化形成一套严格的标度规则,而是对不同的体系进行一系列的计算时的成本有个大体的把握。对于 OLCAOsetup 部分,从一个体系到另一个体系的价维度的变化有一些影响,但最大的影响是势维度的增加。这已被用不同的基组进行积分计算的稳定时间所证明,其中势维度参数不起作用。有趣的是,进行不同基组积分计算的不同时间很可能是由于机器负载。在 OLCAOmain 和 OLCAOband 中的对角化过程的 $O(N^3)$ 标度效应对于所有的计算都是有效的。对于大多数情况,实际的电子结构计算[分态密度(PDOS),键(Bond),以及光学性质(Optc)]趋向于只占总计算成本的一小部分。

索　引

注：本翻译版保留了原英文版的排序。希腊字母用英文拼出（alpha,beta,gamma,kappa）